알기 쉬운
기초수학

유병훈 · 류선미 지음

KM 경문사

머리말

수학을 배워야 하는 이유는 다양하다. 그러나 수학을 좋아해서 배우기보다 저마다의 필요에 의해 배우는 경우가 대부분이다. 특히 대학에는 학과에 따라 수학을 직접적으로 사용하거나 수학을 모르면 이해하기 어려운 전공과목 때문에 수학을 반드시 공부해야 할 필요가 있는 학과가 많이 있을 것이다. 그러한 학과의 학생들은 수학을 알아야 전공과목을 공부할 수 있고, 전공과목을 제대로 공부해야 대학에 진학한 목적을 달성할 수 있다.

그러나 최근에는 중학교나 고등학교 시절에 수학을 포기하거나 싫어하는 학생이 증가하고 있기 때문에 수학의 기초를 필요로 하는 학생이 많다.

이 교재는 이러한 학생들을 위해 매우 쉬운 수준의 내용부터 삼각함수, 지수함수, 로그함수, 함수의 극한, 연속함수에 이르기까지 대학에서 배우는 미적분학에 필요한 내용들을 골고루 담았다. 현재 고등학교 교육과정에서 약화되거나 제외된 복소수의 연산, 행렬의 연산에 대한 내용을 포함하여 대학 수학에 필요한 기초를 망라하여 구성하였다.

이 교재를 이용하는 학생들이 수학의 기초를 잘 다져서 대학 수학의 어려움을 극복하고 전공에서도 좋은 성과를 얻을 수 있기를 바란다.

끝으로 이 책이 나오기까지 도움을 주신 모든 분들에게 지면을 빌려 감사의 말씀을 드린다.

2020년 12월

저자 일동

차례

Chapter 1 _ 수체계

Chapter 2 _ 식의 계산

Chapter 3 _ 행렬과 방정식

Chapter 4 _ 함수와 그래프

Chapter 5 _ 삼각함수

Chapter 6 _ 지수함수와 로그함수

Chapter 7 _ 극한

Chapter

1 수체계

수학에서 가장 기초가 되는 것은 수 또는 식에 관련된 개념과 계산이라 할 수 있다. 이 장에서는 실수에 대한 간단한 소개부터 시작하여 지수법칙, 복소수의 계산, 수직선과 절댓값, 평면좌표, 직선의 방정식 등에 대하여 소개한다.

1.1 실수와 복소수

실수

온도를 나타낼 때는 0 ℃를 기준으로 영상(+)과 영하(−)로 나타낸다. 마찬가지로 수입(+)과 지출(−), 이익(+)과 손해(−) 등 서로 반대되는 성질을 가진 두 수량을 나타낼 때 부호 +와 −를 사용하면 편리하다.

이때 자연수에 +부호가 붙은 수 $+1,\ +2,\ +3,\ \cdots$ 을 **양의 정수**, −부호가 붙은 수 $-1,\ -2,\ -3,\ \cdots$을 **음의 정수**라 하고, 양의 정수, 0, 음의 정수를 통틀어 **정수**라 한다.

양의 정수 $+1,\ +2,\ +3,\ \cdots$은 부호를 생략하여 $1,\ 2,\ 3,\ \cdots$과 같이 나타내기도 한다. 그러므로 양의 정수는 자연수와 같다. 일반적으로 정수 전체의 집합을 $\mathbb{Z}$로 표시하는데, $\mathbb{Z}$를 원소나열법으로 나타내면 다음과 같다.

$$\mathbb{Z} = \{\ \cdots,\ -3,\ -2,\ -1,\ 0,\ 1,\ 2,\ 3,\ \cdots\}$$

일반적으로, 공집합이 아닌 집합 S의 임의의 두 원소에 대한 어떤 연산의 결과가 반드시 집합 S의 원소가 될 때, 집합 S는 그 연산에 대하여 **닫혀 있다**라고 한다.

자연수 전체의 집합 $N = \{1,\ 2,\ 3,\ 4,\ 5,\ \cdots\}$은 덧셈과 곱셈에 대하여 닫혀 있으나 뺄셈과 나눗셈에 대하여는 닫혀 있지 않다. 그리고 정수 전체의 집합 $\mathbb{Z}$는 덧셈, 곱셈, 뺄셈에 대하여 닫혀 있으나 나눗셈에 대하여는 닫혀 있지 않다.

보기 1 짝수 전체의 집합 $A=\{2,\ 4,\ 6,\ 8,\ \cdots\}$은 덧셈과 곱셈에 대하여 닫혀 있지만, $4-6=-2\not\in A$, $2\div 4=\dfrac{1}{2}\not\in A$ 이므로 뺄셈과 나눗셈에 대하여는 닫혀 있지 않다. ■

정수를 0이 아닌 정수로 나눈 수를 **유리수**라 한다. 일반적으로 유리수 전체의 집합은 $\mathbb{Q}$로 표시하는데, $\mathbb{Q}$를 조건제시법으로 나타내면 다음과 같다.

$$\mathbb{Q}=\left\{\frac{p}{q}\mid p,\ q\in\mathbb{Z},\ q\neq 0\right\}$$

집합 $\mathbb{Q}$는 덧셈, 뺄셈, 곱셈에 대하여 닫혀 있고, 0으로 나누는 경우를 제외하면 나눗셈에 대하여도 닫혀 있다.

만약, $q=1$이면, $\dfrac{p}{q}=p$이므로 모든 정수는 유리수이다. $q\neq 1$이면, $\dfrac{5}{2}=2.5$, $\dfrac{2}{3}=0.666\cdots$과 같이 $\dfrac{p}{q}$는 유한소수 또는 순환하는 무한소수가 된다.

$\dfrac{p}{q}$(p, q는 정수, $q\neq 0$) 형태로 나타낼 수 없는 수, 즉 순환하지 않는 무한소수를 **무리수**라 한다. 유리수와 무리수를 통틀어 **실수**라 하고, 실수 전체의 집합은 $\mathbb{R}$로 표시한다.

보기 2 $0.1010010001\cdots$은 순환하지 않는 무한소수이므로 무리수이다. 또한 $\sqrt{2}$, π 등은 무리수이다. ■

유리수 전체의 집합 $\mathbb{Q}$와 마찬가지로, 실수 전체의 집합 $\mathbb{R}$의 임의의 두 원소 a, b에 대하여,

$$a+b,\ a-b,\ ab,\ a\div b\ (\text{단, } b\neq 0)$$

는 모두 실수이다. 따라서, 실수 전체의 집합 $\mathbb{R}$은 덧셈, 뺄셈, 곱셈 각각에 대하여 닫혀 있고, 0으로 나누는 경우를 제외하면 나눗셈에 대하여도 닫혀 있다.

또한, 임의의 실수 a, b, c에 대하여 다음과 같은 연산법칙이 성립한다.

교환법칙 $a+b=b+a,\ ab=ba$

결합법칙 $(a+b)+c=a+(b+c),\ (ab)c=a(bc)$

분배법칙 $a(b+c)=ab+ac,\ (a+b)c=ac+bc$

그리고 임의의 실수 a에 대하여

$$a+0=0+a=a, \quad a\times 1=1\times a=a$$

를 만족한다. 이때, 0과 1을 각각 실수 전체의 집합에서 덧셈과 곱셈에 대한 **항등원**이라 한다.

또한, 임의의 실수 a에 대하여

$$a+(-a)=(-a)+a=0, \quad a\times\frac{1}{a}=\frac{1}{a}\times a=1 \ (\text{단}, \ a\neq 0)$$

을 만족한다. 이때, $-a$와 $\frac{1}{a}$을 각각 실수 전체의 집합에서 덧셈과 곱셈에 대한 a의 **역원**이라 한다.

보기 3 실수의 집합에서 $\frac{2}{3}$의 넛셈에 대한 역원은 $-\frac{2}{3}$이고, 곱셈에 대한 역원은 $\frac{3}{2}$이다. ■

지수의 계산

반복적인 덧셈은 곱셈을 이용하면 쉽고 간단하게 나타낼 수 있다. 예를 들어 $5+5+5+5$는 5×4로 나타낼 수 있다. 마찬가지로 반복적인 곱셈은 지수를 이용하여 간단하게 나타낼 수 있다. 예를 들어 $5\times 5\times 5\times 5$는 간단히 5^4으로 나타낼 수 있다.

일반적으로 임의의 실수 a와 자연수 n에 대하여 a를 n개 곱한 것을

$$a^n$$

으로 나타내고 'a의 n제곱'으로 읽는다. 이때 a를 밑, n을 지수라 한다. 예를 들어, 5^4은 '5의 네제곱'이라 읽고 밑은 5, 지수는 4이다.

예제 1 $2\times 2\times 2\times 2\times 2\times 2\times 2$를 지수를 사용하여 나타내어라.

풀이 2를 7개 곱했으므로 2^7으로 나타낼 수 있다. ■

예제 2 $(-3)^4$, $\left(\frac{2}{5}\right)^3$을 계산하여라.

풀이 $(-3)^4=(-3)\times(-3)\times(-3)\times(-3)=81$

$\left(\frac{2}{5}\right)^3=\left(\frac{2}{5}\right)\times\left(\frac{2}{5}\right)\times\left(\frac{2}{5}\right)=\frac{8}{125}$

예제 2에서 $\left(\frac{2}{5}\right)^3=\frac{8}{125}=\frac{2^3}{5^3}$이 성립함을 알 수 있다.

일반적으로 임의의 자연수 n과 정수 p, q에 대하여

$$\begin{aligned}\left(\frac{p}{q}\right)^n &= \overbrace{\frac{p}{q}\times\frac{p}{q}\times\cdots\times\frac{p}{q}}^{n\text{개}}\\ &= \frac{p\times p\times\cdots\times p}{q\times q\times\cdots\times q}\\ &= \frac{p^n}{q^n}\end{aligned}$$

이 성립한다.

한편, 실수 a에 대하여 $a^3=a\times a\times a$이고 $a^5=a\times a\times a\times a\times a$이므로

$$a^5\times a^3=(a\times a\times a\times a\times a)(a\times a\times a)=a^8$$

$$a^5\div a^3=\frac{a\times a\times a\times a\times a}{a\times a\times a}=a^2$$

이 된다.

일반적으로 임의의 자연수 m, n에 대하여

$$a^m\times a^n=a^{m+n},\quad a^m\div a^n=a^{m-n}$$

이 성립한다.

만약 $m-n$이 양수가 아닐 때는

$$a^0=1$$

$$a^{m-n}=\frac{1}{a^{n-m}}\quad (m-n<0\text{인 경우})$$

이 된다.

예제 3 지수를 이용하여 다음을 나타내어라.

1) $2^3 \times 2^7$ 2) $3^6 \div 3^4$ 3) $5^4 \div 5^7$

풀이 1) $2^3 \times 2^7 = 2^{3+7} = 2^{10}$

2) $3^6 \div 3^4 = 3^{6-4} = 3^2$

3) $5^4 \div 5^7 = 5^{4-7} = 5^{-3}\left(= \dfrac{1}{5^3}\right)$ ■

예제 4 다음을 간단히 하여라.

1) $(a^6 b^3) \times (a^2 b^6)$ 2) $(a^5 b^3) \div (a^2 b^6)$

풀이 1) $(a^6 b^3) \times (a^2 b^6) = (a^6 \times a^2)(b^3 \times b^6)$

$$= a^{6+2} b^{3+6} = a^8 b^9$$

2) $(a^5 b^3) \div (a^2 b^6) = \dfrac{a^5 b^3}{a^2 b^6}$

$$= \frac{a^3}{b^3} \text{ 또는 } \left(\frac{a}{b}\right)^3$$ ■

m이 자연수일 때

$$(a^m)^2 = a^m a^m = a^{m+m} = a^{2m}$$

$$(a^m)^3 = a^m a^m a^m = a^{m+m+m} = a^{3m}$$

이 된다.

일반적으로 임의의 자연수 m, n에 대하여

$$(a^m)^n = a^{mn}$$

이 성립한다.

예제 5 다음을 간단히 하여라.

1) $(2^3)^5$ 2) $((-3)^2)^4$

풀이 1) $(2^3)^5 = 2^{3 \times 5} = 2^{15}$

2) $((-3)^2)^4 = (-3)^{2 \times 4} = (-3)^8$ ■

지수법칙

0이 아닌 임의의 실수 a, b와 자연수 m, n에 대하여

$$a^m a^n = a^{m+n}$$
$$a^m \div a^n = a^{m-n}$$
$$(a^m)^n = a^{mn}$$
$$(ab)^n = a^n b^n$$
$$\left(\frac{a}{b}\right)^n = \frac{a^n}{b^n}$$

예제 6 다음을 간단히 하여라.

1) $(a^2b^3)^4 \div a^3$ 2) $\left(\frac{a}{b}\right)^3 \times b^5$

풀이 1) $(a^2b^3)^4 \div a^3 = [(a^2)^4(b^3)^4] \div a^3 = \dfrac{a^8b^{12}}{a^3} = a^5b^{12}$

2) $\left(\frac{a}{b}\right)^3 \times b^5 = \dfrac{a^3}{b^3} \times b^5 = a^3b^2$

근호의 계산

제곱하여 2가 되는 수, 즉 $x^2 = 2$를 만족하는 x를 2의 **제곱근**이라 한다. 일반적으로 자연수 n에 대하여 n제곱하여 a가 되는 수, 즉 방정식 $x^n = a$를 만족하는 수 x를 a의 **n제곱근**이라 한다.

n이 짝수인 경우이면, 양수 a의 n제곱근 중에서 실수인 것은 양수 한 개와 음수 한 개가 있다. 이때 양수인 n제곱근을

$$\sqrt[n]{a}$$

로 나타낸다. 단, $n=2$인 경우에는 2를 생략하여 $\sqrt{a}$로 나타낸다. 예를 들어 16의 네제곱근 중에서 실수인 것은 $\sqrt[4]{16} = 2$와 $-\sqrt[4]{16} = -2$ 두 개가 있다.

또한 0의 n제곱근은 0뿐이며, 실수를 제곱하면 양수 또는 0이 되므로 음수 a의 n제곱근 중에서 실수인 것은 없다. 따라서 n이 짝수인 경우에는 0보다 크거나 같은 a에 대해서만 $\sqrt[n]{a}$를 생각한다.

n이 홀수인 경우이면, 실수 a의 n제곱근 중에서 실수인 것은 단 하나 있으며 이 것을 $\sqrt[n]{a}$로 나타낸다.

예제 7 다음을 구하여라.

1) $\sqrt{16}$ 2) $\sqrt[3]{-27}$

풀이 1) $\sqrt{16}$은 $x^2 = 16$이 되는 수 중에서 양수인 수이다.
$4^2 = 16$이므로 $\sqrt{16} = 4$이다.

2) $\sqrt[3]{-27}$은 $x^3 = -27$이 되는 수이다.
$(-3)^3 = -27$이므로 $\sqrt[3]{-27} = -3$이다. ■

$a > 0$일 때, $\sqrt[n]{a}$는 a의 양의 n제곱근이므로

$$(\sqrt[n]{a})^n = a$$

이다.

$a > 0,\ b > 0$이면

$$(\sqrt[n]{a}\sqrt[n]{b})^n = (\sqrt[n]{a})^n(\sqrt[n]{b})^n = ab$$

$$\left(\frac{\sqrt[n]{a}}{\sqrt[n]{b}}\right)^n = \frac{(\sqrt[n]{a})^n}{(\sqrt[n]{b})^n} = \frac{a}{b}$$

이다. 따라서

$$\sqrt[n]{a}\sqrt[n]{b} = \sqrt[n]{ab}$$

$$\frac{\sqrt[n]{a}}{\sqrt[n]{b}} = \sqrt[n]{\frac{a}{b}}$$

이다.

일반적으로 제곱근에 대하여 다음과 같은 성질이 성립한다.

거듭제곱근의 성질

$a>0$, $b>0$이고 m, n이 자연수일 때

$$\sqrt[n]{a}\,\sqrt[n]{b} = \sqrt[n]{ab}$$
$$\frac{\sqrt[n]{a}}{\sqrt[n]{b}} = \sqrt[n]{\frac{a}{b}}$$
$$\sqrt[m]{\sqrt[n]{a}} = \sqrt[mn]{a}$$
$$(\sqrt[n]{a})^m = \sqrt[n]{a^m}$$

예제 8 다음을 간단히 하여라.

1) $\sqrt[3]{2}\times\sqrt[3]{4}$ 2) $\sqrt[3]{\sqrt{64}}$

3) $\dfrac{\sqrt[3]{54}}{\sqrt[3]{2}}$ 4) $(\sqrt[8]{100})^4$

풀이 1) $\sqrt[3]{2}\times\sqrt[3]{4}=\sqrt[3]{2\times4}=\sqrt[3]{2^3}=(\sqrt[3]{2})^3=2$

2) $\sqrt[3]{\sqrt{64}}=\sqrt[6]{64}=\sqrt[6]{2^6}=(\sqrt[6]{2})^6=2$

3) $\dfrac{\sqrt[3]{54}}{\sqrt[3]{2}}=\sqrt[3]{\dfrac{54}{2}}=\sqrt[3]{27}=\sqrt[3]{3^3}=(\sqrt[3]{3})^3=3$

4) $(\sqrt[8]{100})^4=\sqrt[8]{100^4}=\sqrt[8]{10^8}=(\sqrt[8]{10})^8=10$ ■

예제 9 두 대각선의 길이가 $\sqrt[3]{18}$, $\sqrt[3]{12}$인 마름모의 넓이를 구하여라.

풀이 마름모의 넓이는 두 대각선의 길이의 곱의 $\dfrac{1}{2}$이므로

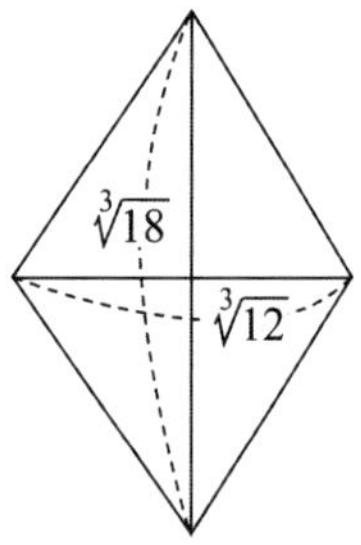

$$\text{마름모의 넓이}=\frac{1}{2}\sqrt[3]{18}\,\sqrt[3]{12}$$
$$=\frac{1}{2}\sqrt[3]{18\times12}$$
$$=\frac{1}{2}\sqrt[3]{216}$$
$$=\frac{1}{2}\times6=3.$$
■

복소수

실수를 제곱하면 양수 또는 0이 되므로 음수 a의 제곱근 중에서 실수인 것은 없다.

이제 제곱하여 -1이 나오는 실수가 아닌 새로운 수를 생각하여 기호 i로 나타내기로 하자. 즉,

$$i^2 = -1 \quad (\ i = \sqrt{-1}\ )$$

이다. 이때, i를 **허수단위**라 한다. 또한 임의의 두 실수 a, b에 대하여

$$a + bi$$

의 꼴로 나타내어지는 수를 **복소수**라 하고, a를 이 복소수의 **실수부분**, b를 복소수의 **허수부분**이라 한다.

복소수 $a+bi$에서 $b=0$일 때, $0i=0$으로 정하면 실수 a는

$$a + 0i = a + 0 = a$$

이므로 허수부분이 0인 복소수는 실수와 같음을 알 수 있다.

그러므로 수들의 집합 사이에

$$\text{정수} \subset \text{유리수} \subset \text{실수} \subset \text{복소수}$$

의 포함관계가 성립한다.

복소수의 계산

복소수의 덧셈, 뺄셈을 할 때에는 실수부분끼리, 그리고 허수부분끼리 각각 덧셈, 뺄셈을 한다. 복소수의 곱셈은 분배법칙을 사용해서 계산하되 $i^2=-1$임을 이용한다. 즉, a, b, c, d가 실수일 때

$$\begin{aligned}
(a+bi)+(c+di) &= (a+c)+(b+d)i \\
(a+bi)-(c+di) &= (a-c)+(b-d)i \\
(a+bi)(c+di) &= ac+adi+bci+bdi^2 \\
&= (ac-bd)+(ad+bc)i.
\end{aligned}$$

예제 10 다음을 계산하여라.

1) $(1+i)+(3-2i)$ 2) $(1-i)(2+3i)$

3) $(1+3i)-(\sqrt{2}-i)$ 4) $(1-2\sqrt{3}i)(5+\sqrt{3}i)$

풀이 1) $(1+i)+(3-2i)=(1+3)+(1-2)i=4-i$

2) $(1-i)(2+3i)=2+3i-2i-3i^2=2+i+3=5+i$

3) $(1+3i)-(\sqrt{2}-i)=(1-\sqrt{2})+(3-(-1))i=1-\sqrt{2}+4i$

4) $$\begin{aligned}(1-2\sqrt{3}i)(5+\sqrt{3}i)&=5+\sqrt{3}i-10\sqrt{3}i-6i^2\\&=5+6+(\sqrt{3}-10\sqrt{3})i\\&=11-9\sqrt{3}i\end{aligned}$$ ■

복소수 $a+bi$(a,b는 실수)에 대하여 허수부분의 부호를 바꾼 복소수 $a-bi$를 $a+bi$의 **켤레복소수**라 하고, 이것을 기호로

$$\overline{a+bi}$$

로 나타낸다. 즉, $\overline{a+bi}=a-bi$이다.

복소수 $a+bi$와 켤레복소수 $\overline{a+bi}$를 곱하면

$$\begin{aligned}(a+bi)(\overline{a+bi})&=(a+bi)(a-bi)\\&=a^2-abi+abi-b^2i^2\\&=a^2+b^2\end{aligned}$$

이 된다.

예제 11 다음 복소수와 켤레복소수의 곱을 구하여라.

1) $3-2i$ 2) $2+\sqrt{3}$

3) $-\sqrt{5}+3i$ 4) $-\sqrt{2}i$

풀이 1) $3-2i$의 켤레복소수는 $3+2i$이고

$$(3-2i)(3+2i)=3^2+2^2=13.$$

2) $2+\sqrt{3}$은 허수부분이 없기 때문에 켤레복소수는 자신과 같고

$$(2+\sqrt{3})(\overline{2+\sqrt{3}})=(2+\sqrt{3})^2.$$

3) $-\sqrt{5}+3i$의 켤레복소수는 $-\sqrt{5}-3i$이고

$$(-\sqrt{5}+3i)(-\sqrt{5}-3i)=(-\sqrt{5})^2+3^2=5+9=14.$$

4) $-\sqrt{2}i$의 켤레복소수는 $\sqrt{2}i$이고

$$(-\sqrt{2}i)(\sqrt{2}i) = (\sqrt{2})^2 = 2.$$

복소수의 나눗셈 $\dfrac{a+bi}{c+di}$를 계산할 때에는 분모의 켤레복소수를 분모와 분자에 각각 곱하여 계산한다. $\overline{c+di} = c-di$이므로

$$\begin{aligned}(a+bi)(c-di) &= ac - adi + bci - bdi^2 \\ &= ac + bd + (bc - ad)i \\ (c+di)(c-di) &= c^2 + d^2.\end{aligned}$$

따라서

$$\begin{aligned}\frac{a+bi}{c+di} &= \frac{(a+bi)(c-di)}{(c+di)(c-di)} \\ &= \frac{ac+bd+(bc-ad)i}{c^2+d^2} \\ &= \frac{ac+bd}{c^2+d^2} + \frac{bc-ad}{c^2+d^2}i.\end{aligned}$$

예제 12 $\dfrac{2+4i}{3-2i}$를 계산하여라.

풀이 분모와 분자에 $3-2i$의 켤레복소수 $3+2i$를 각각 곱하여 계산하면

$$\begin{aligned}\frac{2+4i}{3-2i} &= \frac{(2+4i)(3+2i)}{(3-2i)(3+2i)} \\ &= \frac{-2+16i}{13} = -\frac{2}{13} + \frac{16}{13}i\end{aligned}$$

이제 $a > 0$일 때 $-a$의 제곱근에 대하여 알아보자.

$$\begin{aligned}(\sqrt{a}i)^2 &= (\sqrt{a})^2 i^2 = ai^2 = -a \\ (-\sqrt{a}i)^2 &= (-\sqrt{a})^2 i^2 = ai^2 = -a\end{aligned}$$

이므로 $\sqrt{a}i$와 $-\sqrt{a}i$는 방정식 $x^2 = -a$를 만족한다. 따라서 $\sqrt{a}i$와 $-\sqrt{a}i$는 $-a$의 제곱근이다. $-a$의 제곱근 중에서 $\sqrt{a}i$를 $\sqrt{-a}$로 나타낸다. 즉

$$\sqrt{-a} = \sqrt{a}\,i$$

예제 13 다음 수의 제곱근을 구하여라.

1) -3　　　　2) $-\frac{1}{9}$

풀이 1) -3의 제곱근은 $\sqrt{3}\,i,\ -\sqrt{3}\,i$이다.

2) $-\frac{1}{9}$의 제곱근은 $\sqrt{\frac{1}{9}}\,i = \frac{1}{3}i,\ -\sqrt{\frac{1}{9}}\,i = -\frac{1}{3}i$이다. ■

예제 14 다음을 계산하여라.

1) $\sqrt{-27} + \sqrt{3}\,i$　　　　2) $3\sqrt{-2} - \sqrt{-8}$

3) $\sqrt{-3}\sqrt{-5}$　　　　4) $\frac{\sqrt{6}}{\sqrt{-2}}$

풀이 1) $\sqrt{-27} + \sqrt{3}\,i = \sqrt{27}\,i + \sqrt{3}\,i = 3\sqrt{3}\,i + \sqrt{3}\,i = 4\sqrt{3}\,i$

2) $3\sqrt{-2} - \sqrt{-8} = 3\sqrt{2}\,i - \sqrt{8}\,i = 3\sqrt{2}\,i - 2\sqrt{2}\,i = \sqrt{2}\,i$

3) $\sqrt{-3}\sqrt{-5} = (\sqrt{3}\,i)(\sqrt{5}\,i) = \sqrt{15}\,i^2 = -\sqrt{15}$

4) $\frac{\sqrt{6}}{\sqrt{-2}} = \frac{\sqrt{6}}{\sqrt{2}\,i} = \frac{\sqrt{6}\,i}{\sqrt{2}\,i^2} = -\frac{\sqrt{6}}{\sqrt{2}}\,i = -\sqrt{3}\,i$ ■

예제 15 $\frac{2-\sqrt{-4}}{2+\sqrt{-4}} + \frac{4+\sqrt{-16}}{4-\sqrt{-16}}$을 간단히 하여라.

풀이

$$\frac{2-\sqrt{-4}}{2+\sqrt{-4}} + \frac{4+\sqrt{-16}}{4-\sqrt{-16}} = \frac{2-2i}{2+2i} + \frac{4+4i}{4-4i} = \frac{1-i}{1+i} + \frac{1+i}{1-i}$$

$$= \frac{(1-i)^2 + (1+i)^2}{(1+i)(1-i)} = \frac{-2i+2i}{2} = 0$$ ■

예제 16 두 실수 x, y에 대하여 $\frac{x}{1+i} + \frac{y}{1-i} = 1-2i$가 성립할 때, x, y의 값을 구하여라.

풀이

$$\frac{x}{1+i} + \frac{y}{1-i} = \frac{x(1-i)+y(1+i)}{(1+i)(1-i)} = \frac{(x+y)+(-x+y)i}{1-i^2}$$

$$= \frac{x+y}{2} + \frac{-x+y}{2}i$$

그러므로 $\frac{x+y}{2} = 1,\ \frac{-x+y}{2} = -2$이고 $x = 3, y = -1$이다. ■

연 습 문 제 Exercises

1. 다음을 계산하여라.

(1) $4^4 \times 4^2$ (2) $\left(-\frac{3}{2}\right)^3$

(3) $3^2 \div 3^5$ (4) $((-2)^3)^4$

2. 지수를 이용하여 다음을 간단히 나타내어라.

(1) $5 \times (5^3)^2 \times 5^2$ (2) $x^{10} \div x^5 \times x^3$

(3) $(a^3)^2 \div (a^4)^2$ (4) $\left(\frac{y}{x}\right)^3 \div y^2$

(5) $(ab^2)^2 \times 3a^5b^2$ (6) $\left(\frac{2a}{b^2}\right)^3 \times b^4$

(7) $-12x^3y^2 \div (-3xy^2)^3$ (8) $2x^6y^4 \div (3x^2y^3)^2 \times \left(-\frac{3}{2x}\right)^2$

3. 다음을 계산한 값을 구하여라.

(1) $\sqrt{64}$ (2) $\sqrt[3]{-8}$

(3) $(\sqrt[3]{5}\sqrt[3]{2})^3$ (4) $\left(\frac{\sqrt[4]{5^2}}{\sqrt[4]{9}}\right)^2$

(5) $\sqrt[3]{5}\sqrt[3]{25}$ (6) $\sqrt{3\sqrt[3]{27}}$

(7) $\frac{\sqrt[3]{81}}{\sqrt[3]{3}}$ (8) $(\sqrt[4]{36})^2$

4. 다음을 간단히 하여라.

(1) $\left(\frac{4}{3}\right)^2 \times (\sqrt[3]{2}\sqrt{9})^3$ (2) $\sqrt[3]{25}\sqrt[3]{24}\sqrt[3]{45}$

(3) $\frac{\sqrt[5]{x^3}}{\sqrt[3]{x}} \times \frac{\sqrt[3]{x^4}}{\sqrt[5]{x^8}}$ (4) $(\sqrt[3]{a^2}\sqrt{b^3})^2 \times \frac{\sqrt[3]{a^2}}{(\sqrt{b})^2}$

5. $(\sqrt[3]{5})^6 \times (\sqrt[4]{64})^2 \div \left(\frac{\sqrt{5}}{\sqrt[3]{8}}\right)^2 = 2^a \times 5^b$일 때, $a+b$의 값을 구하여라.

6. $1 \le n \le 10$인 자연수 n에 대하여 $\sqrt[n]{n^2}$이 자연수가 되는 n을 모두 구하여라.

1.2 실수와 수직선

실수와 수직선

실수는 직선 위의 점과 일대일 대응을 시킬 수 있다. 먼저 직선 위에 기준이 되는 점을 정한 후 이 점에 0을 대응시킨다. 그리고 기준점의 오른쪽에 있는 점에는 양수, 왼쪽에 있는 점에는 음수를 각각 대응시키면 된다. 이와 같은 직선을 **수직선**(real line)이라 하고, 이때 0에 대응되는 기준점을 **원점**(origin)이라 하며 O로 나타낸다. 앞으로는 수직선 위에 있는 점과 그 점에 대응시킨 실수를 구분 없이 사용할 것이다.

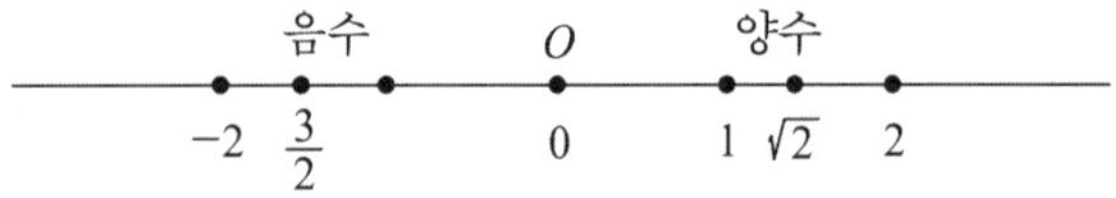

부등호

수직선은 두 실수 사이의 크기를 알아볼 때 사용할 수 있다. 두 실수 a, b에 대하여 a가 b보다 수직선 위에서 왼쪽에 있을 때 a는 b보다 작다고 하고 $a < b$로 나타낸다. 이때 b는 a보다 크다고 하고 $b > a$와 같이 나타내기도 한다. 예를 들면, 2는 수직선 위에서 5보다 왼쪽에 있기 때문에 $2 < 5$ 또는 $5 > 2$로 나타낸다. 또한 a가 양수일 때는 $a > 0$, 음수일 때는 $a < 0$으로 나타낸다.

한편, $a \le b$는 $a < b$ 또는 $a = b$ 중에서 하나가 성립하는 것을 의미한다. $a > b$ 또는 $a = b$ 중에서 하나가 성립할 때에는 $a \ge b$로 나타낸다. 예를 들면, $1 < 4$이기 때문에 $1 \le 4$로 나타낼 수 있고, $4 \le 4$와 같이 나타낼 수도 있다.

위에서 사용한 기호 $<$, $>$, $\le$, $\ge$를 **부등호**라 한다.

부등식과 그 성질

$11 > 3$, $2x + 5 \le 10$과 같이 부등호를 사용하여 두 수 또는 두 식의 대소 관계를 나타낸 식을 **부등식**이라 한다. 부등식의 계산에는 다음과 같은 기본법칙이 성립한다.

I. 실수 a, b에 대하여

  $a < b$ 또는 $a = b$ 또는 $a > b$ 중에서 오직 하나만 성립한다.

II. 실수 a, b에 대하여

  $a > 0$, $b > 0$이면 $a + b > 0$이다.

III. 실수 a, b에 대하여

$a > 0$, $b > 0$이면 $ab > 0$이다.

실제 부등식의 계산에서는 기본법칙으로부터 알 수 있는 다음의 성질을 많이 사용한다.

> 실수 a, b, c에 대하여 $a < b$일 때
>
> i) $a + c < b + c$
>
> ii) $c > 0$이면 $ac < bc$, $\dfrac{a}{c} < \dfrac{b}{c}$
>
> iii) $c < 0$이면 $ac > bc$, $\dfrac{a}{c} > \dfrac{b}{c}$

예제 1 부등식 $5x + 1 < 2x + 7$을 풀어라.

풀이 양변에 -1과 $-2x$를 각각 더하면

$$3x < 6$$

을 얻는다. 이제 양변을 3으로 나누면 $x < 2$이다. 따라서 해는 $x < 2$를 만족하는 모든 실수, 즉

$$\{x \mid x < 2\}$$

이다. ■

예제 2 부등식 $-3 < -2x + 1 \le 7$을 풀어라.

풀이 각 변에 -1을 더하면

$$-4 < -2x \le 6$$

이제 각 변을 -2로 나누면 부등호가 바뀌어

$$2 > x \ge -3$$

이 된다. 따라서 해는 $-3 \le x < 2$를 만족하는 모든 실수, 즉

$$\{x \mid -3 \le x < 2\}$$

이다. ■

예제 1, 예제 2의 풀이에서 나타난 것과 같은 실수의 집합들은 **구간**이라 하고, 다음과 같은 기호를 사용하여 간단하게 나타낼 수 있다.

기 호	집 합	종 류
(a, b)	$\{x \mid a < x < b\}$	열린구간
$[a, b]$	$\{x \mid a \le x \le b\}$	닫힌구간
$(a, b]$	$\{x \mid a < x \le b\}$	반열린구간
$[a, b)$	$\{x \mid a \le x < b\}$	반열린구간
(a, ∞)	$\{x \mid a < x\}$	
$(-\infty, b)$	$\{x \mid x < b\}$	
$[a, \infty)$	$\{x \mid a \le x\}$	
$(-\infty, b]$	$\{x \mid x \le b\}$	
$(-\infty, \infty)$	모든 실수의 집합	

구간의 표현에서 나타나는 수 a, b를 구간의 끝점이라 한다. 그러므로 구간은 양끝점을 포함하고 있는지 여부에 따라서 열린구간, 닫힌구간, 반열린구간으로 구분한다.

예제 3 부등식 $\dfrac{x-1}{x+2} > 0$을 풀어라.

풀이 부등식에서 나타난 분모와 분자가 모두 양수이거나 모두 음수인 범위를 구하면 된다.

	$x < -2$	$-2 < x < 1$	$x > 1$
$x-1$의 부호	$-$	$-$	$+$
$x+2$의 부호	$-$	$+$	$+$
$\dfrac{x-1}{x+2}$의 부호	$+$	$-$	$+$

따라서 주어진 부등식의 해는 구간 $(-\infty, -2)$와 $(1, \infty)$의 합집합이다. ■

절댓값

수직선 위에서 원점과 실수 a에 대응하는 점 사이의 거리를 a의 **절댓값**이라 하고 $|a|$로 나타낸다. 예를 들면 $|3| = 3$, $|-2| = 2$이다. 특히 $|0| = 0$이다.

절댓값에 대하여 다음이 성립한다.

임의의 실수 a의 절댓값은 $a \geq 0$이면 a이고 $a \leq 0$이면 $-a$이다.

$$|a| = \begin{cases} a, & a \geq 0\text{일 때} \\ -a, & a < 0\text{일 때} \end{cases}$$

예제 4 방정식 $|x-2|=5$를 풀어라.

풀이 $|x-2|$는 $x-2$ 또는 $-(x-2)$이다. 그러므로 주어진 방정식의 해는

$$x-2=5 \text{ 또는 } -(x-2)=5$$

를 만족하는 수이다. 따라서 $x=7$ 또는 -3이다. ■

절댓값의 정의로부터 다음이 성립함을 알 수 있다.

절댓값의 성질 I

임의의 실수 a, b에 대하여

i) $|-a|=|a|$, $|a-b|=|b-a|$

ii) $|ab|=|a||b|$, $|b^2|=|b|^2$

iii) $-|a| \leq a$이고 $a \leq |a|$

| 정리 1 |

임의의 실수 a, b에 대하여

(1) $|a+b| \leq |a|+|b|$ (삼각부등식)

(2) $|a-b| \geq ||a|-|b||$

증명 (1) $-a \leq |a|$ 이고 $-b \leq |b|$이므로 두 부등식을 더하면

$$-(a+b) \leq |a|+|b|.$$

한편, $a \leq |a|$이고 $b \leq |b|$이므로 두 부등식을 더하면

$$a+b \leq |a|+|b|.$$

$|a+b|$는 $a+b$와 $-(a+b)$ 중 하나이므로

$$|a+b| \leq |a|+|b|$$

를 얻는다.

(2) 위에서 증명한 부등식을 이용하면

$$|a|=|a-b+b| \leq |a-b|+|b|$$

이므로

$$|a|-|b| \leq |a-b|$$

이다. 같은 방법에 의해

$$|b|=|b-a+b| \leq |b-a|+|a|$$

이므로

$$-(|a|-|b|)=|b|-|a| \leq |b-a|.$$

$||a|-|b||$는 $|a|-|b|$와 $-(|a|-|b|)$ 중 하나이므로

$$||a|-|b|| \leq |a-b|$$

를 얻는다. ■

$a>0$일 때, 부등식 $|x|<a$는 x와 0 사이의 거리가 a보다 작다는 것을 의미하고, 부등식 $|x|>a$는 x와 0 사이의 거리가 a보다 크다는 것을 의미하므로 다음이 성립함을 알 수 있다.

절댓값의 성질 II

임의의 양수 a에 대하여

iv) $|x|<a \iff -a<x<a$

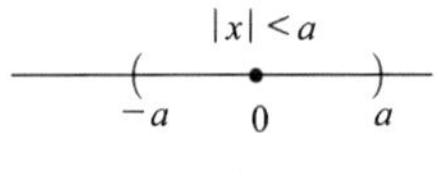

v) $|x|>a \iff x>a$ 또는 $x<-a$

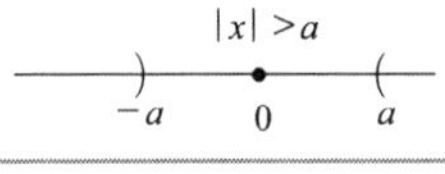

예제 5 부등식 $|x-1|<2$를 풀어라.

풀이 절댓값의 성질에 의해

$$|x-1|<2 \quad \Leftrightarrow \quad -2<x-1<2.$$

그러므로 부등식의 해는

$$-1<x<3$$

이다. ■

예제 6 부등식 $|2x+1| \geq 5$를 풀어라.

풀이 절댓값의 성질에 의해

$$\begin{aligned}|2x+1| \geq 5 \quad &\Leftrightarrow \quad 2x+1 \geq 5 \text{ 또는 } 2x+1 \leq -5 \\ &\Leftrightarrow \quad 2x \geq 4 \text{ 또는 } 2x \leq -6.\end{aligned}$$

그러므로 부등식의 해는

$$x \geq 2 \text{ 또는 } x \leq -3$$

이다. ■

예제 7 부등식 $|x-1|+|x|<3$를 풀어라.

풀이 (i) $x<0$일 때, $|x-1|+|x|=-x+1-x<3$에서 $x>-1$.
그러므로 $-1<x<0$.

(ii) $0 \leq x<1$일 때, $|x-1|+|x|=-x+1+x<3$에서 $1<3$이므로 항상 성립한다.

(iii) $x \geq 1$일 때, $|x-1|+|x|=x-1+x<3$에서 $x<2$.
그러므로 $1 \leq x<2$.

따라서 해는 $-1<x<2$이다. ■

연 습 문 제 Exercises

1. 다음 부등식을 풀어라.

(1) $2x-3 \geq 5x+6$ (2) $3x-5-x<1$

(3) $6x-9 \geq 3(x+2)$ (4) $-6(x+3) \leq -2(x+3)$

(5) $1.6x-0.8<0.6x$ (6) $1.2(x+3)-1<0.8x+3$

(7) $\frac{2}{3}x<5+\frac{3}{2}x$ (8) $\frac{2x-4}{2}+\frac{x-1}{3} \leq x-3$

2. 다음 부등식을 풀어라.

(1) $1<3x-5 \leq 7$ (2) $-4 \leq -2x-6<0$

(3) $2 \leq \frac{3x+6}{2} \leq 4$ (4) $-2<\frac{2}{3}x-\frac{1}{2}<1$

3. 부등식 $\frac{x+3}{x-2}<0$을 만족하는 자연수 x를 모두 구하여라.

4. 다음 방정식을 풀어라.

(1) $|x-5|=3$ (2) $3|x-1|=6$

(3) $|x-5|+|x+1|=7$ (4) $|2x+4|-|x-3|=2$

5. 다음 부등식을 풀어라.

(1) $|x+3|>2$ (2) $|2x-3| \leq 5$

(3) $|-2x-1|<3$ (4) $|3-x| \geq 5$

(5) $\frac{|2x+4|}{3}>6$ (6) $-\frac{|1-2x|}{2}>-2$

6. 다음 부등식을 풀어라.

(1) $|x|+|x+3| \leq 5$ (2) $|x+3|-|x-1|>2$

(3) $|x-2|-|x+1|<3$ (4) $|3-x|+|x+1| \geq 5$

7. x가 자연수일 때, 부등식 $|x|+|x+2| \leq 6$을 만족하는 x의 개수를 구하여라.

1.3 평면 위의 점과 직선

평면 위의 점

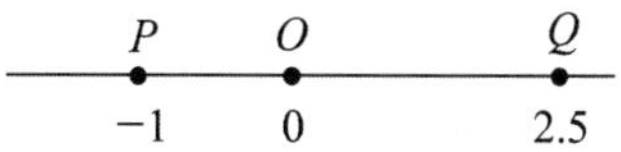

위 그림에서 점 P, O, Q에 대응되는 수는 각각 -1, 0, 2.5이다. 이와 같이 수직선 위의 점에 대응되는 수를 그 점의 **좌표**라 한다. 그러므로 좌표를 이용하면 수직선 위의 점의 위치를 나타낼 수 있다.

평면 위에 있는 점의 위치도 좌표를 이용하여 나타낼 수 있다.

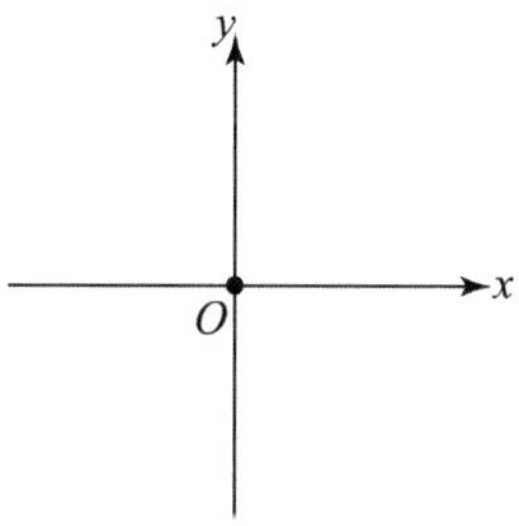

두 수직선을 위의 그림과 같이 각각의 원점에서 수직으로 만나도록 가로와 세로를 그어 평면에 대한 좌표계를 구성한다. 이때 가로의 수직선을 x축, 세로의 수직선을 y축이라 하고, x축과 y축을 통틀어 **좌표축**이라 한다. 또 두 좌표축이 만나는 교점을 원점이라 하고 O로 나타내며 좌표축이 주어져 있는 평면을 **좌표평면**이라 한다.

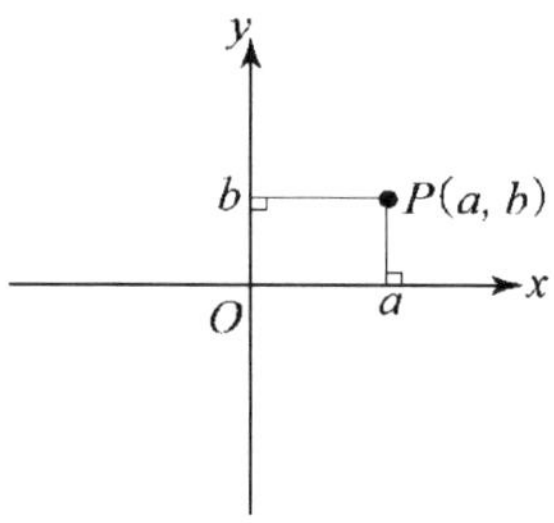

좌표평면 위의 점 P에서 x축, y축에 수선을 그어 x축, y축과 만나는 점의 좌표가 각각 a, b일 때, 순서쌍 (a, b)를 점 P의 **좌표**라 한다. 이때 a를 점 P의 x좌표, b를 점 P의 y좌표라 한다.

원점의 좌표는 $(0,\ 0)$이다. 또한 x축 위의 점은 $(a,\ 0)$ 형태의 좌표를 가지고, y축 위의 점은 $(0,\ b)$ 형태의 좌표를 가진다.

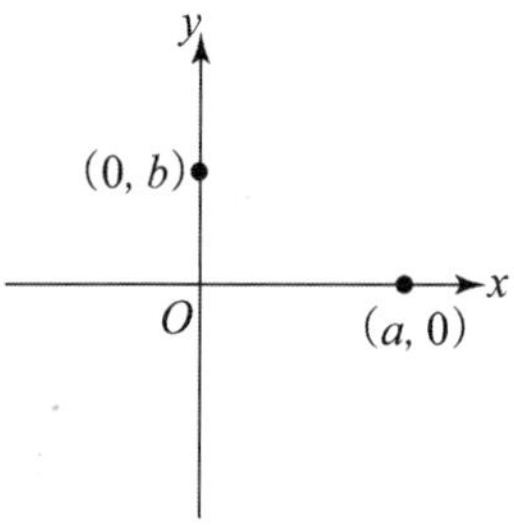

좌표평면 위에 있는 임의의 점을 좌표로 나타내는 방법은 유일하므로 수직선에서와 마찬가지로 좌표평면 위의 점과 그 점을 나타내는 순서쌍을 구분 없이 사용할 것이다.

예제 1 두 조건 $0 \leq x \leq 1$과 $|y| = 1$을 만족시키는 점 $(x,\ y)$의 집합을 좌표평면에 나타내어라.

풀이 $|y| = 1$로부터 $y = 1$ 또는 $y = -1$임을 알 수 있다. 따라서 주어진 조건을 만족시키는 점 $(x,\ y)$는 다음 그림과 같다.

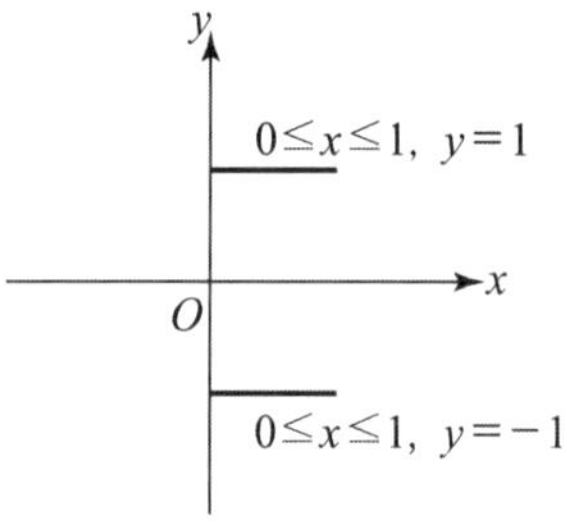

■

예제 2 다음 조건을 만족시키는 점 $(x,\ y)$의 집합을 좌표평면에 나타내어라.

1) $xy < 0$　　　　2) $|y| \geq 1$

풀이 1) $xy < 0$을 만족하는 것은 $x > 0$이고 $y < 0$인 경우와 $x < 0$이고 $y > 0$인 경우이다. 따라서 조건을 만족시키는 점 $(x,\ y)$는 다음의 왼쪽 그림과 같다. 그림에서 점선은 나타내고자 하는 집합에 포함되지 않음을 뜻한다.

2) $|y| \geq 1$을 만족하는 것은 $y \geq 1$인 경우와 $y \leq -1$인 경우이다. x에 대한 조건은 없으므로 x는 모든 실수가 될 수 있다. 그러므로 조건을 만족시키는 점 $(x,\ y)$는 다음의 오른쪽 그림과 같다.

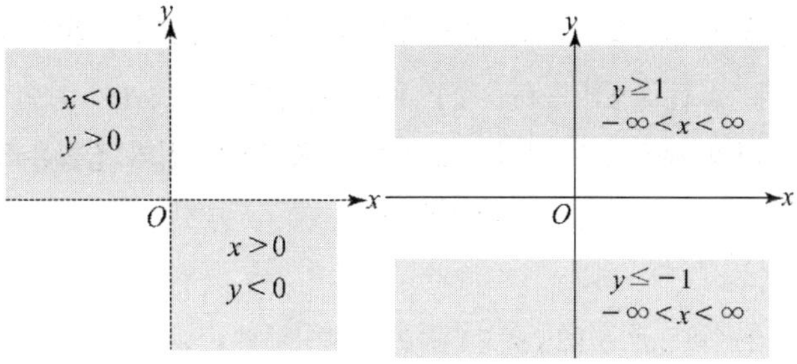

■

❙ 두 점 사이의 거리

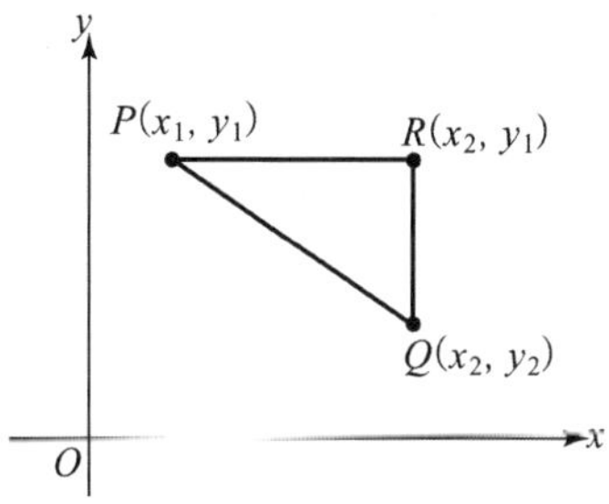

좌표평면 위의 두 점 사이의 거리를 구하기 위해 피타고라스 정리를 이용한다. 위의 그림에서 두 점 $P(x_1, y_1)$, $Q(x_2, y_2)$ 사이의 거리를 구해보자. 점 R의 좌표는 $R(x_2, y_1)$이고 삼각형 PQR은 직각삼각형이다.

$\overline{PR} = |x_2 - x_1|$, $\overline{QR} = |y_2 - y_1|$이므로 피타고라스 정리에 의해

$$\overline{PQ}^2 = |x_2 - x_1|^2 + |y_2 - y_1|^2.$$

그러므로 두 점 $P(x_1, y_1)$, $Q(x_2, y_2)$ 사이의 거리는

$$\overline{PQ} = \sqrt{(x_2 - x_1)^2 + (y_2 - y_1)^2}.$$

예제 3 두 점 $P(7, -4)$, $Q(2, 8)$ 사이의 거리를 구하여라.

풀이 $\overline{PQ} = \sqrt{(2-7)^2 + (8-(-4))^2}$

$= \sqrt{25 + 144}$

$= \sqrt{169} = 13$ ■

예제 4 $x^2+(y-2)^2=25$를 만족시키는 점 (x, y)의 집합에 대하여 설명하여라.

풀이 $x^2+(y-2)^2=(x-0)^2+(y-2)^2$은 두 점 (x, y)와 $(0, 2)$ 사이의 거리의 제곱이다. 따라서 조건을 만족시키는 점의 집합은 중심이 $(0, 2)$이고 반지름의 길이가 5인 원이다. ■

예제 5 $2x^2+2y^2-12y<54$를 만족시키는 점 (x, y)의 집합에 대하여 설명하여라.

풀이 주어진 식에서 y를 완전제곱식으로 고치면

$$2x^2+2(y^2-6y+9)<54+18$$
$$2x^2+2(y-3)^2<72$$
$$x^2+(y-3)^2<6^2$$

이다. $x^2+(y-3)^2=6^2$을 만족시키는 점은 $(0, 3)$으로부터 거리가 6인 점들이다. 그러므로 $x^2+(y-3)^2<6^2$을 만족시키는 점은 $(0, 3)$으로부터 거리가 6보다 작은 점, 즉 중심이 $(0, 3)$이고 반지름의 길이가 6인 원의 내부이다. ■

평면 위의 직선

ℓ이 좌표평면에서 y축에 평행이 아닌 직선이라 할 때, (x_1,y_1), (x_2,y_2)를 ℓ 위의 두 점이라 하자. 이때

$$m=\frac{y_2-y_1}{x_2-x_1}$$

이라 두면, m의 값은 직선 ℓ 위의 어떠한 두 점을 선택하더라도 같다는 것을 닮음 삼각형의 성질로부터 알 수 있다. 즉 다음 그림에서 직선 ℓ 위의 임의의 점 (x_3, y_3), (x_4, y_4)에 대하여

$$\frac{y_2-y_1}{x_2-x_1}=\frac{y_4-y_3}{x_4-x_3}$$

이 성립한다.

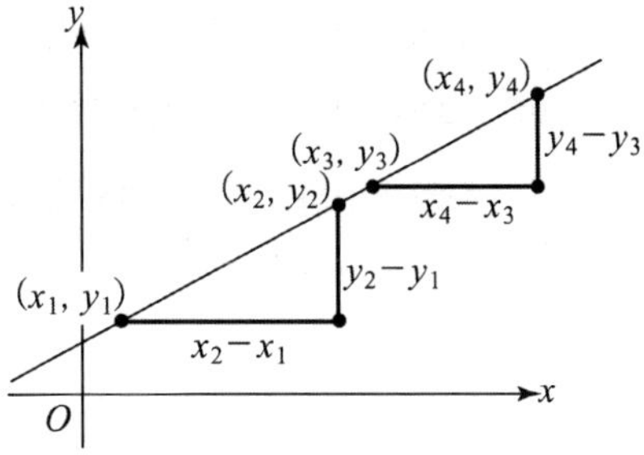

그러므로 직선 ℓ 위의 임의의 점 (x,y)에 대하여

$$m=\frac{y-y_1}{x-x_1}$$

이고, 양변에 $x-x_1$을 곱하면

$$y-y_1=m(x-x_1)$$

이 된다. 이때 m을 직선 ℓ의 기울기라 한다.

> 좌표평면 위의 두 점 (x_1,y_1), (x_2,y_2)를 지나는 직선의 방정식
>
> $$y=m(x-x_1)+y_1, \quad m=\frac{y_2-y_1}{x_2-x_1}$$

예제 6 좌표평면 위의 두 점 $(-1,1)$과 $(3,3)$을 지나는 직선의 방정식을 구하여라.

풀이 직선의 기울기는

$$\frac{3-1}{3-(-1)}=\frac{1}{2}$$

이다. 그러므로 구하는 직선의 방정식은

$$\begin{aligned} y &= \frac{1}{2}(x-(-1))+1 \\ &= \frac{1}{2}x+\frac{3}{2} \end{aligned}$$

이다. ■

좌표평면에서 직선 ℓ이 x축과 만나는 점의 x좌표를 직선의 **x절편**, y축과 만나는 점의 y좌표를 직선의 **y절편**이라 한다. 직선의 방정식이 $y=mx+b$이라 할 때, 직선은 $\left(-\dfrac{b}{m},\ 0\right)$에서 x축과 만나고 $(0,\ b)$에서 y축과 만난다. 따라서 x절편은 $-\dfrac{b}{m}$이고 y절편은 b이다.

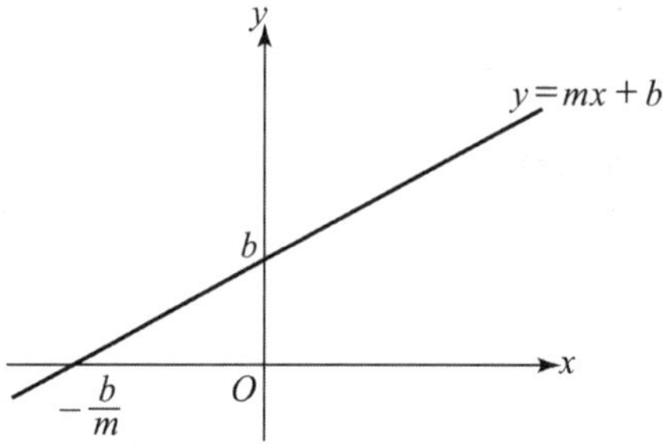

예제 7 직선 $y=-2x+1$의 x절편과 y절편을 구하여라.

풀이 $y=0$일 때 $x=\dfrac{1}{2}$이어야 하므로 x절편은 $\dfrac{1}{2}$이다. 그리고 $x=0$일 때 $y=1$이어야 하므로 y절편은 1이다. ■

예제 8 다음 주어진 조건을 만족시키는 직선의 방정식을 구하여라.

1) 기울기가 2이고 x절편이 1인 직선

2) 기울기가 -1이고 y절편이 3인 직선

풀이 1) x절편이 1이므로 직선은 $(1,\ 0)$을 지난다. 따라서 직선의 방정식은 $y=2(x-1)+0=2x-2$이다.

2) y절편이 3이므로 직선은 $(0,\ 3)$을 지난다. 따라서 직선의 방정식은 $y=-(x-0)+3=-x+3$이다. ■

예제 9 직선 $ax+3y=6$이 x축, y축의 양의 부분과 둘러싸인 부분의 넓이가 3일 때, a의 값을 구하여라.

풀이 직선 $ax+3y=6$의 y 절편은 2, x 절편은 $\dfrac{6}{a}$이므로 삼각형의 넓이를 구하면 $\dfrac{1}{2}\times 2\times\left|\dfrac{6}{a}\right|=3$ 이다. 그러므로 $|a|=2$ 이고 $a=\pm 2$. 그런데 x, y축의 양의 부분으로 이루어진 부분의 넓이이므로 $a=2$ 이다.

■

| 정리 1 |

서로 다른 두 직선 ℓ_1과 ℓ_2의 기울기를 각각 m_1, m_2라 할 때, 두 직선이 평행할 필요충분조건은 $m_1 = m_2$이다.

증명 직선 ℓ_1의 방정식을 $y = m_1 x + b_1$이라 하고 ℓ_2의 방정식을 $y = m_2 x + b_2$라 하자.

서로 다른 두 직선이 평행하면, 두 직선이 x축과 이루는 각의 크기가 같고 y절편이 서로 다르다. 그러므로 $m_1 = m_2$이다.

역으로, $m_1 = m_2$라 하자. ℓ_1과 ℓ_2는 서로 다른 직선이므로 $b_1 \neq b_2$이다. 만약 ℓ_1과 ℓ_2가 한 점 (x_0, y_0)에서 만난다면

$$m_1 x_0 + b_1 = y_0 = m_2 x_0 + b_2$$

이다. $m_1 = m_2$이므로 $b_1 = b_2$가 되어야 하므로 이것은 모순이다. 따라서 ℓ_1과 ℓ_2는 만나지 않으며 두 직선은 평행하다. ■

예제 10 방정식 $2x + y = 1$과 $x + y = 2$로 주어진 직선 ℓ_1과 ℓ_2의 교점을 구하여라.

풀이 두 방정식을 각각

$$y = -2x + 1, \quad y = -x + 2$$

로 나타내면 기울기가 서로 다름을 알 수 있다. 따라서 두 직선은 평행이 아니므로 한 점에서 만난다.

교점을 구하면, $-2x + 1 = -x + 2$로부터 $x = -1$이고, 이때 $y = 3$이다. 따라서 교점의 좌표는 $(-1, 3)$이다. ■

| 정리 2 |

서로 다른 두 직선 ℓ_1과 ℓ_2의 기울기를 각각 m_1, m_2라 할 때, 두 직선이 직교할 필요충분조건은 $m_1 \cdot m_2 = -1$이다.

증명 두 직선 ℓ_1과 ℓ_2가 점 $P(x_0, y_0)$에서 직교한다고 하자. 점 $Q(x_1, y_1)$과 $R(x_2, y_2)$를 각각 ℓ_1과 ℓ_2 위에 있으면서 점 P와 다른 점이라 하면, ℓ_1과 ℓ_2의 기울기는 각각

$$m_1 = \frac{y_1 - y_0}{x_1 - x_0}, \quad m_2 = \frac{y_2 - y_0}{x_2 - x_0}$$

이고, 삼각형 QPR은 직각삼각형이다.

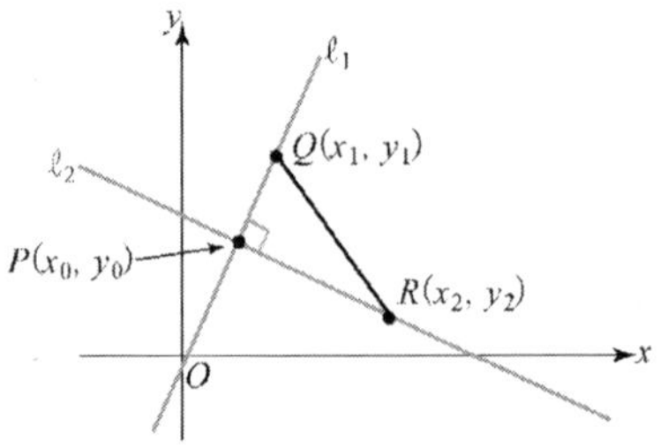

그러므로 피타고라스 정리에 의해

$$[(x_2 - x_0)^2 + (y_2 - y_0)^2] + [(x_1 - x_0)^2 + (y_1 - y_0)^2]$$
$$= [(x_2 - x_1)^2 + (y_2 - y_1)^2]$$

이고, 이것을 전개하여 정리하면

$$x_0^2 - x_2x_0 + y_0^2 - y_2y_0 - x_1x_0 - y_1y_0 = - x_2x_1 - y_2y_1$$
$$x_0(x_0 - x_2) + y_0(y_0 - y_2) = x_1(x_0 - x_2) + y_1(y_0 - y_2)$$
$$(x_0 - x_2)(x_0 - x_1) = - (y_0 - y_2)(y_0 - y_1)$$

이며, 양변을 $(x_0 - x_2)(x_0 - x_1)$으로 나누면

$$\frac{(y_0 - y_2)(y_0 - y_1)}{(x_0 - x_2)(x_0 - x_1)} = - 1$$

이다. 따라서 $m_1 \cdot m_2 = - 1$.

역으로 $m_1 \cdot m_2 = - 1$이라 하자.

ℓ_3이 ℓ_1과 직교하는 직선이면, ℓ_3의 기울기 m_3은

$$m_1 \cdot m_3 = - 1$$

을 만족시킨다. 그러므로 $m_2 = m_3$이고 정리 1에 의해 ℓ_2와 ℓ_3는 평행하다. 따라서 ℓ_2와 ℓ_1은 직교한다. ■

예제 11 방정식 $2x + y = 1$과 $2x - 4y = 5$로 주어진 직선 ℓ_1과 ℓ_2는 직교함을

보여라.

풀이 직선 ℓ_1과 ℓ_2의 기울기를 각각 m_1, m_2라 하면

$$m_1 = -2,\ m_2 = \frac{1}{2}$$

이다. 그러므로 $m_1 \cdot m_2 = -1$이고 정리 2에 의해 ℓ_1과 ℓ_2는 직교한다. ■

예제 12 다음 조건에 알맞은 직선의 방정식을 구하여라.

1) $y = 2x + 1$과 평행하고 원점을 지나는 직선

2) $y = 2x + 1$과 직교하고 $(1,\ 1)$을 지나는 직선

풀이 1) $y = 2x + 1$과 평행한 직선은 기울기가 2이므로 구하는 직선의 방정식은 기울기가 2이고 $(0,\ 0)$을 지나는 직선이다. 따라서 구하는 직선의 방정식은

$$y = 2x.$$

2) $y = 2x + 1$과 직교하는 직선은 기울기가 $-\frac{1}{2}$이므로 구하는 직선의 방정식은

$$y = -\frac{1}{2}(x-1) + 1 = -\frac{1}{2}x + \frac{3}{2}.$$ ■

연 습 문 제 Exercises

1. 다음 조건을 만족시키는 점 $(x,\ y)$의 집합을 좌표평면에 나타내어라.

(1) $0 \leq x \leq 5,\ |y| = 2$　　(2) $|x| < 1,\ 2 \leq y \leq 3$

(3) $\dfrac{x}{y} < 0$　　(4) $xy = 6$ (단, x, y는 정수)

(5) $|x| = 2,\ |y| = 1$　　(6) $|x| < 1,\ |y| < 2$

2. x, y는 자연수이고, $|x-2| < 1,\ |y-1| < 3$인 점 $(x,\ y)$를 모두 구하여라.

3. 다음 두 점 사이의 거리를 구하여라.

(1) $(0,\ 0),\ (-1,\ 4)$　　(2) $(0,\ -1),\ (-1,\ 4)$

(3) $(1,\ -2),\ (-2,\ 2)$　　(4) $(-2,\ -4),\ (1,\ 2)$

4. 다음 조건을 만족하는 점 $(x,\ y)$의 집합을 좌표평면에 나타내어라.

(1) $x^2 + y^2 = 9$　　(2) $(x-1)^2 + (y-3)^2 = 9$

(3) $(x+2)^2 + (y+1)^2 \leq 9$　　(4) $(x+3)^2 + (y-1)^2 \geq 4$

5. 다음 두 점을 지나는 방정식을 구하여라.

(1) $(2,\ 0),\ (-1,\ 3)$　　(2) $(1,\ -2),\ (-1,\ 0)$

(3) $(2,\ 4),\ (5,\ -2)$　　(4) $(-2,\ 4),\ (1,\ -2)$

6. 직선 $y = -3x + 6$의 x절편과 y절편을 구하여라.

7. 다음 조건에 알맞은 직선의 방정식을 구하여라.

(1) 기울기가 -2이고, 점 $(1,\ 2)$를 지나는 직선

(2) 점 $(-1,\ -2)$를 지나고, 직선 $y = -2x + 3$의 그래프와 평행한 직선

(3) x절편이 3이고, y절편이 -6인 직선

(4) 기울기가 -2이고, x절편이 4인 직선

8. 방정식 $2x - 3y = -2$와 $x + y = 4$로 주어진 두 직선의 교점과 두 직선의 x절편을 꼭짓점으로 하는 삼각형의 넓이를 구하여라.

Chapter

2 식의 계산

문자는 수량 관계를 간결하게 표현하는 수학적 언어라고 할 수 있다. 문자와 수를 계산 기호, 괄호 등과 결합하여 수학적인 관계를 문자를 사용한 식으로 나타낼 수 있다. 예를 들어 '어떤 수의 3배보다 2 작은 수'라고 표현하는 것보다 $x \times 3 - 2$로 표현하면 간결하고 알아보기 쉽다. 이와 같이 기호나 문자를 사용하는 것은 수학이 발전하는 데에 있어서 중요한 진전을 이루게 해주었다. 왜냐하면 수학에서 문자를 사용하여 나타낸 식은 복잡한 내용을 알아보기 쉽게 나타내어 문제를 간편하게 해결할 수 있도록 도와주기 때문이다.

이 장에서는 다항식과 다항식의 연산, 인수분해와 함께 유리식과 무리식의 계산에 대하여 소개한다.

2.1 다항식

3, $2x+1$, x^3+x-2와 같이 수나 문자의 곱으로 이루어진 항의 합으로 이루어진 식을 **다항식**이라 한다. 일반적으로 다항식은 다음과 같이 나타낼 수 있다.

$$a_n x^n + a_{n-1}x^{n-1} + \cdots + a_1 x + a_0 \qquad (\text{단, } a_n \neq 0)$$

이때 a_n, a_{n-1}, $\cdots$, a_1, a_0은 **계수**라 하고, n을 이 다항식의 **차수**라 한다.

예를 들어 다항식이 x^3+x-2이면 계수는 $a_3=1$, $a_2=0$, $a_1=1$, $a_0=-2$이고 차수는 3이다. 다항식이 3으로 주어진 경우 $a_0=3$이고 차수는 0이다.

다항식의 덧셈과 뺄셈

다항식의 덧셈과 뺄셈을 할 때에는 결합법칙, 교환법칙, 분배법칙 등을 사용하여 차수가 같은 항끼리 모아서 계수를 더하거나 빼면 된다. 예를 들어 두 다항식 x^2+2x+1과 $3x-2$를 더하면

$$\begin{aligned}(x^2+2x+1)+(3x-2) &= x^2+(2x+3x)+(1-2)\\ &= x^2+(2+3)x+(1-2)\\ &= x^2+5x-1\end{aligned}$$

이 된다.

예제 1 두 다항식 $p(x)=2x^3-3x^2+x$, $q(x)=x^3+5x^2+2$에 대하여 $p(x)+q(x)$와 $p(x)-q(x)$를 구하여라.

풀이
$$\begin{aligned}p(x)+q(x) &= (2x^3-3x^2+x)+(x^3+5x^2+2)\\ &= (2x^3+x^3)+(-3x^2+5x^2)+x+2\\ &= (2+1)x^3+(-3+5)x^2+x+2\\ &= 3x^3+2x^2+x+2\end{aligned}$$

$$\begin{aligned}p(x)-q(x) &= (2x^3-3x^2+x)-(x^3+5x^2+2)\\ &= (2x^3-x^3)+(-3x^2-5x^2)+x-2\\ &= (2-1)x^3+(-3-5)x^2+x-2\\ &= x^3-8x^2+x-2\end{aligned}$$

■

예제 2 두 다항식 $p(x)=x^3-2x^2+1$, $q(x)=2x^3+3x^2+2$에 대하여 $3p(x)-q(x)$를 구하여라.

풀이
$$\begin{aligned}3p(x)-q(x) &= 3(x^3-2x^2+1)-(2x^3+3x^2+2)\\ &= (3x^3-6x^2+3)-(2x^3+3x^2+2)\\ &= (3x^3-2x^3)+(-6x^2-3x^2)+(3-2)\\ &= x^3-9x^2+1\end{aligned}$$

■

다항식의 곱셈

다항식의 곱셈은 분배법칙, 결합법칙, 지수법칙 등을 사용하여 계산한다. 예를 들어, 두 다항식 x^2+2와 $3x-1$의 곱은

$$\begin{aligned}(x^2+2)(3x-1) &= x^2(3x-1)+2(3x-1)\\ &= x^2\cdot 3x + x^2\cdot(-1)+2\cdot 3x+2\cdot(-1)\\ &= 3x^3-x^2+6x-2\end{aligned}$$

가 된다.

예제 3 $(x^2-5x+4)(2x-3)$을 계산하여라.

풀이 $$\begin{aligned}(x^2-5x+4)(2x-3) &= (x^2-5x+4)(2x)+(x^2-5x+4)(-3)\\ &= 2x^3-10x^2+8x-3x^2+15x-12\\ &= 2x^3-13x^2+23x-12\end{aligned}$$ ■

다항식의 곱셈을 할 때에는 다음과 같은 곱셈공식을 이용하면 편리한 경우가 많다.

곱셈공식 I

$(a+b)^2=a^2+2ab+b^2,\quad (a-b)^2=a^2-2ab+b^2$

$(a+b)(a-b)=a^2-b^2$

$(x+a)(x+b)=x^2+(a+b)x+ab$

$(ax+b)(cx+d)=acx^2+(ad+bc)x+bd$

예제 4 곱셈공식을 이용하여 $(a+b+c)^2$을 계산하여라.

풀이 $$\begin{aligned}(a+b+c)^2 &= \{(a+b)+c\}^2\\ &= (a+b)^2+2(a+b)c+c^2\\ &= a^2+2ab+b^2+2ac+2bc+c^2\\ &= a^2+b^2+c^2+2ab+2bc+2ca\end{aligned}$$ ■

예제 5 $(x^2-2x+2)(x^2-2x-1)$을 계산하여라.

풀이 $X=x^2-2x$라 두면

$$\begin{aligned}(x^2-2x+2)(x^2-2x-1) &= (X+2)(X-1)\\ &= X^2+(2-1)X+2\cdot(-1)\\ &= X^2+X-2.\end{aligned}$$

한편

$$\begin{aligned} X^2 &= (x^2-2x)^2 \\ &= (x^2)^2 - 2x^2 \cdot 2x + (-2x)^2 \\ &= x^4 - 4x^3 + 4x^2 \end{aligned}$$

이다. 따라서

$$\begin{aligned} (x^2-2x+2)(x^2-2x-1) &= (x^4-4x^3+4x^2)+(x^2-2x)-2 \\ &= x^4-4x^3+5x^2-2x-2. \end{aligned}$$

■

곱셈공식 I을 이용하면 $(a+b)^3$을 계산할 수 있다.

$$\begin{aligned} (a+b)^3 &= (a+b)^2(a+b) \\ &= (a^2+2ab+b^2)(a+b) \\ &= (a^2+2ab+b^2)a+(a^2+2ab+b^2)b \\ &= a^3+2a^2b+ab^2+a^2b+2ab^2+b^3 \\ &= a^3+3a^2b+3ab^2+b^3 \end{aligned}$$

일반적으로 다음과 같은 곱셈공식이 성립한다.

곱셈공식 II

$(a+b)^3 = a^3+3a^2b+3ab^2+b^3$

$(a-b)^3 = a^3-3a^2b+3ab^2-b^3$

$(a+b)(a^2-ab+b^2) = a^3+b^3$

$(a-b)(a^2+ab+b^2) = a^3-b^3$

예제 6 다음 식을 전개하여라.

1) $(3x-2)^3$ 2) $(x-1)(x^2+x+1)$

풀이 1) $(3x-2)^3 = (3x)^3 - 3(3x)^2 \cdot 2 + 3(3x) \cdot 2^2 - 2^3$

$= 27x^3 - 54x^2 + 36x - 8$

2) $(x-1)(x^2+x+1) = (x-1)(x^2+x\cdot 1+1^2)$

$= x^3 - 1^3 = x^3 - 1$

■

다항식의 나눗셈

두 다항식의 나눗셈 $A(x) \div B(x)$는 내림차순으로 다항식 $A(x)$, $B(x)$를 각각 정리한 후 자연수의 나눗셈과 비슷하게 다음 순서대로 진행한다.

1단계 : $A(x)$의 차수가 가장 높은 항을 $B(x)$의 차수가 가장 높은 항으로 나눈다.
2단계 : $B(x)$에 1단계에서 나눌 때 사용한 몫을 전체에 곱한다.
3단계 : $A(x)$에서 2단계에서 곱한 결과를 뺀다.
4단계 : 3단계에서 뺀 결과를 $B'(x)$라 할 때, 다항식 $B'(x)$의 차수가 $A(x)$의 차수보다 낮지 않으면, $A(x)$와 $B'(x)$에 대해 1, 2, 3단계를 반복한다.

예를 들면, $(2x^2-3x+1) \div (x-2)$는 $A=2x^2-3x+1$, $B=x-2$라 두고 1, 2, 3단계를 두 번 사용하면 몫은 $2x+1$, 나머지는 3이 된다.

$$
\begin{array}{rll}
 & 2x+1 & \Leftarrow \text{몫} \\
x-2 \,) & 2x^2-3x+1 & \\
 & 2x^2-4x & \Leftarrow (x-2)\times 2x \\
 & x+1 & \Leftarrow (2x^2-3x+1)-(2x^2-4x) \\
 & x-2 & \Leftarrow (x-2)\times 1 \\
 & 3 & \Leftarrow (x+1)-(x-2) \quad \Leftarrow \text{나머지}
\end{array}
$$

따라서

$$2x^2-3x+1=(x-2)(2x+1)+3$$

으로 나타낼 수 있다.

예제 7 $(3x^3-2x^2+x-3) \div (x^2-x+1)$의 몫과 나머지를 계산하여라.

풀이 $A=3x^3-2x^2+x-3$, $B=x^2-x+1$라 두면,

$$
\begin{array}{rll}
 & 3x+1 & \\
x^2-x+1 \,) & 3x^3-2x^2+x-3 & \Leftarrow A \\
 & 3x^3-3x^2+3x & \Leftarrow B\times 3x \\
 & x^2-2x-3 & \Leftarrow A-(B\times 3x) \\
 & x^2-\ x+1 & \Leftarrow B\times 1 \\
 & -x-4 & \Leftarrow (A-B\times 3x)-(B\times 1)
\end{array}
$$

이므로 몫은 $3x+1$, 나머지는 $-x-4$가 된다. ■

예제 8 두 다항식 $A=x^3+1$, $B=2x-1$에 대하여 A를 B로 나눈 몫 Q와 나머지 R을 구하고 $A=BQ+R$의 꼴로 나타내어라.

풀이 A를 B로 나누면 몫은 $\frac{1}{2}x^2+\frac{1}{4}x+\frac{1}{8}$, 나머지는 $\frac{9}{8}$이다.

$$
\begin{array}{r|l}
 & \frac{1}{2}x^2+\frac{1}{4}x+\frac{1}{8} \\
\hline
2x-1 & x^3+1 \\
 & x^3-\frac{1}{2}x^2 \\
\hline
 & \quad \frac{1}{2}x^2+1 \\
 & \quad \frac{1}{2}x^2-\frac{1}{4}x \\
\hline
 & \qquad \frac{1}{4}x+1 \\
 & \qquad \frac{1}{4}x-\frac{1}{8} \\
\hline
 & \qquad\quad \frac{9}{8}
\end{array}
$$

따라서

$$x^3+1=(2x-1)\left(\frac{1}{2}x^2+\frac{1}{4}x+\frac{1}{8}\right)+\frac{9}{8}$$

이 된다. ■

예제 9 다항식 x^4-3x^2+x-5를 다항식 A로 나누었을 때의 몫이 x^2-x+3이고, 나머지가 $-7x+10$일 때, 다항식 A를 구하여라.

풀이 $x^4-3x^2+x-5=A(x^2-x+3)-7x+10$이므로
$x^4-3x^2+8x-15=A(x^2-x+3)$. 따라서 $A=x^2+x-5$이다. ■

연습문제 Exercises

1. 다음 등식이 성립함을 보여라.

(1) $(x+a)(x+b)=x^2+(a+b)x+ab$

(2) $(ax+b)(cx+d)=acx^2+(ad+bc)x+bd$

2. 다음 등식이 성립함을 보여라.

(1) $(a-b)^3=a^3-3a^2b+3ab^2-b^3$

(2) $(a+b)(a^2-ab+b^2)=a^3+b^3$

(3) $(a-b)(a^2+ab+b^2)=a^3-b^3$

3. 다음을 계산하여라.

(1) $(4x^2-x)+(2x^2+x-2)$

(2) $(x^2+x+2)-(x^2-2x-3)$

(3) $(4x^4+x^3+3x^2-7)+(2x^3-3x^2+x+5)$

(4) $(-2x^2+1)-(2x^3-2x-3)$

4. 다음을 계산하여라.

(1) $(x+1)(3x-1)$

(2) $(x^2-x+1)(2x+3)$

(3) $(a-2b+c)^2$

(4) $(2x+3)^3$

(5) $(x+2)(x^2-2x+4)$

(6) $(x^2+1)(2x^2-x-1)$

5. 다항식 A, B가 $A=x^2+4y^2$, $B=2x^2-y^2$일 때, $2X-3A=2B+X$를 만족시키는 다항식 X를 구하여라.

6. $x=1+\sqrt{2}$, $y=1-\sqrt{2}$일 때, $x^3+x^2y+xy^2+y^3$의 값을 구하여라.

7. 다항식 $(1+2x^2+4x^4)(x+3x^3+5x^5+7x^7)$의 전개식에서 x^n의 계수를 a_n이라 할 때, a_3+a_5의 값을 구하여라.

8. 다음의 두 다항식 A, B에 대하여 $A \div B$를 하였을 때의 몫 Q와 나머지 R을 구하고 $A = BQ + R$의 꼴로 나타내어라.

(1) $A = 3x^3 + x - 3$, $B = x - 2$ (2) $A = x^3 - 4x^2 + 5x - 2$, $B = x^2 + 1$

9. 다항식 $A(x)$를 $3x - 2$로 나누었을 때의 몫이 $x^2 + x$이고 나머지가 2일 때, 다항식 $A(x)$를 구하여라.

10. 다항식 $A(x) = x^n - 1$(n은 자연수)에 대하여 다음에 답하여라.

(1) n의 값이 2, 3, 4일 때, $A(x)$를 $(x-1)^2$으로 각각 나눈 나머지를 구하여라.

(2) $x^n - 1$을 $(x-1)^2$으로 나눈 나머지를 구하여라.

11. 0이 아닌 서로 다른 세 실수 a, b, c에 대하여 $[a,b,c] = \dfrac{1+a^2}{bc}$으로 정의한다. $a+b+c=0$일 때, $[a,b,c]+[b,c,a]+[c,a,b]$의 값을 구하여라.

12. $a+b+c=4$, $a^2+b^2+c^2=10$, $abc=2$ 일 때, $\dfrac{1}{a}+\dfrac{1}{b}+\dfrac{1}{c}$의 값을 구하여라.

2.2 나머지정리와 인수분해

항등식

등식 $2x+1=0$과 같이 x에 특정한 값을 대입했을 때에만 참이 되는 등식을 **방정식**이라 하고, $x(x+2)=x^2+2x$와 같이 x에 어떠한 값을 대입하여도 항상 참이 되는 등식을 **항등식**이라 한다.

| 정리 |

등식 $ax^2+bx+c=0$이 항등식이 될 필요충분조건은 $a=b=c=0$임을 보여라.

증명 $ax^2+bx+c-0$이 항등식이면 x에 이떠한 깂을 대입하여도 등식이 성립하므로 $x=0$, $x=-1$, $x=1$일 때에도 성립한다.

$x=0$을 대입하면 $c=0$임을 알 수 있다.
$x=-1$을 대입하면 $a-b=0$이 되므로 $a=b$이다.
$x=1$을 대입하면 $a+b=0$이 되므로 $a=-b$이나.

따라서 $a=b=0$이다.
역으로 $a=b=c=0$이면, x에 어떠한 값을 대입하여도 등식이 성립하므로 $ax^2+bx+c=0$은 항등식이다. ■

위의 정리에 의해 등식 $ax^2+bx+c=dx^2+ex+f$가 항등식이 되기 위한 필요충분조건은 $a=d$, $b=e$, $c=f$임을 알 수 있다. 이와 같은 항등식의 성질을 이용하여 항등식에서 결정되지 않은 계수의 값을 결정할 수 있는데, 이러한 방법을 **미정계수법**이라 한다.

예제 1 $2x^2+7x+5=a(x+1)^2+b(x+1)+c$가 항등식일 때, 상수 a, b, c의 값을 구하여라.

풀이 등식의 우변을 내림차순으로 정리하면

$$\begin{aligned} a(x+1)^2+b(x+1)+c &= a(x^2+2x+1)+b(x+1)+c \\ &= ax^2+(2a+b)x+a+b+c \end{aligned}$$

이다. 미정계수법을 이용하면

$$a=2,\ 2a+b=7,\ a+b+c=5$$

이다. 그러므로 $b=3$이고 $c=0$이다. ■

나머지정리

다항식을 일차식으로 나눌 때의 나머지는 나눗셈을 하지 않고 항등식의 성질을 이용하여 간편하게 구할 수 있다.

다항식 $P(x)$를 일차식 $x-\alpha$로 나누었을 때의 몫을 $Q(x)$, 나머지를 R이라 하면, 다음과 같은 등식이 성립한다.

$$P(x)=(x-\alpha)Q(x)+R \quad (R\text{은 상수})$$

이 등식은 x에 대한 항등식이므로 $x=\alpha$를 대입하면

$$P(\alpha)=R$$

즉, 나머지 R은 $P(\alpha)$와 같다.

나머지정리

다항식 $P(x)$를 일차식 $x-\alpha$로 나누었을 때의 나머지를 R이라 하면, $R=P(\alpha)$이다.

예제 2 x^3-2x^2+x+1을 $x-2$로 나누었을 때의 나머지를 구하여라.

풀이 나머지정리에 의해 나머지는 다항식에 2를 대입하여 계산한 값과 같다. 그러므로 나머지는

$$2^3-2\cdot 2^2+2+1=3.$$

■

예제 3 다항식 $P(x)$를 $x-1$로 나누었을 때의 나머지가 4이고 $x-2$로 나누었을 때의 나머지가 7일 때, $P(x)$를 $(x-1)(x-2)$로 나누었을 때의 나머지를 구하여라.

풀이 $P(x)$를 $(x-1)(x-2)$로 나누었을 때의 몫을 $Q(x)$, 나머지를 $ax+b$라

하면,

$$P(x)=(x-1)(x-2)Q(x)+ax+b.$$

$P(x)$를 $x-1$로 나누었을 때의 나머지가 4이므로

$$P(1)=a+b=4.$$

그러므로 $b=4-a$이다.
$P(x)$를 $x-2$로 나누었을 때의 나머지가 7이므로

$$P(2)=2a+b=7.$$

따라서 $a=3$이고 $b=1$이다. 즉, 나머지는 $3x+1$이다. ■

나머지정리에 따르면 다항식 $P(x)$를 $x-\alpha$로 나누었을 때의 나머지는 $P(\alpha)$이므로 $P(\alpha)=0$이면 다항식 $P(x)$가 $x-\alpha$로 나누어떨어지고, 그 역도 성립한다.

인수정리
다항식 $P(x)$가 일차식 $x-\alpha$로 나누어떨어지기 위한 필요충분조건은 $P(\alpha)=0$이다.

예제 4 다항식 $P(x)=x^3-2x^2+ax+4$가 $x-2$로 나누어떨어질 때, 상수 a의 값을 구하여라.

풀이 다항식 $P(x)$가 $x-2$로 나누어떨어지므로 인수정리에 의하여

$$P(2)=2^3-2\cdot 2^2+2a+4=0$$

따라서 $a=-2$. ■

예제 5 $P(x)=x^3+ax^2+bx-2$가 x^2-1로 나누어떨어지도록 상수 a, b의 값을 정하여라.

풀이 $x^2-1=(x-1)(x+1)$이므로 $P(x)$가 x^2-1로 나누어떨어지려면 $x-1$과 $x+1$로 각각 나누어떨어져야 한다. 그러므로 인수정리에 의해

$$P(1)=a+b-1=0$$
$$P(-1)=a-b-3=0$$

이다. 그러므로 $a=2,\ b=-1$. ■

인수분해

하나의 다항식을 두 개 이상의 다항식의 곱으로 나타내는 것을 **인수분해**라 하고, 그 곱을 이루는 각 다항식을 그 다항식의 **인수**라 한다. 예를 들어, 다항식 x^2-2x-3은

$$x^2-2x-3=(x+1)(x-3)$$

과 같이 인수분해된다. 이때, $x+1$과 $x-3$은 각각 x^2-2x-3의 인수이다.

인수분해를 할 때는 곱셈의 역방향으로 생각해야 하므로 앞에서 정리한 곱셈공식을 역방향으로 이용하면 된다.

인수분해 공식

$ma+mb=m(a+b)$

$a^2+2ab+b^2=(a+b)^2,\quad a^2-2ab+b^2=(a-b)^2$

$a^2-b^2=(a+b)(a-b)$

$x^2+(a+b)x+ab=(x+a)(x+b)$

$acx^2+(ad+bc)x+bd=(ax+b)(cx+d)$

$a^3+3a^2b+3ab^2+b^3=(a+b)^3$

$a^3-3a^2b+3ab^2-b^3=(a-b)^3$

$a^3+b^3=(a+b)(a^2-ab+b^2)$

$a^3-b^3=(a-b)(a^2+ab+b^2)$

예제 6 다음 식을 인수분해하여라.

1) $4a^2+4a+1$ 2) x^2-25y^2

3) $x^2+2x-15$ 4) $8x^3-27y^3$

풀이 1) $4a^2+4a+1=(2a)^2+2\cdot(2a)+1^2=(2a+1)^2$

2) $x^2-25y^2=x^2-(5y)^2=(x-5y)(x+5y)$

3) $x^2+2x-15=x^2+(5+(-3))x+5\times(-3)=(x+5)(x-3)$

4) $8x^3-27y^3=(2x)^3-(3y)^3$

$$= (2x-3y)((2x)^2+(2x)(3y)+(3y)^2)$$
$$= (2x-3y)(4x^2+6xy+9y^2)$$ ■

예제 7 다음 식을 인수분해하여라.

1) $(x+2)^2-2(x+2)-8$ 2) $4x^4-13x^2y^2+9y^4$

3) $(x^2-x+1)(x^2-x+2)-2$

4) $(x-1)(x-2)(x+3)(x+4)+4$

풀이 1) $x+2=X$로 놓으면

$$\begin{aligned}(x+2)^2-2(x+2)-8 &= X^2-2X-8\\ &= (X-4)(X+2)\\ &= (x+2-4)(x+2+2)\\ &= (x-2)(x+4).\end{aligned}$$

2) $x^2=X,\ y^2=Y$로 놓으면

$$\begin{aligned}4x^4-13x^2y^2+9y^4 &= 4X^2-13XY+9Y^2\\ &= (X-Y)(4X-9Y)\\ &= (x^2-y^2)(4x^2-9y^2)\\ &= (x-y)(x+y)(2x-3y)(2x+3y).\end{aligned}$$

3) $x^2-x=X$ 로 놓으면

$$\begin{aligned}(x^2-x+1)(x^2-x+2)-2 &= (X+1)(X+2)-2\\ &= (X^2+3X+2)-2\\ &= X^2+3X\\ &= X(X+3)\\ &= (x^2-x)(x^2-x+3)\\ &= x(x-1)(x^2-x+3).\end{aligned}$$

4) $$\begin{aligned}(x-1)(x-2)(x+3)(x+4) &= (x-1)(x+3)(x-2)(x+4)\\ &= (x^2+2x-3)(x^2+2x-8).\end{aligned}$$

x^2+2x를 X로 놓으면

$$\begin{aligned}(x-1)(x-2)(x+3)(x+4)+4 &= (X-3)(X-8)+4\\ &= X^2-11X+28\end{aligned}$$

$$= (X-4)(X-7)$$
$$= (x^2+2x-4)(x^2+2x-7). \quad ■$$

삼차 이상의 다항식이 일차식의 인수를 갖는 경우에는 인수정리를 이용하여 인수를 찾고, 다항식의 나눗셈을 통하여 몫을 구하여 인수분해하면 편리하다.

예제 8 다음 식을 인수분해하여라.

1) x^3-4x^2+x+6 2) x^3-7x+6

풀이 1) $P(x)=x^3-4x^2+x+6$으로 놓으면 $P(-1)=-1-4-1+6=0$이므로 인수정리에 의하여 $x+1$은 $P(x)$의 인수이다. 다항식의 나눗셈을 통하여 $P(x)$를 인수분해하면

$$\begin{aligned} P(x) &= (x+1)(x^2-5x+6) \\ &= (x+1)(x-2)(x-3). \end{aligned}$$

2) $P(x)=x^3-7x+6$으로 놓으면 $P(1)=1-7+6=0$이므로 인수 정리에 의하여 $x-1$은 $P(x)$의 인수이다. 다항식의 나눗셈을 통하여 $P(x)$를 인수분해하면

$$\begin{aligned} P(x) &= (x-1)(x^2+x-6) \\ &= (x-1)(x-2)(x+3). \end{aligned}$$

■

연 습 문 제 Exercises

1. 등식 $x^2-2x-3=a(x-1)(x+1)+b(x-1)+c$가 x에 대한 항등식일 때, 상수 a, b, c의 값을 구하여라.

2. 다항식 x^3-3x+4를 다음의 일차식으로 나누었을 때의 나머지를 구하여라.

(1) $x+1$ (2) $x-3$ (3) $x-2$

3. 다항식 $P(x)$를 $x-1$로 나누었을 때의 나머지와 $x+1$로 나누었을 때의 나머지가 각각 2, 5일 때, $P(x)$를 x^2-1로 나누었을 때의 나머지를 구하여라.

4. 다항식 ax^3+4x^2+ax+2가 $x-1$로 나누어떨어질 때, 상수 a의 값을 구하여라.

5. 다항식 $P(x)$를 일차식 $ax-b$로 나누었을 때의 나머지가 $P\left(\frac{b}{a}\right)$임을 보여라.

6. 다항식 x^3-6x-1를 다음의 일차식으로 나누었을 때의 나머지를 구하여라.

(1) $2x-1$ (2) $3x+2$

7. 방정식 $x^3-4x^2+5x+a=0$이 $x=2$를 해로 가질 때 a의 값과 다른 해를 모두 구하여라.

8. x^3-4x^2+ax-5를 $x-3$으로 나누었을 때와 $x-1$로 나누었을 때의 나머지가 같고, $x-b$로 나누면 나머지가 -7이다. 이때, $a-b$의 값을 구하여라.

9. 다음 식을 인수분해하여라.

(1) $2x^7-2x$ (2) $(x+1)^2-3(x+1)-4$

(3) $(x^2-x-1)(x^2-x+3)-5$ (4) x^4-3x^2+1

10. 다항식 $(x^2+2x)^2-2(x^2+2x)-3$을 인수분해하여라.

11. 삼각형의 세 변의 길이 a, b, c 에 대하여

$$a^3+a^2b+a^2c-ab^2-b^3-b^2c=0$$

을 만족하는 삼각형은 어떤 모양의 삼각형인지 결정하여라.

12. 다항식 $2x^3+ax^2+x-b$가 x^2-x-2을 인수로 가질 때, a, b의 값을 구하여라. (단, a, b는 상수)

2.3 유리식과 무리식

유리식

두 다항식 $A(x)$, $B(x)(\neq 0)$에 대하여 $\dfrac{A(x)}{B(x)}$ 꼴로 나타내어지는 식을 **유리식**이라 한다.

만약 분모 $B(x)$가 상수이면 $\dfrac{A(x)}{B(x)}$는 다항식이므로 다항식도 유리식이다. 예를 들어 $\dfrac{x+1}{x^3+2}$, $\dfrac{x^2+1}{2x+1}$, $x-1$ 등은 모두 유리식이다.

분수의 계산에서와 마찬가지로 유리식에서도 분자와 분모를 그들 공통의 인수로 각각 나누어 유리식을 간단히 하는 것을 **약분한다**고 한다. 그리고 두 개 이상의 유리식을 분모가 같은 유리식으로 고치는 것을 **통분한다**고 한다.

예제 1 다음 유리식을 약분하여라.

1) $\dfrac{x^2-3x}{x^2-x-6}$　　　2) $\dfrac{x^3-1}{x^2-2x+1}$

풀이 1) 분모와 분자를 각각 인수분해하면

$$x^2-x-6=(x+2)(x-3)$$
$$x^2-3x=x(x-3)$$

이다. 그러므로

$$\frac{x^2-3x}{x^2-x-6}=\frac{x(x-3)}{(x+2)(x-3)}=\frac{x}{x+2}.$$

2) 분모와 분자를 각각 인수분해하면

$$x^2-2x+1=(x-1)^2$$
$$x^3-1=(x-1)(x^2+x+1)$$

이다. 그러므로

$$\frac{x^3-1}{x^2-2x+1}=\frac{(x-1)(x^2+x+1)}{(x-1)^2}=\frac{x^2+x+1}{x-1}.$$

■

예제 2 다음 유리식을 통분하여라.

1) $\dfrac{x-2}{x^2-x}$, $\dfrac{x+1}{x^2+x-2}$ 2) $\dfrac{x-2}{x^2+x}$, $\dfrac{x+1}{x^2-x-2}$

풀이 1) 두 유리식의 분모를 각각 인수분해하면

$$x^2-x=x(x-1), \quad x^2+x-2=(x+2)(x-1).$$

그러므로 공통의 분모를 $x(x+2)(x-1)$로 하여 통분하면

$$\frac{(x-2)(x+2)}{x(x-1)(x+2)}, \ \frac{x(x+1)}{x(x-1)(x+2)}.$$

2) 두 유리식의 분모를 각각 인수분해하면

$$x^2+x=x(x+1),$$
$$x^2-x-2=(x-2)(x+1).$$

그러므로 공통의 분모를 $x(x+1)(x-2)$로 하여 통분하면

$$\frac{(x-2)^2}{x(x+1)(x-2)}, \ \frac{x(x+1)}{x(x+1)(x-2)}.$$

■

유리식의 계산

유리식의 덧셈과 뺄셈은 분수의 계산에서와 같이 분모가 서로 다를 때는 분모를 통분하여 계산한다. 유리식의 곱셈도 분수의 계산에서와 같이 분모는 분모끼리 분자는 분자끼리 곱하여 계산하고, 유리수의 나눗셈은 나누는 유리식의 역수를 곱하는 곱셈으로 바꾸어 계산한다.

예제 3 다음 식을 계산하여라.

1) $\dfrac{1}{x}+\dfrac{1}{x+1}$ 2) $\dfrac{4}{x}+\dfrac{x}{x+2}$

3) $\dfrac{x-1}{x+1}+\dfrac{x+1}{x-1}$ 4) $\dfrac{x+2}{x^2+3x}-\dfrac{x}{x^2+2x-3}$

풀이 1) 두 유리식을 통분하면 $x(x+1)$이 공통의 분모가 되므로

$$\frac{1}{x}+\frac{1}{x+1}=\frac{x+1}{x(x+1)}+\frac{x}{x(x+1)}$$

$$= \frac{2x+1}{x(x+1)}.$$

2) 두 유리식을 통분하면 $x(x+2)$가 공통의 분모가 되므로

$$\begin{aligned}\frac{4}{x}+\frac{x}{x+2} &= \frac{4(x+2)}{x(x+2)}+\frac{x^2}{x(x+2)}\\ &= \frac{4(x+2)+x^2}{x(x+2)}\\ &= \frac{4x+8+x^2}{x(x+2)}\\ &= \frac{x^2+4x+8}{x(x+2)}.\end{aligned}$$

3) 두 유리식을 통분하면 $(x+1)(x-1)$이 공통의 분모가 되므로

$$\begin{aligned}\frac{x-1}{x+1}+\frac{x+1}{x-1} &= \frac{(x-1)^2}{(x+1)(x-1)}+\frac{(x+1)^2}{(x+1)(x-1)}\\ &= \frac{(x-1)^2+(x+1)^2}{(x+1)(x-1)}\\ &= \frac{x^2-2x+1+x^2+2x+1}{(x+1)(x-1)}\\ &= \frac{2x^2+2}{(x+1)(x-1)}.\end{aligned}$$

4) 분모를 인수분해하면

$$\begin{aligned}x^2+3x &= x(x+3)\\ x^2+2x-3 &= (x+3)(x-1)\end{aligned}$$

이므로 통분하면 공통의 분모가 $x(x+3)(x-1)$이다. 그러므로

$$\begin{aligned}\frac{x+2}{x^2+3x}-\frac{x}{x^2+2x-3} &= \frac{(x+2)(x-1)}{x(x+3)(x-1)}-\frac{x^2}{x(x+3)(x-1)}\\ &= \frac{(x+2)(x-1)-x^2}{x(x+3)(x-1)}\\ &= \frac{x^2+x-2-x^2}{x(x+3)(x-1)}\\ &= \frac{x-2}{x(x+3)(x-1)}.\end{aligned}$$

■

예제 4 다음 식을 계산하여라.

1) $\dfrac{x+2}{x^2-4x+3} \times \dfrac{x-1}{x^2-4}$ 2) $\dfrac{x+1}{x^2-5x+4} \div \dfrac{x-4}{x^2-1}$

풀이 1) 두 유리식의 분모를 인수분해하고 곱셈을 하면,

$$\begin{aligned}\frac{x+2}{x^2-4x+3} \times \frac{x-1}{x^2-4} &= \frac{x+2}{(x-1)(x-3)} \times \frac{x-1}{(x-2)(x+2)} \\ &= \frac{1}{(x-3)(x-2)}.\end{aligned}$$

2) 나누는 유리식 $\dfrac{x-4}{x^2-1}$의 역수는 $\dfrac{x^2-1}{x-4}$이므로

$$\begin{aligned}\frac{x+1}{x^2-5x+4} \div \frac{x-4}{x^2-1} &= \frac{x+1}{x^2-5x+4} \times \frac{x^2-1}{x-4} \\ &= \frac{x+1}{(x-1)(x-4)} \times \frac{(x-1)(x+1)}{x-4} \\ &= \frac{(x+1)^2}{(x-4)^2}.\end{aligned}$$

■

부분분수

유리식의 빼셈에서

$$\begin{aligned}\frac{1}{x} - \frac{1}{x+1} &= \frac{x+1}{x(x+1)} - \frac{x}{x(x+1)} \\ &= \frac{x+1-x}{x(x+1)} = \frac{1}{x(x+1)}\end{aligned}$$

과 같이 분모를 통분하여 계산하였다.

그런데 함수의 그래프나 여러 가지 계산을 하다 보면 반대 방향의 계산을 하여야 될 때가 있다. 즉 주어진 유리식에서 분모가 인수분해가 되는 경우에 각 인수를 분모로 하는 유리식의 합이나 차로 고쳐야 하는 경우가 있다. 이것을 유리식을 **부분분수**로 바꾼다고 한다. 예를 들어, 유리식 $\dfrac{1}{x^2+x}$을 $\dfrac{1}{x} - \dfrac{1}{x+1}$와 같이 부분분수로 바꿀 수 있다.

일반적으로, 분모 $Q(x)$가 일차식 또는 이차식을 인수로 가질 때, 유리식 $\dfrac{P(x)}{Q(x)}$를 부분분수로 바꾸어 나타내는 방법은 다음의 세 가지 경우로 나눌 수 있다. 단 $P(x)$

의 차수는 $Q(x)$의 차수보다 낮다고 가정한다.

[경우 1] $Q(x)$가 서로 다른 일차식의 곱으로 인수분해되는 경우

$$Q(x) = (a_1x+b_1)(a_2x+b_2)\cdots(a_nx+b_n)$$

이 되면

$$\frac{P(x)}{Q(x)} = \frac{C_1}{a_1x+b_1} + \frac{C_2}{a_2x+b_2} + \cdots + \frac{C_n}{a_nx+b_n}$$

으로 나타낼 수 있다. 여기서 상수 C_1, $\cdots$, C_n의 값을 구하면 된다.

예제 5 다음 유리식을 부분분수로 바꾸어 나타내어라.

1) $\dfrac{4}{x^2-2x-15}$　　　　2) $\dfrac{8x+4}{x^2+2x-3}$

풀이 1) 분모를 인수분해하면 $x^2-2x-15=(x-5)(x+3)$이 된다.

그러므로

$$\frac{4}{x^2-2x-15} = \frac{C_1}{x-5} + \frac{C_2}{x+3}$$

으로 두고 상수 C_1, C_2의 값을 구한다.

$$\begin{aligned}\frac{C_1}{x-5}+\frac{C_2}{x+3} &= \frac{C_1(x+3)}{(x-5)(x+3)} + \frac{C_2(x-5)}{(x-5)(x+3)} \\ &= \frac{(C_1+C_2)x+3C_1-5C_2}{(x-5)(x+3)}\end{aligned}$$

이므로 $4=(C_1+C_2)x+3C_1-5C_2$가 모든 x에 대하여 성립하는 항등식이다. 따라서 $C_1+C_2=0$, $3C_1-5C_2=4$이고, 두 식을 연립하여 풀면 $C_1=\frac{1}{2}$, $C_2=-\frac{1}{2}$이다. 즉,

$$\frac{4}{x^2-2x-15} = \frac{1}{2(x-5)} - \frac{1}{2(x+3)}.$$

2) 분모를 인수분해하면 $x^2+2x-3=(x+3)(x-1)$이 된다. 그러므로

$$\frac{8x+4}{x^2+2x-3}=\frac{C_1}{x+3}+\frac{C_2}{x-1}$$

으로 두고 상수 C_1, C_2의 값을 구한다.

$$\frac{C_1}{x+3}+\frac{C_2}{x-1}=\frac{C_1(x-1)}{(x+3)(x-1)}+\frac{C_2(x+3)}{(x+3)(x-1)}$$
$$=\frac{(C_1+C_2)x-C_1+3C_2}{(x+3)(x-1)}$$

이므로 $8x+4=(C_1+C_2)x-C_1+3C_2$가 모든 x에 대하여 성립하는 항등식이다. 따라서 $C_1+C_2=8$, $-C_1+3C_2=4$이고, 두 식을 연립하여 풀면 $C_1=5$, $C_2=3$이다. 즉

$$\frac{8x+4}{x^2+2x-3}=\frac{5}{x+3}+\frac{3}{x-1}.$$ ■

[경우 2] $Q(x)$에 일차식의 제곱의 형태가 나타나는 경우

$Q(x)$를 인수분해했을 때 $(ax+b)^2$과 같은 인수를 가지면 $\frac{P(x)}{Q(x)}$를 부분분수로 바꿀 때

$$\frac{C_1}{ax+b}+\frac{C_2}{(ax+b)^2}$$

와 같은 형태가 나타난다.

예제 6 유리식 $\frac{2x^2+2x+1}{x^2(x+1)}$을 부분분수로 바꾸어 나타내어라.

풀이 분모가 $x^2(x+1)$이므로 [경우 1]과 [경우 2]를 적용하여

$$\frac{C_1}{x}+\frac{C_2}{x^2}+\frac{C_3}{x+1}$$

의 형태로 바꿀 수 있다.

$$\frac{C_1}{x}+\frac{C_2}{x^2}+\frac{C_3}{x+1}=\frac{C_1x(x+1)}{x^2(x+1)}+\frac{C_2(x+1)}{x^2(x+1)}+\frac{C_3x^2}{x^2(x+1)}$$

$$= \frac{(C_1 + C_3)x^2 + (C_1 + C_2)x + C_2}{x^2(x+1)}$$

이므로

$$2x^2 + 2x + 1 = (C_1 + C_3)x^2 + (C_1 + C_2)x + C_2$$

는 모든 x에 대하여 성립하는 항등식이다. 따라서 $C_1 + C_3 = 2$, $C_1 + C_2 = 2$, $C_2 = 1$이고, C_1, C_2, C_3의 값을 차례로 구하면

$$C_1 = C_2 = C_3 = 1$$

이다. 즉

$$\frac{2x^2 + 2x + 1}{x^2(x+1)} = \frac{1}{x} + \frac{1}{x^2} + \frac{1}{x+1}. \qquad ■$$

[경우 3] $Q(x)$에 이차식의 형태가 나타나는 경우

$Q(x)$를 인수분해했을 때 $(ax^2 + bx + c)$과 같은 인수를 가지면 $\frac{P(x)}{Q(x)}$를 부분분수로 바꿀 때

$$\frac{C_1 x + C_2}{ax^2 + bx + c}$$

과 같은 형태가 나타난다.

예제 7 유리식 $\frac{2x}{(x^2+1)(x-1)}$를 부분분수로 바꾸어 나타내어라.

풀이 분모가 $(x^2+1)(x-1)$이므로 [경우 1]과 [경우 3]을 적용하여

$$\frac{C_1 x + C_2}{x^2+1} + \frac{C_3}{x-1}$$

의 형태로 바꿀 수 있다.

$$\frac{C_1 x + C_2}{x^2+1} + \frac{C_3}{x-1} = \frac{(C_1 x + C_2)(x-1)}{(x^2+1)(x-1)} + \frac{C_3(x^2+1)}{(x^2+1)(x-1)}$$

$$= \frac{C_1x^2 + (-C_1 + C_2)x - C_2 + C_3x^2 + C_3}{(x^2+1)(x-1)}$$

$$= \frac{(C_1 + C_3)x^2 + (-C_1 + C_2)x - C_2 + C_3}{(x^2+1)(x-1)}$$

이므로

$$2x = (C_1 + C_3)x^2 + (-C_1 + C_2)x - C_2 + C_3$$

은 모든 x에 대하여 성립하는 항등식이다. 따라서

$$C_1 + C_3 = 0,\ -C_1 + C_2 = 2,\ -C_2 + C_3 = 0$$

이고, 세 식으로부터

$$C_1 = -1,\ C_2 = 1,\ C_3 = 1$$

임을 알 수 있다. 즉

$$\frac{2x}{(x^2+1)(x-1)} = \frac{-x+1}{x^2+1} + \frac{1}{x-1}.$$ ■

▌무리식

식을 정리하였을 때, 근호 안에 문자를 포함하는 식 중에서 유리식으로 나타낼 수 없는 식을 **무리식**이라 한다. 예를 들면, $\sqrt{x}+1$, $\frac{1}{\sqrt{x^2+1}}$, $x^2 + \sqrt{3x-1}$ 등은 무리식이고 $\sqrt{2}\,x + \sqrt{5}$, $\sqrt{(x+1)^2}$ 은 무리식이 아니다.

무리식의 계산은 무리수의 계산과 마찬가지로 제곱근의 성질을 이용하는데, 분모에 무리식이 들어 있는 경우에는 분모를 유리화하여 간단히 한다.

보기 1 $(\sqrt{x+1} + \sqrt{x}) + (2\sqrt{x+1} - \sqrt{x})$
$= (\sqrt{x+1} + 2\sqrt{x+1}) + (\sqrt{x} - \sqrt{x}) = 3\sqrt{x+1}$ ■

예제 8 다음 무리식을 간단히 하여라.

1) $(\sqrt{x+1} - \sqrt{x-1})(\sqrt{x+1} + \sqrt{x-1})$

2) $\dfrac{2}{\sqrt{x+1}+\sqrt{x}}$

풀이 1) $(\sqrt{x+1}-\sqrt{x-1})(\sqrt{x+1}+\sqrt{x-1})$

$=(\sqrt{x+1})^2-(\sqrt{x-1})^2$

$=x+1-(x-1)=2$

2) $\dfrac{2}{\sqrt{x+1}+\sqrt{x}}=\dfrac{2(\sqrt{x+1}-\sqrt{x})}{(\sqrt{x+1}+\sqrt{x})(\sqrt{x+1}-\sqrt{x})}$

$=\dfrac{2(\sqrt{x+1}-\sqrt{x})}{x+1-x}$

$=2(\sqrt{x+1}-\sqrt{x})$ ■

예제 9 $\dfrac{\sqrt{x}+\sqrt{x-1}}{\sqrt{x}-\sqrt{x-1}}-\dfrac{\sqrt{x}-\sqrt{x-1}}{\sqrt{x}+\sqrt{x-1}}$을 간단히 하여라.

풀이 $\dfrac{\sqrt{x}+\sqrt{x-1}}{\sqrt{x}-\sqrt{x-1}}-\dfrac{\sqrt{x}-\sqrt{x-1}}{\sqrt{x}+\sqrt{x-1}}$

$=\dfrac{(\sqrt{x}+\sqrt{x-1})^2-(\sqrt{x}-\sqrt{x-1})^2}{(\sqrt{x}-\sqrt{x-1})(\sqrt{x}+\sqrt{x-1})}$

$=\dfrac{(2x-1+2\sqrt{x^2-x})-(2x-1-2\sqrt{x^2-x})}{x-(x-1)}$

$=4\sqrt{x^2-x}$ ■

연 습 문 제　Exercises

1. 다음 유리식을 약분하여라.

(1) $\dfrac{x^2-5x-6}{x^2-1}$　　(2) $\dfrac{x^3+1}{x^4-2x^3+x^2-1}$

2. 다음 유리식을 통분하여라.

(1) $\dfrac{x+4}{x-2},\ \dfrac{x+1}{x^2-4}$　　(2) $\dfrac{1}{x^2-x-2},\ \dfrac{x+1}{x^3-4x}$

3. 다음 식을 계산하여라.

(1) $\dfrac{x-2}{x+3}+\dfrac{1}{x+2}$　　(2) $\dfrac{x+2}{x(x-1)}-\dfrac{x}{(x+1)(x-1)}$

(3) $\dfrac{x}{x+2}+\dfrac{x^2}{x^2-4}$　　(4) $\dfrac{1}{x^2+x}-\dfrac{2}{x^2-x}$

4. 다음 식을 계산하여라.

(1) $\dfrac{x-3}{5x^2+10x}\times\dfrac{3x+6}{x-3}$　　(2) $\dfrac{x^2-9}{x^2+2x}\times\dfrac{x^2-4}{x^2-6x+9}$

(3) $(x^2-4x+3)\div(x^2-5x+6)$　　(4) $\dfrac{x-3}{x^2-x}\div\dfrac{3x-9}{x^2+x-2}$

5. $\dfrac{1-\dfrac{1}{x+1}}{1+\dfrac{1}{x+1}}$ 을 간단히 하여라.

6. 다음 유리식을 부분분수로 바꾸어 나타내어라.

(1) $\dfrac{2x}{(x+1)(x-1)}$　　(2) $\dfrac{4x^2+5x-1}{x(x-1)(x+1)}$

(3) $\dfrac{x-1}{x^2(2x-1)}$　　(4) $\dfrac{4x}{(x^2+1)(x^2+2x+3)}$

7. 다음 무리식을 간단히 하여라.

(1) $(2\sqrt{x+2}-\sqrt{x})+(\sqrt{x+2}+3\sqrt{x})$

(2) $(\sqrt{2x-3}-\sqrt{x+1})(\sqrt{2x-3}+\sqrt{x+1})$

(3) $\dfrac{1}{\sqrt{x^2+2}+x}$

(4) $\dfrac{\sqrt{x+1}}{\sqrt{x+1}+\sqrt{x-1}}+\dfrac{\sqrt{x-1}}{\sqrt{x+1}-\sqrt{x-1}}$

8. 식 $\left(x+\dfrac{a}{x-1}\right)\left(2+\dfrac{b}{x-2}\right)$가 x에 대한 다항식일 때, 상수 a, b의 값을 구하여라. (단, $ab\neq 0$)

9. 다음 식을 계산하여라.

$$\frac{1}{1\cdot 2}+\frac{1}{2\cdot 3}+\frac{1}{3\cdot 4}+\cdots+\frac{1}{99\cdot 100}$$

10. $\dfrac{\sqrt{2}-1}{\sqrt{2}+1}+\dfrac{\sqrt{2}+1}{\sqrt{2}-1}$ 의 값을 구하여라.

11. $x=1+\sqrt{2}$ 일 때, $\dfrac{1}{1+\sqrt{x+1}}+\dfrac{1}{1-\sqrt{x+1}}$의 값을 구하여라.

12. $x=\dfrac{1}{2+\sqrt{3}}$, $y=\dfrac{1}{2-\sqrt{3}}$ 일 때, x^3+y^3의 값을 구하여라.

13. $(\sqrt{3}-1)a+(\sqrt{3}+2)b+7=\sqrt{3}$ 을 만족하는 유리수 a, b에 대하여 a^2+b^2의 값을 구하여라.

Chapter

3 행렬과 방정식

방정식은 오랜 역사를 가진 분야이다. 문자와 기호를 사용하여 방정식을 나타낸 것은 500년 전에 시작되었지만, 기원전 2000년경 바빌로니아인들은 일상적인 언어로 표현된 이차와 삼차방정식을 다루었고, 인도와 아라비아인들은 이차방정식의 근의 공식을 만들었다. 수학자들의 관심은 이차 이상의 방정식에 대한 일반적인 해법에 쏠리었고, 이 문제를 해결하려는 노력은 방정식뿐 아니라 수학의 다른 영역의 발전에도 큰 영향을 주었다.

또한 방정식은 수학이 아닌 분야에서도 중요한 역할을 하는 경우가 많다. 뉴턴의 만유인력의 법칙도 하나의 방정식이며 아인슈타인의 특수상대성 이론도 하나의 방정식으로 나타낼 수 있다. 이렇듯 오늘날 눈부신 과학문명의 발달은 주어진 상황을 논리적으로 분석하여 방정식으로 바꾸어 풀 수 있는 힘이 바탕이 되었다.

이 장에서는 방정식, 연립방정식, 부등식 및 그 풀이에 대하여 소개한다. 특히, 고등학교에서 배우지 않는 행렬에 대한 내용과 더불어 역행렬을 이용한 연립방정식의 풀이법에 대하여 간단히 소개한다.

3.1 방정식

$2x+1=0$, $x^2-2x=x-2$ 등과 같이 x값에 따라 참이 되기도 하고 거짓이 되기도 하는 등식을 x에 대한 방정식이라 한다.

일차방정식

방정식의 우변의 모든 항을 좌변으로 이항하여 정리하였을 때 $ax+b=0(a \neq 0)$ 꼴의 방정식을 x에 대한 일차방정식이라 한다. 이때 방정식은

$$ax = -b$$

의 꼴로 고칠 수 있다. 따라서 방정식의 해는

$$x = -\frac{b}{a}$$

가 된다.

예제 1 다음 방정식을 풀어라.

1) $3(x-2) = x+4$ 2) $\frac{x+1}{2} = \frac{1}{6}$

풀이 1) 주어진 방정식은 $2x = 10$의 꼴로 고칠 수 있으므로 $x = 5$.

2) 주어진 방정식은 $\frac{1}{2}x = -\frac{1}{3}$의 꼴로 고칠 수 있으므로 $x = -\frac{2}{3}$. ■

예제 2 x에 대한 방정식 $ax - a = 2x + 3$의 해를 구하여라.

풀이 주어진 식을 정리하면

$$(a-2)x = a+3$$

이 된다.

만약 $a = 2$이면 $0 \cdot x = 5$가 되므로 주어진 방정식은 해를 가지지 않는다.

$a \neq 2$이면 양변을 $a-2$로 나누면 방정식의 해는 $x = \frac{a+3}{a-2}$가 된다. ■

예제 3 x에 대한 방정식 $ax + 2a = 2x + a^2$가 모든 실수를 해로 가지게 하는 a의 값을 구하여라.

풀이 주어진 식을 정리하면

$$(a-2)x = a^2 - 2a$$

가 된다. 이때 $a - 2 \neq 0$이면 방정식은 1개의 해를 가지게 되므로 $a = 2$가 되어야 한다. $a = 2$일 때 $a^2 - 2a = 0$이므로 방정식은

$$0 \cdot x = 0$$

의 꼴이 되어 주어진 방정식은 모든 실수를 해로 가지게 된다.

따라서 $a = 2$이다. ■

이차방정식

x에 대한 이차방정식 $ax^2+bx+c=0$ $(a \neq 0)$은 좌변을 인수분해하거나 근의 공식을 사용하여 그 근을 구할 수 있다.

예제 4 다음 이차방정식을 풀어라.

1) $x^2-2x-3=0$　　　　2) $2x^2-x-6=0$

풀이 1) $x^2-2x-3=(x-3)(x+1)=0$이므로 $x=3$ 또는 -1.

2) $2x^2-x-6=(2x+3)(x-2)=0$이므로 $x=-\dfrac{3}{2}$ 또는 2. ■

이차방정식 $ax^2+bx+c=0$ $(a \neq 0)$의 좌변을 완전제곱식으로 변형하여 근의 공식을 구할 수 있다.

방정식의 양변을 a로 나누면

$$x^2+\frac{b}{a}x+\frac{c}{a}=0$$

이 된다. 상수항을 양변에서 빼주면

$$x^2+\frac{b}{a}x=-\frac{c}{a}$$

좌변을 완전제곱식으로 만들기 위해 $\left(\dfrac{b}{2a}\right)^2$을 양변에 더해주면

$$x^2+\frac{b}{a}x+\left(\frac{b}{2a}\right)^2=-\frac{c}{a}+\left(\frac{b}{2a}\right)^2.$$

그러므로

$$\left(x+\frac{b}{2a}\right)^2=-\frac{c}{a}+\frac{b^2}{4a^2}=\frac{b^2-4ac}{4a^2}.$$

제곱근을 구하면

$$x+\frac{b}{2a}=\pm\frac{\sqrt{b^2-4ac}}{2a}.$$

따라서

$$x = \frac{-b \pm \sqrt{b^2 - 4ac}}{2a}$$

이다.

근의 공식

이차방정식 $ax^2 + bx + c = 0 \ (a \neq 0)$의 근은

$$x = \frac{-b \pm \sqrt{b^2 - 4ac}}{2a}$$

이차방정식은 복소수의 범위에서 두 개의 근을 가지는데, $b^2 - 4ac > 0$이면 서로 다른 두 실근, $b^2 - 4ac = 0$이면 중근, $b^2 - 4ac < 0$이면 서로 다른 두 허근이 나온다.

이와 같이 $b^2 - 4ac$의 부호에 따라 이차방정식의 근을 판별할 수 있으므로 식 $b^2 - 4ac$를 판별식이라 하고, D라 나타낸다. 즉 이차방정식 $ax^2 + bx + c = 0$은

$D > 0$이면 서로 다른 두 실근
$D = 0$이면 중근(실근)
$D < 0$이면 서로 다른 두 허근

을 가진다.

예제 5 근의 공식을 이용하여 다음 이차방정식을 풀어라.

1) $x^2 - 3x + 1 = 0$　　　2) $4x^2 - 6x + 3 = 0$

풀이 1) $a = 1, \ b = -3, \ c = 1$이므로 근의 공식에 대입하면

$$x = \frac{-(-3) \pm \sqrt{(-3)^2 - 4 \cdot 1 \cdot 1}}{2 \cdot 1} = \frac{3 \pm \sqrt{5}}{2}.$$

2) $a = 4, \ b = -6, \ c = 3$이므로 근의 공식에 대입하면

$$x = \frac{-(-6) \pm \sqrt{(-6)^2 - 4 \cdot 4 \cdot 3}}{2 \cdot 4}$$
$$= \frac{6 \pm \sqrt{-12}}{8}$$
$$= \frac{3 \pm \sqrt{3}i}{4}.$$

■

예제 6 이차방정식 $2x^2 - 4x + k = 0$이 중근을 가질 때, 상수 k의 값을 구하여라.

풀이 중근을 가지므로 판별식의 값은 0이다. 즉

$$(-4)^2 - 4 \times 2 \times k = 0.$$

따라서 $k = 2$. ■

예제 7 250m 높이의 건물 옥상에서 아래로 던진 공의 t초 후의 높이가 $-8t^2 - 40t + 240$이라고 할 때, 공이 지면에 도달할 때까지 걸린 시간을 구하여라.

풀이 공이 땅에 도달하면 높이가 0이므로

$$-8t^2 - 40t + 240 = 0$$

의 해를 구하면 된다. 양변을 -8로 나누면 방정식은

$$t^2 + 5t - 30 = 0$$

이 되므로 근의 공식을 이용하면

$$t = \frac{-5 \pm \sqrt{5^2 - 4 \cdot 1 \cdot (-30)}}{2 \cdot 1}$$
$$= \frac{-5 \pm \sqrt{145}}{2}.$$

$t > 0$이므로 $t = \dfrac{-5 + \sqrt{145}}{2}$이다.

따라서 공은 $\dfrac{-5 + \sqrt{145}}{2} \approx 3.5$초 후에 땅에 도달한다. ■

고차 방정식

차수가 삼차 이상인 방정식의 풀이는 간단하지 않지만 인수분해를 이용하여 근을 구할 수 있다.

예제 8 다음 방정식을 풀어라.

1) $x^3+1=0$　　　2) $x^3+9x^2+27x+27=0$

풀이 1) 좌변을 인수분해하면

$$x^3+1=(x+1)(x^2-x+1)$$

이 된다. 그러므로 방정식은

$$(x+1)(x^2-x+1)=0$$

이고

$$x+1=0 \text{ 또는 } x^2-x+1=0$$

이다. 따라서 해는

$$x=-1 \text{ 또는 } x=\frac{1\pm\sqrt{3}i}{2}.$$

2) 좌변을 인수분해하면

$$x^3+9x^2+27x+27=(x+3)^3$$

이 된다. 그러므로 방정식은

$$(x+3)^3=0$$

이고, 해는

$$x=-3 \quad (\text{삼중근}).$$

■

예제 9 다음 방정식을 풀어라.

1) $x^4-13x^2+36=0$　　　2) $(x^2-4x)^2+7(x^2-4x)+12=0$

3) $(x^2+3x+1)(x^2+3x-1)-3=0$

풀이 1) $x^2=X$로 두고 좌변을 인수분해하면

$$\begin{aligned} x^4-13x^2+36 &= X^2-13X+36 \\ &= (X-4)(X-9) \\ &= (x^2-4)(x^2-9) \\ &= (x-2)(x+2)(x-3)(x+3) \end{aligned}$$

이 된다. 그러므로 방정식의 해는

$$x=\pm 2 \text{ 또는 } x=\pm 3.$$

2) $x^2-4x=X$로 두고 좌변을 인수분해하면

$$\begin{aligned} (x^2-4x)^2+7(x^2-4x)+12 &= X^2+7X+12 \\ &= (X+3)(X+4) \\ &= (x^2-4x+3)(x^2-4x+4) \\ &= (x-1)(x-3)(x-2)^2 \end{aligned}$$

이 된다. 그러므로 방정식의 해는

$$x=1 \text{ 또는 } x=3 \text{ 또는 } x=2(\text{중근}).$$

3) $x^2+3x=X$로 두고 좌변을 인수분해하면

$$\begin{aligned} (x^2+3x+1)(x^2+3x-1)-3 &= (X+1)(X-1)-3 \\ &= (X+2)(X-2) \\ &= (x^2+3x+2)(x^2+3x-2) \\ &= (x+1)(x+2)(x^2+3x-2) \end{aligned}$$

이 된다. 그러므로 방정식의 해는

$$x=-2 \text{ 또는 } x=-1 \text{ 또는 } x=\frac{-3\pm\sqrt{17}}{2}.$$ ■

예제 10 다음 방정식을 풀어라.

1) $x^3-2x^2-5x+6=0$ 2) $x^4-x^3-2x-4=0$

풀이 1) $P(x)=x^3-2x^2-5x+6$으로 두면 $P(1)=0$이므로 인수정리에 의해 $P(x)$는 $x-1$을 인수로 가진다. 다항식의 나눗셈을 이용하여 $P(x)$를 인수분해하면

$$P(x) = (x-1)(x^2 - x - 6)$$

이고

$$x^2 - x - 6 = (x-3)(x+2)$$

이므로 방정식은

$$(x-1)(x-3)(x+2) = 0$$

이 된다. 따라서 해는

$$x = 1 \text{ 또는 } x = 3 \text{ 또는 } x = -2.$$

2) $P(x) = x^4 - x^3 - 2x - 4$로 두면 $P(2) = 0$이므로 인수정리에 의해 $P(x)$는 $x-2$을 인수로 가진다. 다항식의 나눗셈을 이용하여 $P(x)$를 인수분해하면

$$P(x) = (x-2)(x^3 + x^2 + 2x + 2)$$

이고

$$x^3 + x^2 + 2x + 2 = (x+1)(x^2 + 2)$$

이므로 방정식은

$$(x-2)(x+1)(x^2+2) = 0$$

이 된다. 따라서 해는

$$x = 2 \text{ 또는 } x = -1 \text{ 또는 } x = \pm\sqrt{2}\,i.$$ ■

연습문제 Exercises

1. 다음 이차방정식을 풀어라.

(1) $x^2-2x-15=0$ (2) $x^2+2x=0$

(3) $x^2+7=0$ (4) $x^2+4x+8=0$

2. 다음 이차방정식의 근을 판별하여라.

(1) $x^2+3x+4=0$ (2) $2x^2+3x-5=0$

(3) $2x^2+4x+3=0$ (4) $x^2-2\sqrt{2}x+2=0$

3. 이차식 $x^2+(m^2-1)x+2m+1$이 $x+1$로 나누어떨어질 때, 상수 m의 값을 구하여라.

4. 이차방정식 $(2+a)x^2+2ax+1=0$이 중근을 가지는 a의 값을 모두 구하여라.

5. 이차방정식 $x^2+2mx+m^2+m-3=0$이 서로 다른 두 실근을 가질 때, 실수 m의 값의 범위를 구하여라.

6. x에 대한 이차방정식 $k^2x^2-(k+3)x+k-5=0$이 서로 다른 부호의 실근을 가지고 있고, 양의 근의 절댓값이 음의 근의 절댓값보다 클 때, 정수 k의 개수는 몇 개인지 구하여라.

7. x에 대한 이차방정식

$$x^2-2(k+a)x+k^2+a^2+b-1=0$$

이 실수 k의 값과 관계없이 중근을 가질 때, 실수 a, b의 값을 구하여라.

8. 반지름의 길이가 6m인 원 모양의 연못 둘레로 산책로를 만들었다. 산책로의 넓이가 $28\pi\text{m}^2$일 때, 산책로의 폭을 구하여라.

9. 다음 방정식을 풀어라.

(1) $x^3+x-2=0$ (2) $8x^3-12x^2+6x-1=0$

(3) $x^4-x^3-4x^2-5x-3=0$ (4) $x^6-9x^3+8=0$

3.2 연립방정식

연립일차방정식

등식 $x+y=10$, $2x-y=5$는 2개의 미지수를 포함하고 있고 이들 미지수의 차수는 모두 1이다. 미지수가 2개인 일차방정식 2개를 동시에 만족시키는 해를 구할 때는 보통 두 일차방정식을 한 쌍으로 묶어서

$$\begin{cases} x+y=10 \\ 2x-y=5 \end{cases}$$

와 같이 나타낸다. 이와 같이 미지수가 2개인 두 일차방정식을 한 쌍으로 묶어 나타낸 것은 미지수가 2개인 **연립일차방정식** 또는 간단히 **연립방정식**이라 한다.

이들 두 연립방정식을 동시에 만족시키는 x, y를 구할 때는 1개의 미지수를 소거하여 미지수가 1개인 방정식으로 만들어 해를 구한다.

예제 1 다음 연립방정식을 풀어라.

1) $\begin{cases} x+2y=1 & \cdots ① \\ 2x+y=5 & \cdots ② \end{cases}$ 2) $\begin{cases} 4x-y=10 & \cdots ① \\ 5x+4y=9 & \cdots ② \end{cases}$

풀이 1) 미지수 x를 소거하기 위하여 ①을 x에 대하여 풀면

$$x=1-2y \qquad \cdots ③$$

③을 ②에 대입하면

$$2(1-2y)+y=5$$

이 식을 정리하면 $2-3y=5$이므로 $y=-1$이다.

$y=-1$를 ①에 대입하면 $x=3$.

2) 미지수 y를 소거하기 위하여 ①×4+②를 하면 $21x=49$.

그러므로 $x=\dfrac{7}{3}$이고, 이것을 ①에 대입하여 풀면

$$y=4\times\frac{7}{3}-10=-\frac{2}{3}.$$

■

한편, 연립방정식은 1개의 해를 갖는 경우도 있지만, 해를 무수히 많이 갖거나 해가 없는 경우도 있다.

보기 1 연립방정식 $\begin{cases} x+2y=1 & \cdots ① \\ 2x+4y=2 & \cdots ② \end{cases}$에서 ②$\times\frac{1}{2}$를 하면 ①과 일치하므로 일차방정식 ①의 해가 연립방정식의 해가 된다. 따라서 해는 무수히 많다.

보기 2 연립방정식 $\begin{cases} x+2y=1 & \cdots ① \\ 2x+4y=3 & \cdots ② \end{cases}$에서 ①$\times 2-$②를 하면 $0\cdot x+0\cdot y=-1$이 되므로 이 식을 만족하는 x, y는 존재하지 않는다. 따라서 연립방정식의 해는 없다.

미지수가 3개인 연립방정식의 경우에는 1개의 미지수를 소거하여 미지수가 2개인 연립일차방정식으로 만들어 풀 수 있다.

예제 2 다음 연립방정식을 풀어라.

1) $\begin{cases} x+y+z=6 & \cdots ① \\ 2x+y-z=1 & \cdots ② \\ x+2y-z=2 & \cdots ③ \end{cases}$ 2) $\begin{cases} x+y=2 & \cdots ① \\ y+z=1 & \cdots ② \\ z+x=3 & \cdots ③ \end{cases}$

풀이 1) 미지수 z를 소거하기 위하여

①+②를 하면 $3x+2y=7 \quad \cdots ④$

①+③을 하면 $2x+3y=8 \quad \cdots ⑤$

④와 ⑤를 연립하여 풀면 $x=1$, $y=2$

이 값을 ①에 대입하면 $z=3$.

2) ①+②+③을 하면 $2x+2y+2z=6$이므로

$$x+y+z=3 \quad \cdots ④$$

④−①을 하면 $z=1$

④−②를 하면 $x=2$

④−③을 하면 $y=0$ ■

예제 3 다음 연립방정식을 풀어라.

1) $\begin{cases} -x+2y+z=3 & \cdots ① \\ 3x+y+z=5 & \cdots ② \\ 2x+3y+2z=8 & \cdots ③ \end{cases}$ 2) $\begin{cases} -x+2y+z=3 & \cdots ① \\ 3x+y+z=5 & \cdots ② \\ 5x-3y-z=7 & \cdots ③ \end{cases}$

풀이 1) ①−②를 하면 $\quad -4x+y=-2 \quad \cdots ④$

③ − ②×2를 하면 $-4x+y=-2$ ⋯ ⑤

④와 ⑤는 같은 방정식이므로 이 연립방정식을 만족하는 x, y의 값은 무수히 많다. 이때 $x=k$(k는 임의의 실수)라 하면 ④로부터 $y=4k-2$이다. $x=k$, $y=4k-2$를 ①에 대입하면

$$z=-7k+7$$

따라서 $x=k$, $y=4k-2$, $z=-7k+7$(k는 임의의 실수)이므로 해는 무수히 많다.

2) ① − ②를 하면 $-4x+y=-2$ ⋯ ④
① + ③을 하면 $4x-y=10$ ⋯ ⑤

④ + ⑤를 하면 $0 \cdot x+0 \cdot y=8$이므로 이 식을 만족하는 x, y의 값은 없다. 따라서 주어진 연립방정식의 해는 없다. ■

예제 4 10,000원을 전부 사용하여 각각 200원, 300원, 400원 하는 세 상품 A, B, C를 모두 30개 구입하려고 한다. 구입하는 상품 C의 개수가 상품 A의 개수의 세 배일 때, 구입하는 상품 A, B, C의 개수를 구하여라.

풀이 구입하는 세 상품 A, B, C의 개수를 각각 a, b, c라 두고 주어진 조건을 정리하면

$$\begin{cases} 2a+3b+4c=100 & \cdots ① \\ a+b+c=30 & \cdots ② \\ c=3a & \cdots ③ \end{cases}$$

이다. ③을 ①에 대입하면

$$14a+3b=100 \ \cdots ④$$

③을 ②에 대입하면

$$4a+b=30 \ \cdots ⑤$$

④ − ⑤×3을 하면

$$2a=10.$$

그러므로

$$a=5,\ b=10.$$

③에 의해

$$c = 15.$$ ■

연립이차방정식

미지수가 2개 이상인 연립방정식에서 차수가 가장 높은 방정식이 이차방정식일 때, 이 방정식을 **연립이차방정식**이라 한다.

일차방정식과 이차방정식으로 이루어진 연립방정식은 일차방정식을 한 미지수에 대하여 정리하고 이것을 이차방정식에 대입하여 미지수가 1개인 이차방정식으로 만들어 풀 수 있다.

그리고 두 개의 이차방정식으로 이루어진 연립방정식의 경우에는 어느 한 식을 인수분해하여 일차방정식과 이차방정식으로 이루어진 연립방정식으로 만들어 풀 수 있다.

예제 5 다음 연립방정식을 풀어라.

1) $\begin{cases} x - y = 2 & \cdots ① \\ x^2 + y^2 = 10 & \cdots ② \end{cases}$

2) $\begin{cases} x^2 + xy - 2y^2 = 0 & \cdots ① \\ x^2 + y^2 = 20 & \cdots ② \end{cases}$

풀이 1) ①에서

$$y = x - 2 \ \cdots ③$$

이고 이것을 ②에 대입하면 $x^2 - 2x - 3 = 0$.
따라서 $x = -1$ 또는 $x = 3$.
③으로부터

$$x = -1 \text{일 때 } y = -3$$
$$x = 3 \text{일 때 } y = 1.$$

2) ①의 좌변을 인수분해하면 $(x - y)(x + 2y) = 0$. 그러므로

$$x = y \text{ 또는 } x = -2y$$

이다. $x = y$를 ②에 대입하여 정리하면

$$y^2 = 10$$

이므로

$$y = \pm\sqrt{10}.$$

따라서 $x = y = \sqrt{10}$ 또는 $x = y = -\sqrt{10}$.
한편, $x = -2y$를 ②에 대입하여 정리하면

$$y^2 = 4$$

이므로

$$y = \pm 2$$

$y = 2$일 때 $x = -4$, $y = -2$일 때 $x = 4$. ■

예제 6 연립방정식 $\begin{cases} x + y = a & \cdots ① \\ x^2 + y^2 = 4 & \cdots ② \end{cases}$ 가 오직 한 쌍의 해를 가질 때, 양수 a의 값을 구하여라.

풀이 ①에서 $y = a - x$이고 이것을 ②에 대입하면

$$x^2 + (a-x)^2 = 4$$

즉,

$$2x^2 - 2ax + a^2 - 4 = 0 \quad \cdots ③$$

이다. 연립방정식이 오직 한 쌍의 근을 가지므로 이차방정식 ③은 중근을 가진다. 따라서 판별식이 0이어야 하므로

$$4a^2 - 8(a^2 - 4) = 0$$

에서 $a = \pm 2\sqrt{2}$이다. a는 양수이므로 $a = 2\sqrt{2}$. ■

연 습 문 제 Exercises

1. 다음 연립방정식을 풀어라.

(1) $\begin{cases} x-y+3=0 \\ 2x+3y-4=0 \end{cases}$　　(2) $\begin{cases} 2x-3y=3 \\ 3x-5y=2 \end{cases}$

2. 연립방정식 $\begin{cases} ax+2y=2 \\ 50x+by=25 \end{cases}$의 해가 무수히 많을 때, a, b의 값을 구하여라.

3. 연립방정식 $\begin{cases} 2x+4y=5 \\ x-ay=3 \end{cases}$ 이 해를 갖지 않을 때, a의 값을 구하여라.

4. 어떤 서점에서 종류가 다른 두 권의 책을 세트로 묶어 28,000원에 팔았는데, 한 권은 원가의 30%의 이익을 내고, 다른 한 권은 원가의 10%의 손해를 보았다. 한 세트의 책을 팔아 얻은 이익이 4,000원일 때, 두 책의 원가를 각각 구하여라.

5. 다음 그림에서 점 P는 선분 AB를 지름으로 하는 반원 위의 점일 때, $x+y=14$이고, 삼각형 PAB의 넓이는 24이다. AB의 길이를 구하여라.

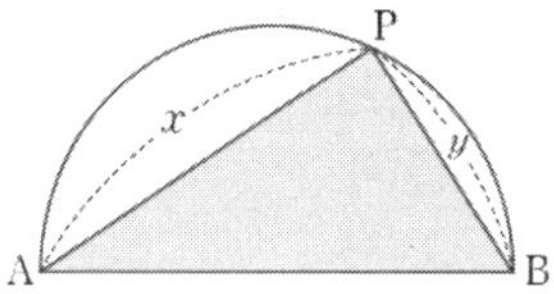

6. 다음 연립방정식을 풀어라.

(1) $\begin{cases} 3x+y=3 \\ -3x+z=0 \\ 2x-y+z=5 \end{cases}$　　(2) $\begin{cases} x+y-z=1 \\ 2x-2y+z=6 \\ x+2y+z=11 \end{cases}$

(3) $\begin{cases} x+y=4 \\ y+z=5 \\ z+x=7 \end{cases}$　　(4) $\begin{cases} x+2y=2 \\ y+2z=1 \\ z+2x=3 \end{cases}$

7. 연립방정식 $\begin{cases} x-y+z=3 \\ 2x+y=1 \\ x+2y-z=a \end{cases}$ 에 대하여 다음에 답하여라.

(1) 해가 무수히 많도록 하는 상수 a의 값을 구하여라.

(2) 해가 존재하지 않는 상수 a의 값을 구하여라.

8. 어느 농구 경기에서 한 선수가 13개의 슛을 성공하여 25득점을 하였다. 이 선수가 성공시킨 슛 중에서 3점짜리 슛의 개수와 1점짜리 슛의 개수의 합은 2점짜리 슛의 개수보다 3이 작다고 한다. 이 선수가 성공시킨 2점짜리 슛의 개수를 구하여라.

9. 3개의 수도 펌프 A, B, C가 설치되어 있는 물탱크에 물을 채우려 한다. A, B, C를 모두 사용하면 1시간이 걸리고, A와 C를 사용하면 1시간 30분이 걸리며, B와 C를 사용하면 2시간이 걸린다. A와 B를 사용하여 물을 채울 때 걸리는 시간을 구하여라.

10. 다음 연립방정식을 풀어라.

(1) $\begin{cases} x-y=2 \\ x^2+4xy+y^2=22 \end{cases}$ (2) $\begin{cases} x+y=3 \\ x^2+y^2=45 \end{cases}$

11. 연립방정식 $\begin{cases} 2x+y=0 \\ x^2+xy+y^2=12 \end{cases}$ 의 해를 $x=\alpha$, $x=\beta$라 할 때, $\alpha^2+\beta^2$의 값을 구하여라.

12. 연립방정식 $\begin{cases} x+y=a \\ x^2+y^2=4 \end{cases}$ 가 오직 한 쌍의 해를 가질 때, 양수 a의 값을 구하여라.

3.3 행렬과 행렬의 연산

행렬

몇 개의 수 또는 문자를 직사각형 모양의 가로줄과 세로줄로 배열하여 괄호로 묶어 놓은 것을 **행렬**이라 하고, 행렬을 이루는 각각의 수 또는 문자를 그 행렬의 **성분**이라 한다.

$$\begin{array}{r} \text{제1 행} \rightarrow \\ \text{제2 행} \rightarrow \\ \text{제3 행} \rightarrow \\ \text{제4 행} \rightarrow \end{array} \begin{pmatrix} 25 & 5 & 5 \\ 16 & 7 & 15 \\ 12 & 10 & 16 \\ 17 & 9 & 12 \end{pmatrix}$$

$$\begin{array}{ccc} \uparrow & \uparrow & \uparrow \\ \text{제1 열} & \text{제2 열} & \text{제3 열} \end{array}$$

이때 가로줄을 **행**이라 하고, 위에서부터 차례로 제1행, 제2행, $\cdots$이라 한다. 또 성분의 세로줄을 **열**이라 하고, 왼쪽에서부터 차례로 제1열, 제2열, $\cdots$이라 한다.

이때, 행렬에서 제i행과 제j열이 교차하는 위치에 있는 성분을 그 행렬의 $(i,\ j)$성분이라 한다.

일반적으로 행렬은 행의 수와 열의 수에 의해 그 형태가 결정된다. m개의 행과 n개의 열로 이루어진 행렬을 $m \times n$**행렬**이라 한다. 특히, 행의 수와 열의 수가 같은 행렬을 **정사각행렬**이라 하고, $n \times n$행렬을 n**차 정사각행렬**이라 한다.

보기 1 1) $\begin{pmatrix} 0 & 1 & 2 \\ 1 & 0 & 1 \end{pmatrix}$은 2×3 행렬이다.

2) $\begin{pmatrix} 1 & 2 \\ 1 & 1 \end{pmatrix}$은 2차 정사각행렬이다. ■

일반적으로 행렬은 대문자 A, B, C, $\cdots$를 써서 나타내고, 행렬의 성분은 소문자 a, b, c, $\cdots$ 등에 첨자를 써서 나타낸다. 이때, 행렬 A의 $(i,\ j)$성분을

행렬 A의 $(i,\ j)$ 성분

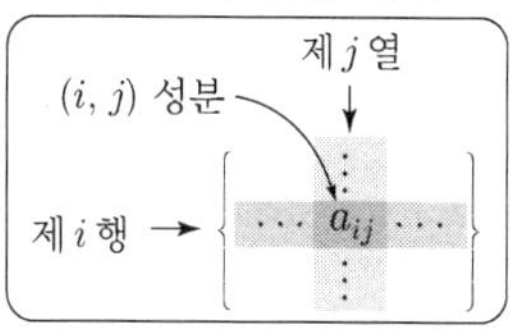

$$a_{ij}$$

와 같이 나타내고, 간단히

$$A = (a_{ij})$$

라고 나타내기도 한다.

보기 2 행렬 $\begin{pmatrix} 0 & 1 & 2 \\ 1 & 0 & 1 \end{pmatrix}$의 성분을 모두 구하면, 제1행의 성분은 $a_{11}=0$, $a_{12}=1$, $a_{13}=2$이고, 제2행의 성분은 $a_{21}=1$, $a_{22}=0$, $a_{23}=1$이다. ■

두 행렬 A, B의 행의 개수와 열의 개수가 각각 같을 때, 두 행렬 A, B는 같은 꼴이라고 한다. 또한, 두 행렬 A, B가 같은 꼴이면서 대응하는 성분도 각각 같을 때, 두 행렬 A, B는 **서로 같다**고 하며, 이것을

$$A=B$$

로 나타낸다.

그러므로 두 행렬이 2×2 행렬일 때, 다음이 성립한다.

$$\begin{pmatrix} a_{11} & a_{12} \\ a_{21} & a_{22} \end{pmatrix} = \begin{pmatrix} b_{11} & b_{12} \\ b_{21} & b_{22} \end{pmatrix} \iff a_{11}=b_{11},\ a_{12}=b_{12},\ a_{21}=b_{21},\ a_{22}=b_{22}$$

보기 3 두 행렬 $A=\begin{pmatrix} x & 1 \\ 3 & 4 \end{pmatrix}$, $B=\begin{pmatrix} -2 & y \\ z & 4 \end{pmatrix}$는 같은 꼴이고, $A=B$이기 위한 필요충분조건은 $x=-2$, $y=1$, $z=3$이다. ■

예제 1 다음 등식이 성립하도록 하는 a, b의 값을 구하여라.

$$\begin{pmatrix} a+1 & 5 \\ 3 & b+1 \end{pmatrix} = \begin{pmatrix} 3 & 3 \\ 5 & a-1 \end{pmatrix}$$

풀이 두 행렬의 대응하는 성분이 각각 같아야 하므로

$$a+1=3,\ b+1=a-1.$$

그러므로 $a=2$, $b=0$이다. ■

행렬의 덧셈과 뺄셈

두 행렬 A, B가 같은 꼴의 행렬일 때, A와 B의 대응하는 각 성분의 합을 성분으로 하는 행렬을 A와 B의 **합**이라 하고

$$A+B$$

로 나타낸다.

두 행렬 A, B가 2×3 행렬일 때, 그 합은 다음과 같다.

$$A+B=\begin{pmatrix} a_{11} & a_{12} & a_{13} \\ a_{21} & a_{22} & a_{23} \end{pmatrix}+\begin{pmatrix} b_{11} & b_{12} & b_{13} \\ b_{21} & b_{22} & b_{23} \end{pmatrix}=\begin{pmatrix} a_{11}+b_{11} & a_{12}+b_{12} & a_{13}+b_{13} \\ a_{21}+b_{21} & a_{22}+b_{22} & a_{23}+b_{23} \end{pmatrix}$$

보기 4 1) $\begin{pmatrix} 3 & 2 & 4 \\ 3 & 3 & 4 \end{pmatrix}+\begin{pmatrix} 2 & 1 & 4 \\ 3 & 2 & 5 \end{pmatrix}=\begin{pmatrix} 5 & 3 & 8 \\ 6 & 5 & 9 \end{pmatrix}$

2) $\begin{pmatrix} 2 & 3 \\ -1 & 4 \end{pmatrix}+\begin{pmatrix} -2 & -3 \\ 1 & -4 \end{pmatrix}=\begin{pmatrix} 0 & 0 \\ 0 & 0 \end{pmatrix}$ ■

모든 성분이 0인 행렬을 **영행렬**이라 한다. 예를 들면

$$\begin{pmatrix} 0 \\ 0 \end{pmatrix}, \begin{pmatrix} 0 & 0 \\ 0 & 0 \end{pmatrix}, \begin{pmatrix} 0 & 0 & 0 \\ 0 & 0 & 0 \end{pmatrix}$$

은 모두 영행렬이다. 영행렬은 기호로 O로 나타낸다. (행렬의 꼴에 상관없이 모두 O로 나타낸다.)

만약 A와 O가 같은 꼴의 행렬이면

$$A+O=O+A=O$$

가 성립한다. 즉, 영행렬 O는 같은 꼴의 행렬의 덧셈에 대한 항등원이다.

행렬 A의 모든 성분의 부호를 바꾼 것을 성분으로 하는 행렬을 $-A$로 나타낸다. 즉, $A=\begin{pmatrix} a_{11} & a_{12} & a_{13} \\ a_{21} & a_{22} & a_{23} \end{pmatrix}$일 때, $-A=\begin{pmatrix} -a_{11} & -a_{12} & -a_{13} \\ -a_{21} & -a_{22} & -a_{23} \end{pmatrix}$이다.

그러므로

$$A+(-A)=(-A)+A=O$$

가 성립한다. 즉, 행렬 $-A$는 A의 덧셈에 대한 역원이다.

보기 5 $A=\begin{pmatrix} 2 & 1 \\ -1 & 4 \end{pmatrix}$일 때, $-A=\begin{pmatrix} -2 & -1 \\ 1 & -4 \end{pmatrix}$이다. ■

두 행렬 A, B가 같은 꼴의 행렬일 때, $A+(-B)$를

$$A-B$$

로 나타내고, 이것을 행렬 A에서 B를 뺀 **차**라 한다.

두 행렬 A, B가 2×3 행렬일 때, 그 차는 다음과 같다.

$$A-B=\begin{pmatrix} a_{11} & a_{12} & a_{13} \\ a_{21} & a_{22} & a_{23} \end{pmatrix}-\begin{pmatrix} b_{11} & b_{12} & b_{13} \\ b_{21} & b_{22} & b_{23} \end{pmatrix}=\begin{pmatrix} a_{11}-b_{11} & a_{12}-b_{12} & a_{13}-b_{13} \\ a_{21}-b_{21} & a_{22}-b_{22} & a_{23}-b_{23} \end{pmatrix}$$

보기 6 1) $\begin{pmatrix} 3 & 2 & 4 \\ 3 & 3 & 4 \end{pmatrix}-\begin{pmatrix} 2 & 1 & 4 \\ 3 & 2 & 5 \end{pmatrix}=\begin{pmatrix} 1 & 1 & 0 \\ 0 & 1 & -1 \end{pmatrix}$

2) $\begin{pmatrix} 2 & 3 \\ -1 & 4 \end{pmatrix}-\begin{pmatrix} -2 & -3 \\ 1 & -4 \end{pmatrix}=\begin{pmatrix} 4 & 6 \\ -2 & 8 \end{pmatrix}$ ■

예제 2 $A=\begin{pmatrix} 2 & 1 \\ -1 & 4 \end{pmatrix}$, $B=\begin{pmatrix} 0 & 2 \\ 1 & 4 \end{pmatrix}$, $O=\begin{pmatrix} 0 & 0 \\ 0 & 0 \end{pmatrix}$일 때, 다음을 구하여라.

1) $A+O$ 2) $-A$

3) $A+(-A)$ 4) $A+(-B)$

풀이 1) $A+O=A$

2) $-A=\begin{pmatrix} -2 & -1 \\ 1 & -4 \end{pmatrix}$

3) $A+(-A)=O$

4) $A+(-B)=\begin{pmatrix} 2 & 1 \\ -1 & 4 \end{pmatrix}+\begin{pmatrix} 0 & -2 \\ -1 & -4 \end{pmatrix}=\begin{pmatrix} 2 & -1 \\ -2 & 0 \end{pmatrix}$ ■

두 행렬 A, B가 같은 꼴의 행렬일 때, $X+B=A$를 만족하는 행렬 X를 구하여 보자.

예를 들어, $A=\begin{pmatrix} 3 & -2 \\ 1 & 3 \end{pmatrix}$, $B=\begin{pmatrix} -1 & 1 \\ 2 & 3 \end{pmatrix}$일 때, $X=\begin{pmatrix} a & b \\ c & d \end{pmatrix}$라 두면 $X+B=A$로부터

$$\begin{pmatrix} a-1 & b+1 \\ c+2 & d+3 \end{pmatrix}=\begin{pmatrix} 3 & -2 \\ 1 & 3 \end{pmatrix}$$

가 성립한다. 그러므로

$$X=\begin{pmatrix} 4 & -3 \\ -1 & 0 \end{pmatrix}$$

이고 X는 행렬 $A-B$와 같다.

같은 꼴인 세 행렬 A, B, X에 대하여 $X+B=A$일 때, 양변에 $-B$를 더하면

$$X+B+(-B)=A+(-B)$$

그러므로 $X = A - B$이다.

보기 7 행렬 A, X가 같은 꼴의 행렬일 때, $X + A = O$이면 $X = -A$이다. ■

예제 3 $A = \begin{pmatrix} 2 & 1 \\ -1 & 4 \end{pmatrix}$, $B = \begin{pmatrix} 0 & 2 \\ 1 & 4 \end{pmatrix}$일 때, 다음을 만족하는 X를 구하여라.

1) $X - A = B$ 2) $X + A = -B$

풀이 1) $X = B + A = \begin{pmatrix} 2 & 3 \\ 0 & 8 \end{pmatrix}$

2) $X = -B - A = \begin{pmatrix} -2 & -3 \\ 0 & -8 \end{pmatrix}$ ■

일반적으로 행렬의 덧셈과 뺄셈에 대하여 다음 성질이 성립한다.

같은 꼴의 행렬 A, B, C, O에 대하여	
교환법칙	$A + B = B + A$
결합법칙	$(A + B) + C = A + (B + C)$
항등원	$A + O = O + A$
역원	$A + (-A) = (-A) + A = O$

행렬의 실수배와 곱셈

행렬 A의 각 성분에 실수 k를 곱한 것을 그 성분으로 하는 행렬을

$$kA$$

로 나타낸다.

행렬 A가 2×3 행렬일 때, kA는 다음과 같다.

$$A = \begin{pmatrix} a_{11} & a_{12} & a_{13} \\ a_{21} & a_{22} & a_{23} \end{pmatrix} \Rightarrow kA = \begin{pmatrix} ka_{11} & ka_{12} & ka_{13} \\ ka_{21} & ka_{22} & ka_{23} \end{pmatrix}$$

예제 4 두 행렬 $A = \begin{pmatrix} 1 & -3 \\ 2 & 1 \end{pmatrix}$, $B = \begin{pmatrix} -3 & 2 \\ -1 & -2 \end{pmatrix}$에 대하여 $2A + 3X = B + 2X$를 만족하는 행렬 X를 구하여라.

풀이 $2A+3X=B+2X$에서 $X=B-2A$이므로

$$X=\begin{pmatrix}-3 & 2\\ -1 & -2\end{pmatrix}-2\begin{pmatrix}1 & -3\\ 2 & 1\end{pmatrix}=\begin{pmatrix}-3 & 2\\ -1 & -2\end{pmatrix}+\begin{pmatrix}-2 & 6\\ -4 & -2\end{pmatrix}$$
$$=\begin{pmatrix}-5 & 8\\ -5 & -4\end{pmatrix}$$

이다. ■

행렬 A, B가 2×2 일 때, 두 행렬의 곱 AB는 다음과 같이 정의한다.

$A=\begin{pmatrix}a_{11} & a_{12}\\ a_{21} & a_{22}\end{pmatrix}$, $B=\begin{pmatrix}b_{11} & b_{12}\\ b_{21} & b_{22}\end{pmatrix}$, $AB=\begin{pmatrix}c_{11} & c_{12}\\ c_{21} & c_{22}\end{pmatrix}$라 두면,

$c_{11}=$행렬 A의 제1행과 행렬 B의 제1열 성분을 각각 차례로 곱하여 합한 것

$c_{12}=$행렬 A의 제1행과 행렬 B의 제2열 성분을 각각 차례로 곱하여 합한 것

$c_{21}=$행렬 A의 제2행과 행렬 B의 제1열 성분을 각각 차례로 곱하여 합한 것

$c_{22}=$행렬 A의 제2행과 행렬 B의 제2열 성분을 각각 차례로 곱하여 합한 것

즉,

$$AB=\begin{pmatrix}a_{11}b_{11}+a_{12}b_{21} & a_{11}b_{12}+a_{12}b_{22}\\ a_{21}b_{11}+a_{22}b_{21} & a_{21}b_{12}+a_{22}b_{22}\end{pmatrix}.$$

보기 8 $\begin{pmatrix}2 & 3\\ 1 & 2\end{pmatrix}\begin{pmatrix}-1 & 2\\ 3 & 1\end{pmatrix}=\begin{pmatrix}-2+9 & 4+3\\ -1+6 & 2+2\end{pmatrix}=\begin{pmatrix}7 & 7\\ 5 & 4\end{pmatrix}$ ■

일반적으로 두 행렬 A, B의 곱 AB는 행렬 A의 i 행 성분과 행렬 B의 j 열의 성분을 차례로 곱하여 더한 것을 (i,j) 성분으로 하는 행렬이다. 그러므로 두 행렬 A, B의 곱은 행렬 A의 열의 개수와 행렬 B의 행의 개수가 같을 때에만 정의된다.

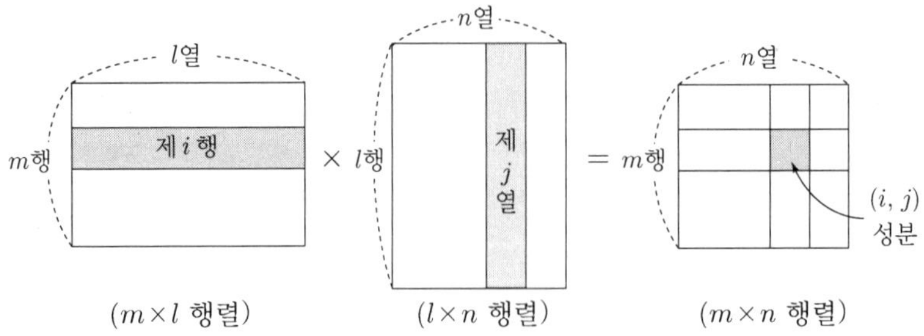

따라서 A가 $m\times\ell$ 행렬이고 B는 $\ell\times n$ 행렬일 때 두 행렬의 곱이 정의되고, 두 행렬의 곱 AB는 $m\times n$행렬이 된다.

이때, 행렬 A, B, AB의 (i,j) 성분을 각각 a_{ij}, b_{ij}, c_{ij}라 하면,

$$c_{ij}=a_{i1}b_{1j}+a_{i2}b_{2j}+\cdots+a_{in}b_{nj}$$

이다.

보기 9 1) $\begin{pmatrix}3&0\\0&2\end{pmatrix}\begin{pmatrix}1&2&3\\3&1&4\end{pmatrix}=\begin{pmatrix}3&6&9\\6&2&8\end{pmatrix}$ 2) $\begin{pmatrix}2\\1\end{pmatrix}(1\ 3)=\begin{pmatrix}2&6\\1&3\end{pmatrix}$

3) $(1\ 3)\begin{pmatrix}2\\1\end{pmatrix}=(5)$ ■

예제 5 두 행렬 $A=\begin{pmatrix}1&1\\0&0\end{pmatrix}$, $B=\begin{pmatrix}0&0\\0&1\end{pmatrix}$, $C=\begin{pmatrix}2&1\\0&1\end{pmatrix}$에 대하여 다음을 계산하여라.

1) AB, BA 2) AC, CA

풀이 1) $AB=\begin{pmatrix}0&1\\0&0\end{pmatrix}$, $BA=\begin{pmatrix}0&0\\0&0\end{pmatrix}$

2) $AC=\begin{pmatrix}2&2\\0&0\end{pmatrix}$, $CA=\begin{pmatrix}2&2\\0&0\end{pmatrix}$ ■

예제 6 정사각행렬 A, B에 대하여 $AB=BA$가 성립할 때, 다음 식을 전개하여라.

1) $(A+B)^2$ 2) $(A+B)(A-B)$

풀이 1)
$$\begin{aligned}(A+B)^2&=(A+B)(A+B)\\&=A^2+AB+BA+B^2\\&=A^2+2AB+B^2\end{aligned}$$

2)
$$\begin{aligned}(A+B)(A-B)&=A^2-AB+BA-B^2\\&=A^2-B^2\end{aligned}$$
■

일반적으로, 행렬의 곱셈에서는 행렬의 덧셈이나 수의 곱셈에서와는 달리 교환법칙이 성립하지 않는다. 그러나 결합법칙과 분배법칙은 성립한다.

각각의 합과 곱이 정의되는 임의의 행렬 A, B, C에 대하여,	
일반적으로 $AB = BA$가 성립하지 않는다.	**(교환법칙이 성립하지 않음)**
$(AB)C = A(BC)$	**(결합법칙)**
$A(B+C) = AB + AC$	**(분배법칙)**
$(A+B)C = AC + BC$	
$k(AB) = (kA)B = A(kB)$	(단, k는 실수)

n차 정사각행렬 중에서 $(i,\ i)$ 성분$(i = 1,\ 2,\ \cdots,\ n)$은 1이고, 그 밖의 성분은 모두 0인 정사각행렬을 n차 **단위행렬**이라 하고, 이것을 기호

$$E$$

로 나타낸다.

보기 10 $\begin{pmatrix} 1 & 0 \\ 0 & 1 \end{pmatrix}$, $\begin{pmatrix} 1 & 0 & 0 \\ 0 & 1 & 0 \\ 0 & 0 & 1 \end{pmatrix}$은 각각 2차, 3차 단위행렬이다. ■

두 행렬 $A = \begin{pmatrix} a & b \\ c & d \end{pmatrix}$, $E = \begin{pmatrix} 1 & 0 \\ 0 & 1 \end{pmatrix}$에 대하여

$$AE = \begin{pmatrix} a & b \\ c & d \end{pmatrix}\begin{pmatrix} 1 & 0 \\ 0 & 1 \end{pmatrix} = \begin{pmatrix} a & b \\ c & d \end{pmatrix} = A,$$

$$EA = \begin{pmatrix} 1 & 0 \\ 0 & 1 \end{pmatrix}\begin{pmatrix} a & b \\ c & d \end{pmatrix} = \begin{pmatrix} a & b \\ c & d \end{pmatrix} = A$$

가 성립한다. 마찬가지로 임의의 $n \times n$행렬 A와 n차 단위행렬 E에 대하여

$$AE = EA = A$$

가 성립하므로 n차 단위행렬 E는 n차 정사각행렬의 집합에서 곱셈에 대한 항등원이다.

보기 11 A, B는 n차 정사각행렬, E는 n차 단위행렬일 때
$(A+E)^2 = A^2 + 2A + E$, $(A+E)^3 = A^3 + 3A^2 + 3A + E$이다. ■

연 습 문 제 Exercises

1. 두 이차정사각행렬 A, B에 대하여 $A+B=\begin{pmatrix} 1 & 2 \\ 1 & 2 \end{pmatrix}$, $A-B=\begin{pmatrix} 1 & -2 \\ -1 & 2 \end{pmatrix}$일 때, $A-2B$를 구하여라.

2. $A=\begin{pmatrix} -1 & 3 \\ 0 & 1 \end{pmatrix}$, $B=\begin{pmatrix} 3 & 1 \\ 2 & 0 \end{pmatrix}$일 때, 등식 $X+A=2(A+B)$를 만족하는 행렬 X를 구하여라.

3. 다음을 계산하여라.

(1) $(0\ \ 5)\begin{pmatrix} 1 \\ 2 \end{pmatrix}$

(2) $\begin{pmatrix} 1 & 3 \\ 2 & 4 \end{pmatrix}\begin{pmatrix} 5 \\ -1 \end{pmatrix}$

(3) $\begin{pmatrix} 1 & 3 \\ 2 & 4 \end{pmatrix}\begin{pmatrix} -1 & 2 \\ 0 & 1 \end{pmatrix}$

(4) $\begin{pmatrix} 3 & -1 \\ 0 & 2 \\ -3 & 0 \end{pmatrix}\begin{pmatrix} 5 & -2 \\ 0 & 0 \end{pmatrix}$

4. 행렬 $A=\begin{pmatrix} 1 & -1 \\ 1 & 0 \end{pmatrix}$에 대하여 A^{10}을 구하여라.

5. 이차방정식 $x^2-3x+1=0$의 두 근을 α, β라 할 때, 두 행렬의 곱 $\begin{pmatrix} \alpha & \beta \\ -\beta & \alpha \end{pmatrix}\begin{pmatrix} \beta & \alpha \\ \alpha & -\beta \end{pmatrix}$의 모든 성분의 합을 구하여라. (단, $\alpha > \beta$)

6. 이차정사각행렬 A가 $A\begin{pmatrix} 1 \\ 0 \end{pmatrix}=\begin{pmatrix} -1 \\ 2 \end{pmatrix}$, $A\begin{pmatrix} 2 \\ 1 \end{pmatrix}=\begin{pmatrix} 0 \\ -1 \end{pmatrix}$을 만족할 때, $A\begin{pmatrix} 4 \\ 1 \end{pmatrix}$을 구하여라.

3.4 연립방정식과 행렬

역행렬

실수의 집합에서 곱셈에 대한 항등원은 1이고, 임의의 0 이 아닌 실수 a에 대하여 역원 $a^{-1}=\dfrac{1}{a}$이 존재함을 알고 있다. 행렬에서 곱셈에 대한 항등원은 단위행렬 E인데, 임의의 행렬 A에 대하여 곱셈에 대한 역원은 무엇일까?

두 행렬 $A=\begin{pmatrix}1 & 2\\ 3 & 5\end{pmatrix}$ $X=\begin{pmatrix}-5 & 2\\ 3 & -1\end{pmatrix}$에 대하여

$$AX=\begin{pmatrix}1 & 2\\ 3 & 5\end{pmatrix}\begin{pmatrix}-5 & 2\\ 3 & -1\end{pmatrix}=\begin{pmatrix}1 & 0\\ 0 & 1\end{pmatrix}$$
$$XA=\begin{pmatrix}-5 & 2\\ 3 & -1\end{pmatrix}\begin{pmatrix}1 & 2\\ 3 & 5\end{pmatrix}=\begin{pmatrix}1 & 0\\ 0 & 1\end{pmatrix}$$

이다.

예제 1 두 행렬 $A=\begin{pmatrix}1 & 0\\ 2 & 1\end{pmatrix}$, $X=\begin{pmatrix}1 & 0\\ -2 & 1\end{pmatrix}$에 대하여 AX와 XA를 구하여라.

풀이 $AX=\begin{pmatrix}1 & 0\\ 0 & 1\end{pmatrix}$, $XA=\begin{pmatrix}1 & 0\\ 0 & 1\end{pmatrix}$ ■

정사각행렬 A에 대하여

$$AX=XA=E$$

를 만족하는 행렬 X가 존재할 때, 이 행렬 X를 A의 **역행렬**이라 하고, 이것을

$$A^{-1}$$

로 나타낸다. 즉, $AA^{-1}=A^{-1}A=E$이다.

이차정사각행렬 $A=\begin{pmatrix}a & b\\ c & d\end{pmatrix}$에 대하여 역행렬이 존재할 조건을 알아보고 역행렬을 구하여 보자.

행렬 $X=\begin{pmatrix}x & u\\ y & v\end{pmatrix}$에 대하여 행렬의 곱에 대한 식

$$AX = E$$

가 성립한다고 하면,

$$\begin{pmatrix} ax+by & au+bv \\ cx+dy & cu+dv \end{pmatrix} = \begin{pmatrix} 1 & 0 \\ 0 & 1 \end{pmatrix}$$

이므로 다음 두 연립방정식을 얻는다.

$$\begin{cases} ax+by=1 & \cdots ① \\ cx+dy=0 & \cdots ② \end{cases}$$

$$\begin{cases} au+bv=0 & \cdots ③ \\ cu+dv=1 & \cdots ④ \end{cases}$$

①, ②에서 $(ad-bc)x = d$, $(ad-bc)y = -c$,

③, ④에서 $(ad-bc)u = -b$, $(ad-bc)v = a$

가 된다.

$ad-bc=0$ 일 때, 위의 연립방정식의 해가 존재하지 않으므로 $AX=E$를 만족하는 행렬 X는 없다. 따라서 역행렬은 존재하지 않는다.

$ad-bc \neq 0$ 일 때, 연립방정식의 해는

$$x = \frac{d}{ad-bc},\quad y = \frac{-c}{ad-bc},\quad u = \frac{-b}{ad-bc},\quad v = \frac{a}{ad-bc}$$

이므로

$$X = \begin{pmatrix} x & u \\ y & v \end{pmatrix} = \begin{pmatrix} \frac{d}{ad-bc} & \frac{-b}{ad-bc} \\ \frac{-c}{ad-bc} & \frac{a}{ad-bc} \end{pmatrix} = \frac{1}{ad-bc}\begin{pmatrix} d & -b \\ -c & a \end{pmatrix}$$

이다.

$XA=E$도 성립하므로 A 의 역행렬은

$$A^{-1} = \frac{1}{ad-bc}\begin{pmatrix} d & -b \\ -c & a \end{pmatrix}$$

이다.

보기 1 행렬 $\begin{pmatrix} 1 & 1 \\ 0 & 0 \end{pmatrix}$의 역행렬은 존재하지 않고, 단위행렬 E의 역행렬은 E이다. ■

예제 2 다음 행렬의 역행렬이 존재하면 그 역행렬을 구하여라.

1) $A=\begin{pmatrix} 2 & 3 \\ 1 & 2 \end{pmatrix}$　　　2) $B=\begin{pmatrix} 3 & 2 \\ 6 & 4 \end{pmatrix}$

3) $C=\begin{pmatrix} \cos\theta & -\sin\theta \\ \sin\theta & \cos\theta \end{pmatrix}$

풀이 1) $2 \cdot 2 - 3 \cdot 1 = 1 \neq 0$이므로 A^{-1}가 존재하고 $A^{-1}=\begin{pmatrix} 2 & -3 \\ -1 & 2 \end{pmatrix}$.

2) $3 \cdot 4 - 2 \cdot 6 = 0$이므로 B^{-1}는 존재하지 않는다.

3) $\cos\theta \cdot \cos\theta - (-\sin\theta)(\sin\theta) = \cos^2\theta + \sin^2\theta = 1 \neq 0$이므로 C^{-1}가 존재하고

$$C^{-1}=\begin{pmatrix} \cos\theta & \sin\theta \\ -\sin\theta & \cos\theta \end{pmatrix}.$$ ■

예제 3 $A=\begin{pmatrix} 2 & 3 \\ 1 & 2 \end{pmatrix}$, $B=\begin{pmatrix} 1 & 2 \\ 1 & -3 \end{pmatrix}$일 때, $AX=B$를 만족하는 행렬 X를 구하여라.

풀이 $A^{-1}=\begin{pmatrix} 2 & -3 \\ -1 & 2 \end{pmatrix}$이므로 $AX=B$의 양변의 왼쪽에 A^{-1}를 곱하면

$$X=A^{-1}B=\begin{pmatrix} 2 & -3 \\ -1 & 2 \end{pmatrix}\begin{pmatrix} 1 & 2 \\ 1 & -3 \end{pmatrix}=\begin{pmatrix} -1 & 13 \\ 1 & -8 \end{pmatrix}.$$ ■

정사각행렬 A가 역행렬 A^{-1}를 가지면

$$AA^{-1}=A^{-1}A=E$$

이므로 A^{-1}의 역행렬은 A임을 알 수 있다. 즉

$$(A^{-1})^{-1}=A.$$

또, 같은 꼴의 두 정사각행렬 A, B가 역행렬 A^{-1}, B^{-1}를 가지면,

$$(AB)(B^{-1}A^{-1})=A(BB^{-1})A^{-1}=AEA^{-1}=AA^{-1}=E$$

$$(B^{-1}A^{-1})(AB) = B^{-1}(A^{-1}A)B = B^{-1}EB = B^{-1}B = E$$

이므로 AB의 역행렬은 $B^{-1}A^{-1}$임을 알 수 있다. 즉

$$(AB)^{-1} = B^{-1}A^{-1}.$$

예제 4 $A = \begin{pmatrix} 1 & 1 \\ 2 & 3 \end{pmatrix}$, $B = \begin{pmatrix} 2 & -1 \\ -1 & 1 \end{pmatrix}$일 때, $B^{-1}A^{-1}$를 구하여라.

풀이 $AB = \begin{pmatrix} 1 & 0 \\ 1 & 1 \end{pmatrix}$이므로 $(AB)^{-1} = \begin{pmatrix} 1 & 0 \\ -1 & 1 \end{pmatrix}$이다. 따라서

$$B^{-1}A^{-1} = (AB)^{-1} = \begin{pmatrix} 1 & 0 \\ -1 & 1 \end{pmatrix}.$$

■

연립방정식과 행렬

x, y에 대한 연립방정식 $\begin{cases} ax + by = p \\ cx + dy = q \end{cases}$를 행렬을 이용하여 나타내면 다음과 같다.

$$\begin{pmatrix} a & b \\ c & d \end{pmatrix}\begin{pmatrix} x \\ y \end{pmatrix} = \begin{pmatrix} p \\ q \end{pmatrix}$$

이때 $A = \begin{pmatrix} a & b \\ c & d \end{pmatrix}$, $X = \begin{pmatrix} x \\ y \end{pmatrix}$, $B = \begin{pmatrix} p \\ q \end{pmatrix}$라 두면, 연립방정식은

$$AX = B$$

가 된다. 따라서 연립방정식의 해를 구하는 것은 $AX = B$를 만족하는 행렬 X를 구하는 것과 같다.

1) $ad - bc \neq 0$인 경우

행렬 A의 역행렬이 존재하므로 $X = A^{-1}B$이다. 따라서 연립방정식의 해는

$$X = A^{-1}B = \frac{1}{ad - bc}\begin{pmatrix} d & -b \\ -c & a \end{pmatrix}\begin{pmatrix} p \\ q \end{pmatrix}.$$

2) $ad - bc = 0$인 경우

연립방정식 $\begin{cases} ax + by = p & \cdots ① \\ cx + dy = q & \cdots ② \end{cases}$에서

①$\times d -$ ②$\times b$를 하면

$$(ad-bc)x = dp-bq$$

이다. 이때 $ad-bc=0$이므로 $0 \cdot x = dp-bq$이다.

따라서

$dp-bq=0$이면 연립방정식의 해는 무수히 많고

$dp-bq \neq 0$이면 연립방정식의 해는 존재하지 않는다.

예제 5 역행렬을 이용하여 연립방정식 $\begin{cases} x-y=-1 \\ 2x-y=0 \end{cases}$의 해를 구하여라.

풀이 주어진 연립방정식을 행렬로 나타내면 $\begin{pmatrix} 1 & -1 \\ 2 & -1 \end{pmatrix}\begin{pmatrix} x \\ y \end{pmatrix}=\begin{pmatrix} -1 \\ 0 \end{pmatrix}$

행렬 $\begin{pmatrix} 1 & -1 \\ 2 & -1 \end{pmatrix}$의 역행렬이 존재하고,

역행렬이 $\begin{pmatrix} 1 & -1 \\ 2 & -1 \end{pmatrix}^{-1}=\begin{pmatrix} -1 & 1 \\ -2 & 1 \end{pmatrix}$이므로

$$\begin{pmatrix} x \\ y \end{pmatrix}=\begin{pmatrix} 1 & -1 \\ 2 & -1 \end{pmatrix}^{-1}\begin{pmatrix} -1 \\ 0 \end{pmatrix}=\begin{pmatrix} -1 & 1 \\ -2 & 1 \end{pmatrix}\begin{pmatrix} -1 \\ 0 \end{pmatrix}=\begin{pmatrix} 1 \\ 2 \end{pmatrix}.$$

따라서 연립방정식의 해는 $x=1$, $y=2$이다. ■

예제 6 연립방정식 $\begin{cases} x+2ky=0 \\ 3x+(k-1)y=0 \end{cases}$ 이 $x=0$, $y=0$ 이외의 해를 가질 때, 상수 k 의 값을 구하여라.

풀이 주어진 연립방정식을 행렬로 나타내면 $\begin{pmatrix} 1 & 2k \\ 3 & k-1 \end{pmatrix}\begin{pmatrix} x \\ y \end{pmatrix}=\begin{pmatrix} 0 \\ 0 \end{pmatrix}$이고

$x=0$, $y=0$ 이외의 해를 가지므로 $k-1-2k \cdot 3=0$.

따라서 $k=-\dfrac{1}{5}$이다. ■

연습문제 Exercises

1. 행렬 $\begin{pmatrix} a & 1 \\ 4 & a \end{pmatrix}$의 역행렬이 존재하기 위한 실수 a의 조건을 구하여라.

2. 행렬 $A=\begin{pmatrix} 7 & 4 \\ 2 & 1 \end{pmatrix}$에 대하여 역행렬 A^{-1}와 $(2A)^{-1}$를 구하여라.

3. $A=\begin{pmatrix} -1 & 1 \\ 0 & 1 \end{pmatrix}$, $B=\begin{pmatrix} 2 & 1 \\ 3 & 1 \end{pmatrix}$일 때, 다음을 구하여라.

   (1) $A^{-1}B^{-1}$ (2) $B^{-1}A^{-1}$

   (3) $(AB)^{-1}$ (4) $(AB^{-1})^{-1}$

4. 연립방정식 $\begin{cases} 2x-y=5 \\ x+y=4 \end{cases}$의 해를 역행렬을 이용하여 구하여라.

5. 연립방정식 $\begin{cases} x-2y=0 \\ 2x+ay=0 \end{cases}$이 $x=0$, $y=0$ 이외의 해를 갖기 위한 실수 a의 값을 구하여라.

6. 행렬 $A=\begin{pmatrix} 2 & -1 \\ -2 & 3 \end{pmatrix}$에 대하여 행렬 $A-kE$의 역행렬이 존재하지 않는 상수 k의 값을 모두 구하여라. (단, E는 단위행렬이다.)

3.5 부등식

부등식

1.2절에서 다루었던 부등식에 대한 성질을 정리하면 다음과 같다.

부등식의 성질

실수 a, b, c, d에 대하여

i) $a<b$이고 $b<c$이면 $a<c$

ii) $a<b$이고 $c<d$이면 $a+c<b+d$

iii) $a<b$이면 $a+c<b+c$

iv) $a<b$이고 $c>0$이면 $ac<bc$, $\frac{a}{c}<\frac{b}{c}$

v) $a<b$이고 $c<0$이면 $ac>bc$, $\frac{a}{c}>\frac{b}{c}$

예제 1 부등식의 성질을 이용하여 다음이 성립함을 보여라.

$$0<a<b,\ 0<c<d\text{이면 } ac<bd$$

풀이 $a<b$로부터 $b-a>0$이고, $c>0$이므로

$$c(b-a)>0.$$

$c<d$로부터 $d-c>0$이고, $b>0$이므로

$$b(d-c)>0.$$

따라서

$$c(b-a)+b(d-c)>0.$$

그러므로

$$bd-ac>0.$$

즉, $ac<bd$. ■

예제 2 $a<0,\ b<0$일 때, 다음이 성립함을 보여라.

$$a>b \Leftrightarrow a^2<b^2$$

풀이 $a<0,\ b<0$이므로

$$a+b<0.$$

$a>b$라 하면

$$a-b>0$$

이다. 그러므로

$$(a+b)(a-b)=a^2-b^2<0.$$

따라서

$$a^2<b^2.$$

역으로 $a^2<b^2$이라 하면

$$b^2-a^2>0.$$

$a+b<0$이므로

$$\frac{b^2-a^2}{a+b}<0.$$

따라서 $b-a<0$이다. 즉, $a>b$. ∎

일차부등식

부등식에서 모든 항을 좌변으로 모아 정리하였을 때 일차식으로 나타나는 부등식을 일차부등식이라 한다. 즉, 일차부등식은

$$ax+b>0,\ ax+b<0,\ ax+b\ge 0,\ ax+b\le 0 \quad (\text{단 } a\ne 0)$$

의 꼴로 변형되는 부등식이다.

일차부등식을 풀 때는 부등식의 성질을 이용하여 풀면 된다.

먼저 부등식의 성질 (iii)을 이용하여 위에서 말한 네 가지 꼴의 부등식을 다음과

같이 고친 후

$$ax > -b, \ ax < -b, \ ax \geq -b, \ ax \leq -b.$$

양변을 x의 계수 a로 나눈다. 이때 부등식의 성질 (iv), (v)를 이용하여 a의 부호에 따라 부등호의 방향을 결정해준다.

보기 1 일차부등식 $3x \leq x+6$을 풀면, 부등식을 $2x \leq 6$의 모양으로 고친 후 양변을 2로 나누면 $x \leq 3$이 해가 된다. ∎

예제 3 일차부등식 $\frac{1}{3}x - \frac{1}{2} > \frac{1}{2}x + 1$을 풀어라.

풀이 부등식의 양변에 $\frac{1}{2}$와 $-\frac{1}{2}x$를 각각 더하면

$$\frac{1}{3}x - \frac{1}{2}x > 1 + \frac{1}{2}$$
$$-\frac{1}{6}x > \frac{3}{2}.$$

양변에 -6을 곱하면

$$x < -9.$$ ∎

예제 4 x에 대한 부등식 $ax+1 > 2x+5$을 풀어라. 단 a는 실수이다.

풀이 부등식의 양변에 -1과 $-2x$를 각각 더하면

$$ax - 2x > 5 - 1$$
$$(a-2)x > 4.$$

따라서

$a > 2$이면 $x > \frac{4}{a-2}$.

$a = 2$이면 $0 \cdot x > 4$가 되어 부등식은 해를 가지지 않는다.

$a < 2$이면 $x < \frac{4}{a-2}$. ∎

이차부등식

부등식에서 모든 항을 좌변으로 모아 정리하였을 때 이차식으로 나타나는 부등식을 **이차부등식**이라 한다. 이차부등식을 풀 때는 좌변의 이차식을 인수분해하여 각 인수의 부호를 조사하여 풀면 된다.

예제 5 이차부등식 $x^2-x-12<0$을 풀어라.

풀이 좌변을 인수분해하면

$$x^2-x-12=(x+3)(x-4)<0$$

x	$x<-3$	$x=-3$	$-3<x<4$	$x=4$	$x>4$
$x+3$	$-$	0	$+$	$+$	$+$
$x-4$	$-$	$-$	$-$	0	$+$
$(x+3)(x-4)$	$+$	0	$-$	0	$+$

그러므로 $x^2-x-12<0$의 해는 $-3<x<4$이다. ■

이차부등식의 풀이는 이차방정식 $ax^2+bx+c=0$의 판별식

$$b^2-4ac$$

의 부호에 따라 다음 세 가지의 경우로 나누어 생각할 수 있다.

$$b^2-4ac>0,\ b^2-4ac=0,\ b^2-4ac<0.$$

[경우 1] $b^2-4ac>0$인 경우

이차방정식 $ax^2+bx+c=0$의 서로 다른 두 실근을 α, $\beta(\alpha<\beta)$라 하면,

$$ax^2+bx+c=a(x-\alpha)(x-\beta)$$

이다. α, β의 값을 경계로 하는 각 구간에서 $(x-\alpha)(x-\beta)$의 부호를 조사하면 다음 표와 같다.

x	$x<\alpha$	$x=\alpha$	$\alpha<x<\beta$	$x=\beta$	$x>\beta$
$x-\alpha$	$-$	0	$+$	$+$	$+$
$x-\beta$	$-$	$-$	$-$	0	$+$
$(x-\alpha)(x-\beta)$	$+$	0	$-$	0	$+$

$a>0$이면 ax^2+bx+c의 부호는 $(x-\alpha)(x-\beta)$의 부호와 일치하고
$a<0$이면 ax^2+bx+c의 부호는 $(x-\alpha)(x-\beta)$의 부호와 반대이다.

따라서 $a>0$이면

$ax^2+bx+c>0$의 해는 $x<\alpha$ 또는 $x>\beta$
$ax^2+bx+c\geq 0$의 해는 $x\leq\alpha$ 또는 $x\geq\beta$
$ax^2+bx+c<0$의 해는 $\alpha<x<\beta$
$ax^2+bx+c\leq 0$의 해는 $\alpha\leq x\leq\beta$

이다. $a<0$일 때에는 부등식의 양변에 -1을 곱하여 x^2의 계수를 양수로 만들어 풀면 된다.

예제 6 다음 이차부등식을 풀어라.

1) $x^2-4x+3<0$　　　2) $-2x^2+5x-2\leq 0$

풀이 1) 좌변을 인수분해하면

$$(x-1)(x-3)<0.$$

따라서 구하는 해는

$$1<x<3.$$

2) 양변에 -1을 곱하면

$$2x^2-5x+2\geq 0.$$

좌변을 인수분해하면

$$(2x-1)(x-2)\geq 0.$$

따라서 구하는 해는

$$x \le \frac{1}{2} \text{ 또는 } x \ge 2.$$

■

[경우 2] $b^2-4ac=0$**인 경우**

이차방정식 $ax^2+bx+c=0$의 중근을 α라 하면

$$ax^2+bx+c=a(x-\alpha)^2$$

이다.

$$a>0\text{이면 } ax^2+bx+c \ge 0$$
$$a<0\text{이면 } ax^2+bx+c \le 0$$

따라서 $a>0$이면

$ax^2+bx+c>0$의 해는 $x \ne \alpha$인 모든 실수
$ax^2+bx+c \ge 0$의 해는 모든 실수
$ax^2+bx+c<0$의 해는 없다
$ax^2+bx+c \le 0$의 해는 $x=\alpha$

$a<0$일 때에는 부등식의 양변에 -1을 곱하여 x^2의 계수를 양수로 만들어 풀면 된다.

예제 7 다음 이차부등식을 풀어라.

1) $x^2-2x+1>0$ 2) $-4x^2+2x-\frac{1}{4} \ge 0$

풀이 1) 좌변을 인수분해하면

$$x^2-2x+1=(x-1)^2>0.$$

따라서 구하는 해는 $x \ne 1$인 모든 실수

2) 양변에 -1을 곱하면

$$4x^2-2x+\frac{1}{4} \le 0.$$

좌변을 인수분해하면

$$\left(2x-\frac{1}{2}\right)^2 \le 0.$$

따라서 구하는 해는

$$2x-\frac{1}{2}=0,\ 즉\ x=\frac{1}{4}.$$

∎

[경우 3] $b^2-4ac<0$인 경우

이차방정식 $ax^2+bx+c=0$이 허근을 가질 때, 좌변은 실수의 범위에서 인수분해되지 않으므로 완전제곱식을 이용하면

$$ax^2+bx+c=a\left(x+\frac{b}{2a}\right)^2-\frac{b^2-4ac}{4a}$$

이다. $\left(x+\frac{b}{2a}\right)^2 \ge 0$이므로

$$a>0이면\ \ ax^2+bx+c>0$$
$$a<0이면\ \ ax^2+bx+c<0$$

따라서 $a>0$이면

$$ax^2+bx+c>0의\ 해는\ 모든\ 실수$$
$$ax^2+bx+c\ge 0의\ 해는\ 모든\ 실수$$
$$ax^2+bx+c<0의\ 해는\ 없다$$
$$ax^2+bx+c\le 0의\ 해는\ 없다$$

$a<0$일 때에는 부등식의 양변에 -1을 곱하여 x^2의 계수를 양수로 만들어 풀면 된다.

예제 8 다음 이차부등식을 풀어라.

1) $x^2-2x+4>0$ 2) $-3x^2+5x-4>0$

풀이 1) $x^2-2x+4=0$의 판별식은 $(-2)^2-4\cdot 1\cdot 4=-12<0$이다.

x^2의 계수가 양수이므로 구하는 해는 모든 실수이다.

2) 양변에 -1을 곱하면

$$3x^2 - 5x + 4 < 0.$$

$3x^2 - 5x + 4 = 0$의 판별식은 $(-5)^2 - 4 \cdot 3 \cdot 4 = -23 < 0$이다.
x^2의 계수가 양수이므로 $3x^2 - 5x + 4 < 0$의 해는 없다. ■

예제 9 둘레의 길이가 30m인 직사각형 모양의 사육장을 만들려고 한다. 사육장의 넓이를 56m^2 이상이 되도록 할 때 직사각형의 가로의 길이의 범위를 구하여라.

풀이 사육장의 가로의 길이를 $x\,\text{m}$, 세로의 길이를 $y\,\text{m}$라 두면

$$2x + 2y = 30 \quad \cdots ①$$
$$xy \geq 56 \quad \cdots ②$$

를 모두 만족시키는 x의 범위를 구한다.
①에서 $y = 15 - x$이므로 이것을 ②에 대입하여 정리하면

$$x^2 - 15x + 56 \leq 0.$$

따라서 x는 $(x-7)(x-8) \leq 0$을 만족하는 범위, 즉

$$7 \leq x \leq 8.$$ ■

절대부등식

$x^2 + 1 > 0$과 같이 부등식에서 문자에 어떠한 실수의 값을 대입하여도 항상 성립하는 부등식을 **절대부등식**이라 한다.

보기 2 $a^2 + b^2 \geq 0$은 모든 실수 a, b에 대하여 성립하므로 절대부등식이다. 단 등호는 $a = b = 0$인 경우에 성립한다. ■

예제 10 a, b가 실수일 때, 다음 부등식이 성립함을 보이고 등호가 성립하는 경우를 구하여라.

$$a^2+b^2 \geq ab$$

풀이 모든 실수의 제곱은 0보다 크거나 같으므로

$$a^2+b^2-ab=\left(a-\frac{b}{2}\right)^2+\frac{3}{4}b^2 \geq 0.$$

따라서 $a^2+b^2 \geq ab$.
등호는 $a-\dfrac{b}{2}=0$, $b^2=0$인 경우, 즉 $a=0$, $b=0$일 때 성립한다. ■

예제 11 $a>0$, $b>0$일 때, 산술평균≥기하평균, 즉

$$\frac{a+b}{2} \geq \sqrt{ab} \quad \text{(단, 등호는 } a=b\text{인 경우에 성립한다.)}$$

가 성립함을 보여라.

풀이 $\dfrac{a+b}{2}-\sqrt{ab}=\dfrac{a-2\sqrt{ab}+b}{2}=(\sqrt{a}-\sqrt{b})^2 \geq 0.$

그러므로 $\dfrac{a+b}{2} \geq \sqrt{ab}$.
등호는 $\sqrt{a}-\sqrt{b}=0$인 경우, 즉 $a=b$일 때 성립한다. ■

연립부등식

부등식 $4x-5>200$과 $2x+130 \leq 500$을 동시에 만족시키는 해를 구할 때는 보통 두 일차부등식을 한 쌍으로 묶어서 다음과 같이 나타낸다.

$$\begin{cases} 4x-5>200 \\ 2x+130 \leq 500 \end{cases}$$

이와 같이 2개 이상의 부등식을 한 쌍으로 묶어 놓은 것을 **연립부등식**이라 한다.

연립부등식의 해를 구할 때는 먼저 두 부등식의 해를 각각 구한 후에 두 해의 공통부분을 구하면 된다.

예제 12 다음 연립부등식을 풀어라.

1) $\begin{cases} 3x < x+4 \\ 2x-1 \ge x-2 \end{cases}$ 2) $\begin{cases} 4x-5 \ge 3x \\ 2x+11 \le 7 \end{cases}$

풀이 1) 부등식 $3x < x+4$를 풀면

$$3x - x < 4$$
$$x < 2$$

부등식 $2x-1 \ge x-2$를 풀면

$$2x - x \ge -2+1$$
$$x \ge -1$$

그러므로 두 해의 공통부분은 $-1 \le x < 2$ 가 된다.

2) 부등식 $4x-5 \ge 3x$을 풀면

$$4x - 3x \ge 5$$
$$x \ge 5$$

부등식 $2x+11 \le 7$을 풀면

$$2x < 7-11$$
$$x < -2$$

그러므로 두 부등식을 동시에 만족시키는 x는 없다. ■

예제 13 다음 연립부등식을 풀어라.

$$\begin{cases} 2(x+2) \le 10-x \\ x^2-5x+4 < 0 \end{cases}$$

풀이 부등식 $2(x+2) \le 10-x$을 풀면

$$3x \le 6$$
$$x \le 2$$

부등식 $x^2-5x+4 < 0$를 풀면

$$(x-1)(x-4) < 0$$
$$1 < x < 4$$

그러므로 두 해의 공통부분은 $1 < x \le 2$. ■

예제 14 연립부등식 $\begin{cases} x^2-4x+3 \le 0 \\ x^2-(a+1)x+a<0 \end{cases}$ 을 만족하는 정수 x의 값이 오직 하나뿐일 때, 상수 a의 최댓값을 구하여라.

풀이 부등식 $x^2-4x+3 \le 0$을 풀면

$$(x-1)(x-3) \le 0$$
$$1 \le x \le 3 \qquad \cdots ①$$

부등식 $x^2-(a+1)x+a<0$을 풀면

$$(x-1)(x-a)<0$$
$a>1$이면 $1<x<a$, $a<1$이면 $a<x<1$ $\cdots$ ②

①, ②를 모두 만족하는 정수 x의 값이 오직 하나이기 위해서는 다음 그림과 같아야 한다.

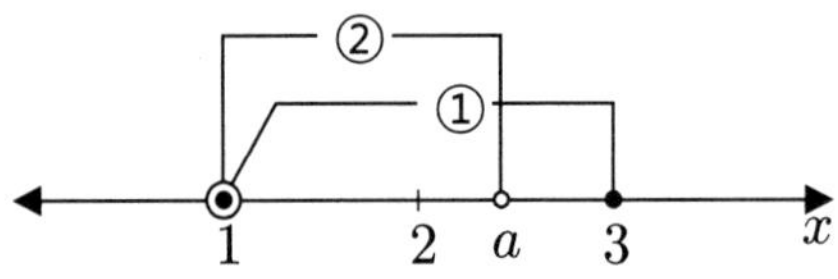

그러므로 $2<a \le 3$. 따라서 a의 최댓값은 3이다.

절댓값이 포함된 부등식

절댓값이 포함된 부등식의 해를 구할 때는, 먼저 범위를 나누어 절댓값 기호를 없앤 후에 해를 구하면 된다.

예제 15 다음 부등식을 풀어라.

$$|x|+|x-2| \le 4$$

풀이 절댓값의 계산을 위해 $x<0$, $0 \le x<2$, $x \ge 2$ 인 경우로 나누어 생각한다.

i) $x<0$일 때,

$-x-(x-2) \le 4$에서 $-2x \le 2$ 이므로 $x \ge -1$.

따라서 $-1 \le x < 0$.

ii) $0 \le x < 2$일 때,

$x-(x-2) \le 4$에서 $0 \cdot x \le 2$이므로 x는 모든 실수.

따라서 $0 \le x < 2$.

iii) $x \ge 2$ 일 때,

$x+(x-2) \le 4$에서 $2x \le 6$이므로 $x \le 3$.

따라서 $2 \le x \le 3$.

i), ii), iii)에 의해 구하는 해는 $-1 \le x \le 3$. ■

예제 16 다음 부등식을 풀어라.

$$\sqrt{x^2-2x+1}+|x+2|<5$$

풀이 $\sqrt{x^2-2x+1}+=\sqrt{(x-1)^2}=|x-1|$이므로 주어진 부등식은 $|x-1|+|x+2|<5$가 된다.

i) $x<-2$일 때, $x-1<0$, $x+2<0$이다. 그러므로

$-(x-1)-(x+2)<5$에서 $x>-3$. 따라서 $-3<x<-2$.

ii) $-2 \leqq x < 1$일 때, $x-1<0$, $x+2 \geqq 0$이다. 그러므로

$-(x-1)+(x+2)<5$에서 $0 \cdot x<2$는 항상 성립한다.

iii) $x \geqq 1$일 때, $x-1 \geqq 0$, $x+2>0$이다. 그러므로

$(x-1)+(x+2)<5$에서 $x<2$. 따라서 $1 \leqq x < 2$.

i), ii), iii)에 의해 구하는 해는 $-3<x<2$. ■

연 습 문 제 Exercises

1. $a>0,\ b>0$일 때, 다음이 성립함을 보여라.

$$a>b \iff a^2>b^2$$

2. 다음 부등식을 풀어라.

(1) $2x^2-x-3 \geq 0$ (2) $x^2-3x-4<0$

(3) $-x^2+4x-3>0$ (4) $-2x^2+3x+2 \leq 0$

3. 연립방정식 $\begin{cases} xy=k \\ x^2+y^2=9 \end{cases}$ 가 실근을 갖도록 하는 실수 k의 값의 범위를 구하여라.

4. 가로의 길이는 10m이고 세로의 길이는 8m인 직사각형 모양의 밭이 있다. 이 밭의 가로와 세로의 길이를 똑같이 늘려서 밭의 넓이가 360m^2 이상 되게 하려면 가로와 세로의 길이를 각각 얼마 이상씩 늘려야 하는지 말하여라.

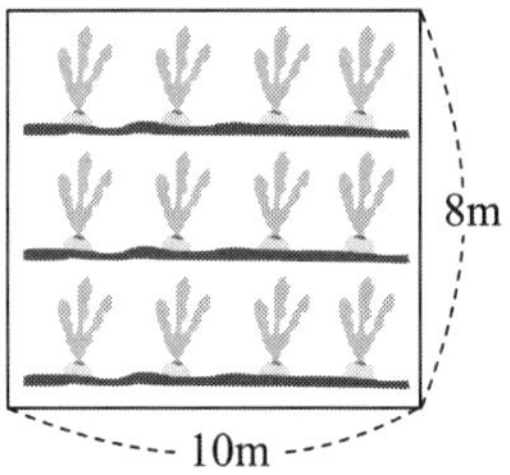

5. 이차부등식 $x^2-(2a-4)x+a^2-4a<0$을 만족하는 모든 실수 x에 대하여 이차부등식 $x^2-3x-4<0$이 성립하기 위한 a의 값의 범위를 구하여라.

6. $a \geq 0,\ b \geq 0$일 때, 다음 부등식이 성립함을 보여라.

$$\sqrt{a}+\sqrt{b} \geq \sqrt{a+b}$$

7. 다음 연립부등식을 풀어라.

(1) $\begin{cases} x-2>5x+6 \\ 2x+5 \geq 2+x \end{cases}$ (2) $\begin{cases} x \leq 3x+4 \\ 3x-2>2x-1 \end{cases}$

8. 부등식 $|x-1|+|x+1|<4$를 풀어라.

9. 다음 연립이차부등식을 풀어라.

(1) $\begin{cases} 2x-3<0 \\ 2x^2-x+2>0 \end{cases}$ (2) $\begin{cases} x^2+4x-5 \leq 0 \\ x^2-2x-3>0 \end{cases}$

10. 부등식 $\sqrt{(x+1)^2}+|x-2|<10$을 만족하는 정수해를 구하여라.

11. 모든 실수 x에 대하여 부등식 $(m-2)x^2+(m-2)x+1>0$이 항상 성립하기 위한 실수 m의 값의 범위를 구하여라.

12. 연립부등식 $\begin{cases} x^2+y^2-4x-4y+4 \leq 0 \\ y \geq -x+2 \end{cases}$ 이 나타내는 영역의 넓이는 얼마인지 구하여라.

Chapter

4 함수와 그래프

함수의 개념은 17세기 초에 미적분학의 개념과 함께 형성되기 시작하였다. 즉, 물체의 운동을 그래프로 표현하고 그 곡선을 방정식으로 표현하여 연구하기 시작하면서부터 발전되었다고 할 수 있다.

이후 1673년 라이프니츠(Leibniz)가 그의 연구에서 하나의 양(quantity)에 종속되어 나타나는 어떤 양(quantity)을 나타내기 위하여 함수(function)라는 용어를 처음으로 사용하였다. 예를 들면, 반지름 r인 원의 면적 S는 πr^2인데, 이때 S는 r의 함수라고 하였다. 오늘날, 함수는 미적분학에서뿐만 아니라 우리 주변에서 일어나는 현상을 수학적으로 설명하는 법칙이나 규칙을 표현하는 매우 중요한 수단이 되고 있다.

이 장에서는 함수의 개념과 함수의 그래프에서 시작하여 역함수, 유리함수, 무리함수에 대하여 소개한다.

4.1 함수와 그래프

함수의 정의

두 집합 X와 Y에서 집합 X의 원소에 집합 Y의 원소를 짝짓는 것을 집합 X에서 집합 Y로의 **대응**이라 한다.

이때 집합 X의 원소 x에 집합 Y의 원소 y가 짝지어지면 x에 y가 대응한다고 하며, 이것을 기호로

$$x \to y$$

와 같이 나타낸다.

일반적으로 공집합이 아닌 두 집합 X와 Y에서, 어떤 관계 f에 의하여 집합 X의 각 원소에 집합 Y의 원소가 오직 하나씩만 대응할 때, 이 대응 f를 집합 X에서

집합 Y로의 **함수**라 하고, 이것을 기호로

$$f : X \to Y$$

와 같이 나타낸다.

이때, 집합 X를 함수 f의 **정의역**, 집합 Y를 함수 f의 **공역**이라 한다.

또한 정의역 X의 원소 x에 공역 Y의 원소 y가 대응할 때, 이것을 기호로 $y = f(x)$로 나타내고, $f(x)$를 x에서의 f의 **함숫값**이라 한다.

함숫값 전체의 집합

$$\{f(x) \mid x \in X\}$$

를 함수 f의 **치역**이라 한다.

보기 1 다음 그림과 같은 함수에서 정의역과 공역은 각각 $X = \{1,2,3,4,5\}$, $Y = \{0,1,2,3\}$이고 함숫값은

$$f(1) = 0,\ f(2) = 0,\ f(3) = 1,\ f(4) = 3,\ f(5) = 3$$

이다.

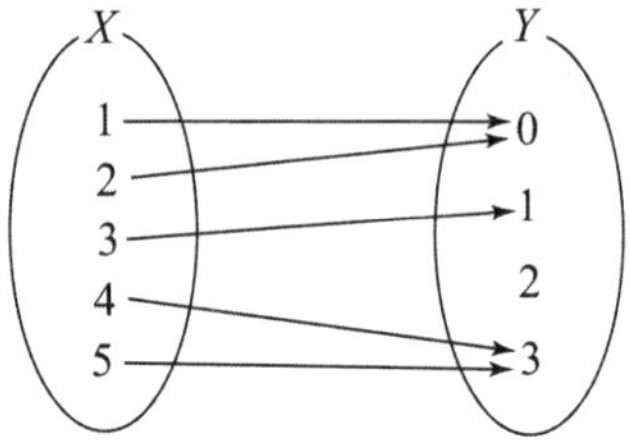

따라서 치역은 $\{0,1,3\}$이다. ■

> **참고** 일반적으로 치역은 공역의 부분집합이다. 즉 공역에는 정의역의 원소에 대응하지 않는 원소도 있을 수 있다. 보기 1에서 공역의 원소인 2는 치역의 원소는 아니다.

보기 2 $\mathrm{F} = \frac{9}{5}\mathrm{C} + 32$는 섭씨온도(C)를 화씨온도(F)로 바꾸어주는 식이다. 이 식은 섭씨온도의 값에 화씨온도의 값 하나씩을 대응시키므로 하나의 함수를 나타내고 있다. ■

함수 $f: X \to Y$에서 정의역과 공역이 실수 전체의 집합이거나, 정의역 X가 함숫값 $f(x)$가 정의될 수 있는 실수 x의 값 전체의 집합일 때, 이 함수를 정의역과 공역을 생략하여 간단히 $y=f(x)$ 또는 $f(x)$로 나타낸다. 그러므로 $y=f(x)$ 또는 $f(x)$의 형태로 주어진 함수의 정의역은 함숫값이 실수가 되는 최대의 집합이다.

보기 3 함수 $f(x)=2+\sqrt{x-3}$의 정의역은 $x-3 \geq 0$이 되는 x의 집합, 즉 $\{x \mid x \geq 3\}$이다. ■

예제 1 다음 함수의 정의역을 구하여라.

1) $f(x)=\sqrt{x^2+2x-15}$ 2) $g(x)=\dfrac{1}{\sqrt{x^2+2x-15}}$

풀이 1) $f(x)$의 정의역은 $x^2+2x-15 \geq 0$이 되는 x의 집합이다. $x^2+2x-15=(x+5)(x-3)$이므로 정의역은

$$\{x \mid x \leq -5 \text{ 또는 } x \geq 3\},\ \text{즉 } (-\infty, -5] \cup [3, \infty).$$

2) $g(x)$는 분모가 $\sqrt{x^2+2x-15}$이므로 $x^2+2x-15>0$이 되는 x의 집합이 정의역이다. 따라서 $g(x)$의 정의역은

$$\{x \mid x < -5 \text{ 또는 } x > 3\},\ \text{즉 } (-\infty, -5) \cup (3, \infty).$$ ■

함수의 그래프

함수 $f: X \to Y$에 대하여 정의역 X의 원소 x와 이에 대응하는 함숫값 $f(x)$의 순서쌍 $(x, f(x))$ 전체의 집합

$$G=\{(x, f(x)) \mid x \in X\}$$

를 함수 f의 **그래프**라 한다.

보기 4 보기 1에서 함수 f의 그래프는 $\{(1,0), (2,0), (3,1), (4,3), (5,3)\}$이고 이것을 좌표평면 위에 나타내면 다음 그림과 같다.

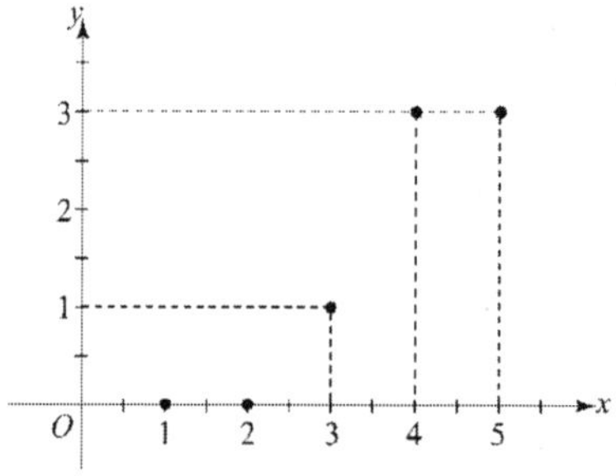

함수는 정의역의 각 원소에 공역의 원소가 오직 하나씩만 대응되기 때문에 함수의 그래프와 x축에 수직인 직선은 오직 한 점에서만 만날 수 있음을 알 수 있다.

보기 5 다음 중 함수의 그래프는 (1), (2)이고, (3), (4)는 함수의 그래프가 아니다.

(1)

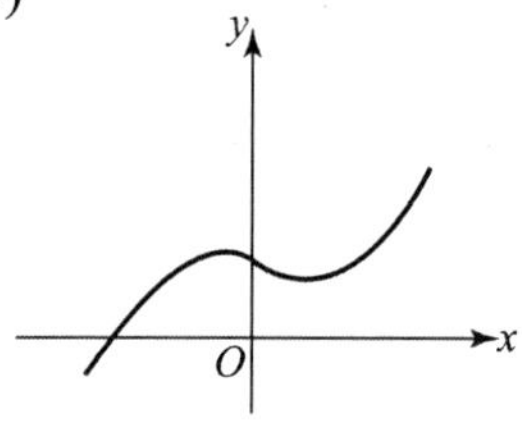

(2)

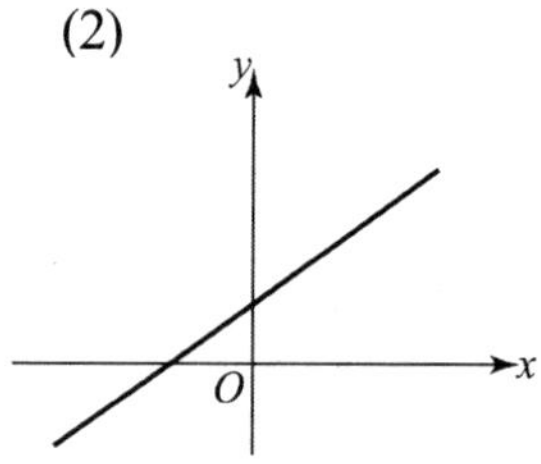

(3)

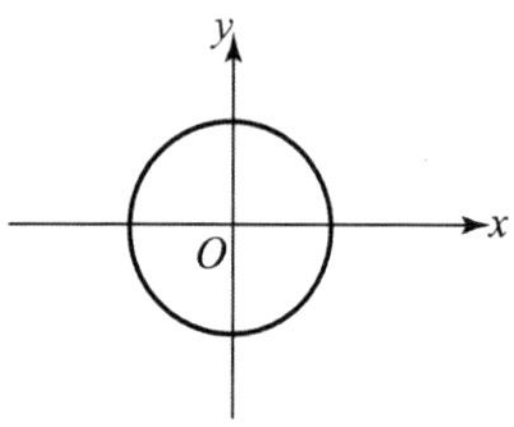

(4)

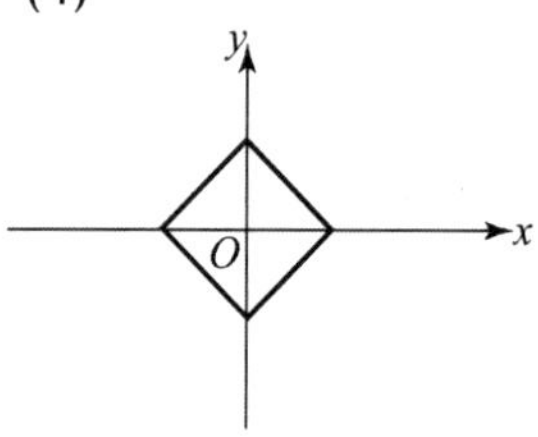

일대일 함수

함수 $f: X \to Y$ 에서 X의 서로 다른 원소에 대한 함숫값이 서로 다를 때, 즉 X의 임의의 두 원소 x_1, x_2에 대하여

$$x_1 \neq x_2 \text{이면 } f(x_1) \neq f(x_2) \text{ 또는 } f(x_1) = f(x_2) \text{이면 } x_1 = x_2$$

일 때, 함수 f를 **일대일 함수**라 한다.

보기 6 함수 $f(x)=2x-1$은 임의의 서로 다른 두 실수 x_1, x_2에 대하여 $f(x_1)\neq f(x_2)$이므로 일대일 함수이다. ∎

예제 2 함수 $f(x)=\dfrac{1}{2x-3}$은 일대일 함수임을 보여라.

풀이 $f(x_1)=f(x_2)$이면

$$\frac{1}{2x_1-3}=\frac{1}{2x_2-3}$$

그러므로

$$\begin{aligned}2x_1-3&=2x_2-3\\2x_1&=2x_2\\x_1&=x_2\end{aligned}$$

이다. 따라서 f는 일대일 함수이다. ∎

일대일 함수의 그래프는 좌표평면에서 수평선($y=$상수)과 기껏해야 한 점에서만 만난다. 더욱이 어떤 함수의 그래프가 모든 수평선과 기껏해야 한 점에서만 만난다면 그 함수는 일대일 함수이다.

보기 7 다음 그림에서 함수 $f(x)=2x-1$의 그래프는 상수 c의 값에 상관없이 직선 $y=c$와 한 점에서 만난다. 그러나 $g(x)=|x|$의 그래프는 $c>0$이면 직선 $y=c$와 두 점에서 만난다.

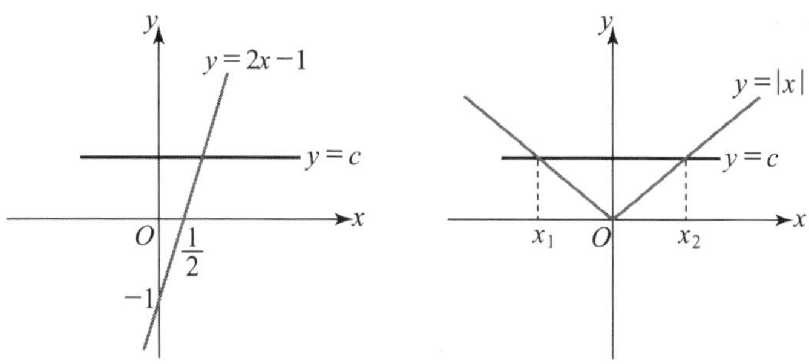

그러므로 $f(x)$는 일대일 함수이고 $g(x)$는 일대일 함수가 아니다. ∎

일대일 함수 중에서 치역과 공역이 같은 함수를 **일대일 대응**이라 한다. 즉, 함수

$f: X \to Y$ 에서

i) 공역과 치역이 같고

ii) 정의역 X의 임의의 두 원소 x_1, x_2에 대하여

$$x_1 \neq x_2 \text{이면 } f(x_1) \neq f(x_2)$$

일 때, 함수 f는 일대일 대응이다.

보기 8 함수 $f(x) = x+1$은 공역과 치역이 실수 전체의 집합으로 같다. 또한 정의역의 임의의 두 원소 x_1, x_2에 대하여 $x_1 \neq x_2$이면 $f(x_1) = x_1 + 1 \neq x_2 + 1 = f(x_2)$이다. 따라서 함수 $f(x) = x+1$은 일대일 대응이다.

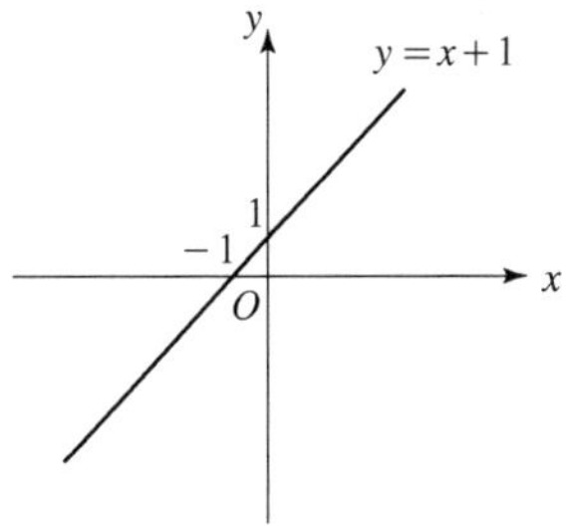

■

예제 3 실수 집합 $\mathbb{R}$에서 $\mathbb{R}$로의 함수 f가 $f(x) = \begin{cases} 2x+1 & (x \geq 0) \\ (2-a)x+1 & (x < 0) \end{cases}$로 주어지고 일대일 대응일 때, 상수 a의 값의 범위를 구하여라.

풀이 함수 f가 일대일 대응이 되려면 공역과 치역이 같아야 한다. 즉, 치역이 실수 전체가 되어야 하므로 $a < 2$이다. ■

연 습 문 제　Exercises

1. 다음 중 정의역이 $X=\{-2,-1,0,1,2\}$인 함수의 그래프가 될 수 있는 것을 골라라.

(1)

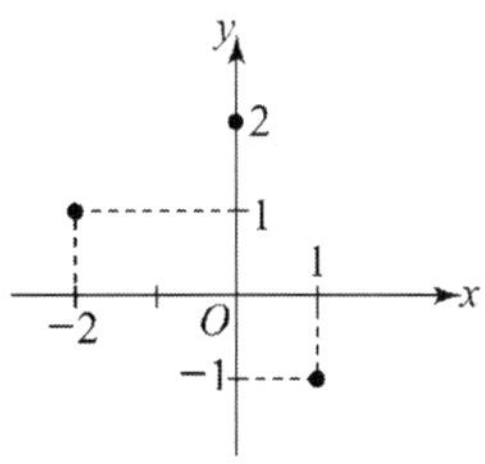

(2)

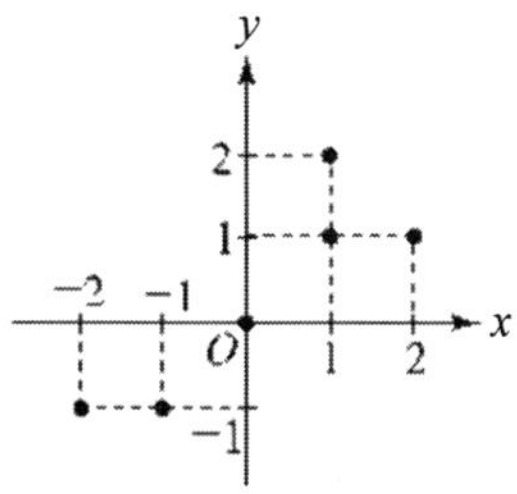

(3)

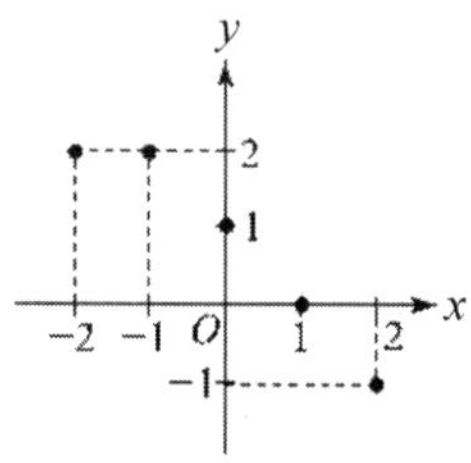

2. 다음 함수의 치역과 그래프를 구하여라.

(1) $X=\{-2,-1,0,1,2\}$에 대하여 $f: X \to X$, $f(x)=|x|$

(2) $y=x+1$

3. 다음 그림을 보고 답하여라.

(1) 함수의 그래프가 될 수 없는 것을 골라라.

(2) 정의역이 $\{x \mid x \geq 0\}$일 때 일대일 함수인 것을 골라라.

(3) 정의역과 공역이 $\{x \mid x \geq 0\}$일 때 일대일 대응인 것을 골라라.

(4) 정의역과 공역이 실수 전체의 집합일 때 일대일 대응인 것을 골라라.

(a)

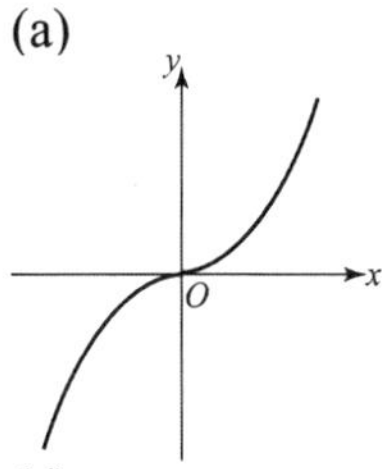

(b)

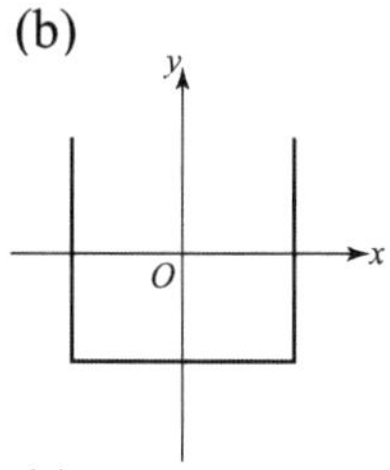

(c)

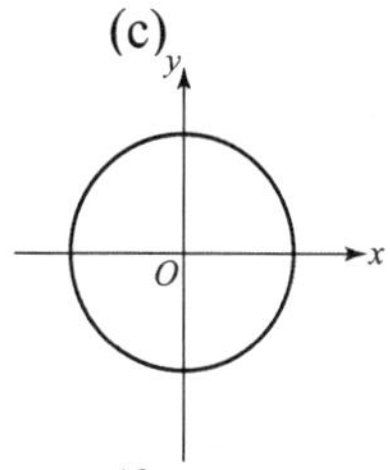

(d)

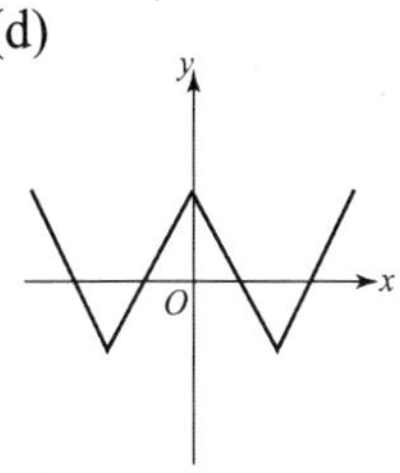

(e)

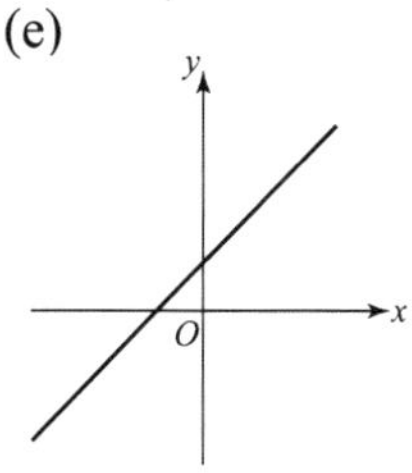

(f)

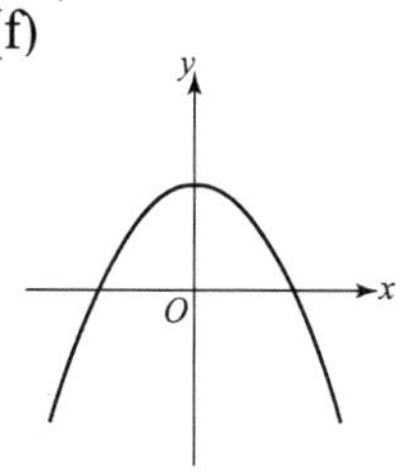

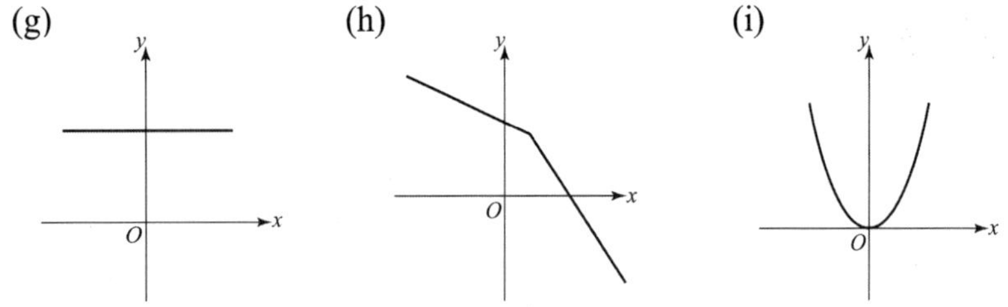

4. 일대일 함수인 것을 모두 골라라.

(1) $f(x)=x^4-8x^2+6$ (2) $f(x)=\dfrac{1}{2x-3}$

(3) $f(x)=|x|+1$ (4) $f(x)=4x+2$

5. 함수 $f(x)=ax+b$의 정의역이 $X=\{x \mid 0 \le x \le 1\}$이고 공역이 $Y=\{y \mid 0 \le y \le 2\}$일 때, $f: X \to Y$가 일대일 대응이 되도록 하는 상수 a, b의 값을 모두 구하여라.

6. 실수 전체의 집합에서 정의된 함수 $f(x)=|x-2|+(a-1)x-4$에 대하여 $f(x)$가 일대일 대응이 되도록 하는 실수 a의 값의 범위를 구하여라.

7. 두 집합 $X=\{-2,0,2\}$, $\mathrm{Y}=\{-1,1,3\}$에 대하여 X에서 Y로의 두 함수 f, g를 $f(x)=x^2-1, g(x)=a|x|+b$라고 하자. 두 함수 f, g가 서로 같을 때, 상수 a, b를 구하여라.

8. 다음 그림과 같은 직사각형 $ABCD$가 있다. 점 P가 A를 출발하여 초당 1m의 일정한 속력으로 차례로 B, C를 지나서 D로 이동할 때, x초 후에 $\triangle APD$의 넓이를 $y\mathrm{m}^2$라 할 때 y를 x에 대한 함수로 나타내어라.

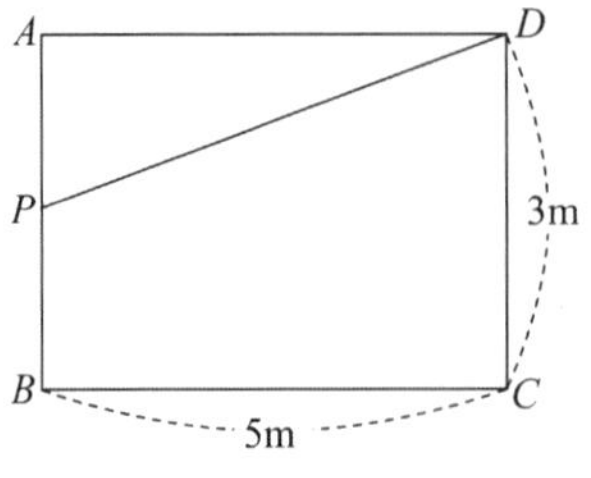

4.2 함수의 결합과 역함수

함수의 산술적 결합

2개의 함수 f와 g는 여러 가지 형태로 결합하여 새로운 함수가 될 수 있다. 두 함수 f, g에 대하여 새로운 함수 합, 차, 곱, 몫을 다음과 같이 정의한다.

(합) $(f+g)(x)=f(x)+g(x)$
(차) $(f-g)(x)=f(x)-g(x)$
(곱) $(f\cdot g)(x)=f(x)g(x)$
(몫) $\left(\dfrac{f}{g}\right)(x)=\dfrac{f(x)}{g(x)}$ (단, $g(x)\neq 0$)

이때, $f+g$, $f-g$, $f\cdot g$의 정의역은 f의 정의역과 g의 정의역의 교집합이고 $\dfrac{f}{g}$의 정의역은 f의 정의역과 g의 정의역의 교집합에서 $g(x)=0$이 되는 x를 제외한 집합이다.

보기 1 두 함수 $f(x)=x^2-x+1$과 $g(x)=x-1$에 대하여 합, 차, 곱, 몫을 구하면 다음과 같다.

$$(f+g)(x)=(x^2-x+1)+(x-1)=x^2$$
$$(f-g)(x)=(x^2-x+1)-(x-1)=x^2-2x+2$$
$$(f\cdot g)(x)=(x^2-x+1)(x-1)=x^3-2x^2+2x-1$$
$$\left(\frac{f}{g}\right)(x)=\frac{x^2-x+1}{x-1}\quad (x\neq 1)$$

■

예제 1 $f(x)=\sqrt{1-x}$, $g(x)=\sqrt{x+2}$라 할 때 $f+g$와 $\dfrac{f}{g}$의 정의역을 구하여라.

풀이 f의 정의역은 $1-x\geq 0$이 되는 $(-\infty,1]$. g의 정의역은 $x+2\geq 0$이 되는 $[-2,\infty)$이다. 그러므로 $f+g$의 정의역은

$$(-\infty,1]\cap[-2,\infty)=[-2,1]$$

이다. 한편, $\dfrac{f}{g}$의 정의역은 $[-2,1]$에서 $g(x)=0$이 되는 -2를 제외한 $(-2,1]$이다. ■

합성함수

두 함수 $f: X \to Y$와 $g: Y \to Z$에 대하여 집합 X의 임의의 원소 x에 집합 Z의 원소 $g(f(x))$를 대응시켜 정의역이 X이고 공역이 Z인 새로운 함수를 만들 수 있다.

이 함수를 f와 g의 **합성함수**라 하고, 기호로

$$g \circ f$$

로 나타낸다. 이때 함수 $g \circ f$의 정의역은 집합 X이고 공역은 집합 Z이다.

x에서 $g \circ f$의 함숫값은

$$(g \circ f)(x) \quad \text{또는} \quad g(f(x))$$

로 나타낸다.

보기 2 $f(x) = x^2$, $g(x) = x + 1$이라 하면 $g \circ f$의 정의역은 f의 정의역과 같은 실수 전체의 집합이고 x에서의 함숫값은

$$(g \circ f)(x) = g(f(x)) = f(x) + 1 = x^2 + 1.$$ ■

예제 2 두 함수 $f(x) = x + 1$, $g(x) = x^2 + 1$에 대하여 합성함수 $g \circ f$와 $f \circ g$를 각각 구하여라.

풀이 $g(f(x)) = \{f(x)\}^2 + 1 = (x+1)^2 + 1$이므로

$$(g \circ f)(x) = x^2 + 2x + 2.$$

$f(g(x)) = g(x) + 1 = (x^2 + 1) + 1$이므로

$$(f \circ g)(x) = x^2 + 2.$$ ■

예제 2의 결과를 비교하여 보면

$$f \circ g \neq g \circ f$$

이다. 즉 함수의 합성에는 교환법칙이 성립하지 않는다.

예제 3 함수 $f(x) = x + 2$에 대하여 $(g \circ f)(x) = 3x + 2$를 만족하는 함수 g를 구하여라.

풀이 $(g \circ f)(x) = g(f(x)) = g(x+2)$이므로

$$g(x+2) = 3x+2$$

이다. $x+2=t$로 두면 $x=t-2$이다. 따라서

$$g(t) = 3(t-2)+2 = 3t-4$$

즉, $g(x) = 3x-4$. ■

예제 4 구 모양의 풍선의 반지름의 길이가 초당 5cm씩 증가하고 있다. 이때 풍선의 부피를 시간 t의 함수로 나타내어라.

풀이 구의 부피는 $V = \frac{4}{3}\pi r^3$이고 t초 후 반지름의 길이는 $5t$이다. 그러므로

$$(V \circ r)(t) = V(r(t)) = \frac{4}{3}\pi(5t)^3 = \frac{500}{3}\pi t^3.$$ ■

역함수

함수 $f: X \to Y$가 일대일 대응일 때, Y의 임의의 원소 y에 대하여 $f(x)=y$인 X의 원소가 오직 하나 존재한다.

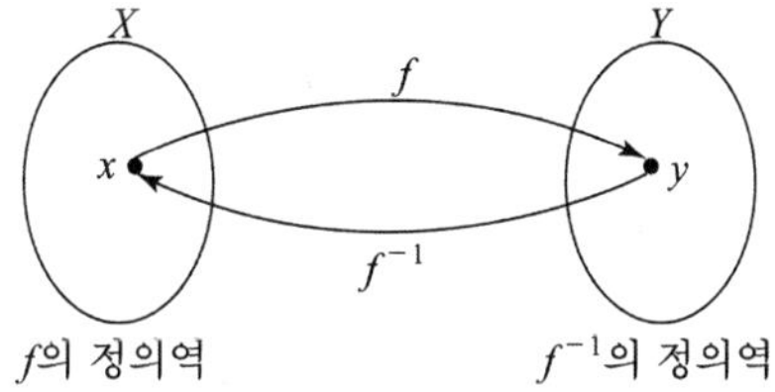

따라서 Y의 원소 y에 대하여 $f(x)=y$인 X의 원소 x를 대응시키는 새로운 함수를 정의할 수 있다.

이 새로운 함수를 f의 **역함수**라 하고, 기호로

$$f^{-1}$$

로 나타낸다. 즉

$$f^{-1}: Y \to X,$$
$$y = f(x) \iff x = f^{-1}(y).$$

따라서 함수 f와 역함수 f^{-1}를 합성하면 다음과 같은 사실이 성립한다.

임의의 $x \in X$에 대하여 $(f^{-1} \circ f)(x) = f^{-1}(f(x)) = f^{-1}(y) = x$
임의의 $y \in Y$에 대하여 $(f \circ f^{-1})(y) = f(f^{-1}(y)) = f(x) = y$.

보기 3 함수 $f(x) = 3x + 1$에 대하여 $f^{-1}(5) = a$라 하면 $f(a) = 5$이므로 $a = \frac{4}{3}$이다. ■

예제 5 두 함수 $f(x) = x + a$, $g(x) = 2x + 1$에 대하여 $f(1) = 3$일 때 $g^{-1}(a)$의 값을 구하여라.

풀이 $f(1) = 3$이므로 $a = 2$이다. $g^{-1}(2) = b$라 두면 $g(b) = 2$이다. 따라서 $b = \frac{1}{2}$. ■

일반적으로 함수를 나타낼 때, 정의역에 속하는 원소를 x로 나타내고 함숫값을 y로 나타내기 때문에 역함수의 경우에도 $x = f^{-1}(y)$에서 x와 y를 바꾸어 $y = f^{-1}(x)$로 나타낸다.

보기 4 함수 $f(x) = x^3$에 대하여 $y = f(x) = x^3$로부터 $x = \sqrt[3]{y}$이다. 그러므로 $f^{-1}(x) = \sqrt[3]{x}$이다. ■

함수 $y = f(x)$의 역함수는 다음과 같은 순서로 구할 수 있다.

(1) $y = f(x)$를 x에 대하여 풀어 $x = f^{-1}(y)$의 꼴로 나타낸다.
(2) $x = f^{-1}(y)$에서 x와 y를 바꾸어 $y = f^{-1}(x)$로 나타낸다.

예제 6 $f(x) = 2x + 3$의 역함수를 구하여라.

풀이 $y = 2x + 3$으로 두고 x를 구하면

$$x = \frac{y-3}{2}.$$

그러므로 $f^{-1}(x) = \frac{x-3}{2}$. ■

예제 7 $f(x)=-3x+2$, $g(x)=2x+4$에 대하여 다음을 구하여라.

1) $(f^{-1})^{-1}$ 2) $(g \circ f)^{-1}$ 3) $f^{-1} \circ g^{-1}$

풀이 1) $y=-3x+2$로 두고 x를 구하면 $x=-\frac{y-2}{3}$. 그러므로

$$f^{-1}(x)=-\frac{x-2}{3}.$$

다시 역함수를 구하기 위해 $y=-\frac{x-2}{3}$로 두고 x를 구하면

$$x=-3y+2.$$

따라서 $(f^{-1})^{-1}(x)=-3x+2$.

2) $(g \circ f)(x)=g(f(x))=2f(x)+4=2(-3x+2)+4=-6x+8$

$y=-6x+8$로 두고 x를 구하면 $x=\frac{-y+8}{6}$. 그러므로

$$(g \circ f)^{-1}(x)=-\frac{1}{6}x+\frac{4}{3}.$$

3) $y=2x+4$로 두고 x를 구하면 $x=\frac{y-4}{2}$. 그러므로

$$g^{-1}(x)=\frac{x-4}{2}=\frac{1}{2}x-2.$$

$f^{-1}(x)=-\frac{1}{3}x+\frac{2}{3}$이기 때문에

$$\begin{aligned}(f^{-1} \circ g^{-1})(x)&=f^{-1}(g^{-1}(x))\\&=-\frac{1}{3}g^{-1}(x)+\frac{2}{3}\\&=-\frac{1}{3}\left(\frac{1}{2}x-2\right)+\frac{2}{3}\\&=-\frac{1}{6}x+\frac{4}{3}.\end{aligned}$$

■

역함수의 그래프

함수 $y=f(x)$가 일대일 대응이라고 하자. 점 (a, b)가 함수 $y=f(x)$의 그래프 위의 점일 때, $b=f(a)$이다.

역함수의 성질에 의하여

$$b = f(a) \quad \Leftrightarrow \quad a = f^{-1}(b)$$

이다. 그러므로 점 $(b,\ a)$는 $y = f^{-1}(x)$의 그래프 위의 점이다.

그런데 점 $(a,\ b)$와 점 $(b,\ a)$의 중점 $M\left(\dfrac{a+b}{2},\ \dfrac{b+a}{2}\right)$은 직선 $y=x$ 위에 있고 삼각형 POM과 삼각형 QOM은 대응하는 세 변의 길이가 같으므로 합동이다.

따라서

$$\angle PMO = \angle QMO = 90^\circ$$

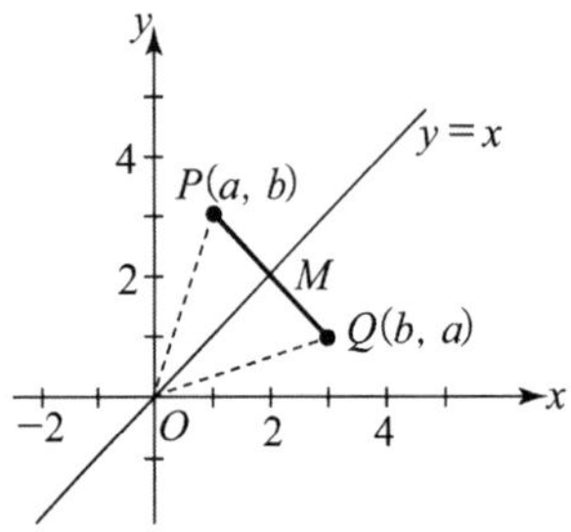

이고 점 $P(a,\ b)$와 점 $Q(b,\ a)$는 직선 $y=x$에 대하여 대칭이다.

그러므로 함수 $y=f(x)$의 그래프와 그 역함수의 그래프는 직선 $y=x$에 대칭임을 알 수 있다.

예제 8 함수 $y=f(x)$의 역함수가 $f^{-1}(x) = \dfrac{1}{2}x + 3$일 때, $f(x) = f^{-1}(x)$를 만족하는 x를 구하여라.

풀이 함수와 그 역함수의 그래프는 직선 $y=x$에 대하여 대칭이므로 $f(x) = f^{-1}(x)$를 만족하는 x는 $f^{-1}(x) = x$를 만족하는 x와 일치한다. 그러므로 $\dfrac{1}{2}x + 3 = x$를 풀면 $x = 6$이다. ■

연습문제 Exercises

1. $f(x)=2x-3$, $g(x)=x^2+1$일 때 다음을 구하여라.

(1) $(f+g)(1)$

(2) $(f-g)(-1)$

(3) $(f\cdot g)(1)$

(4) $\left(\dfrac{f}{g}\right)(-1)$

2. 두 함수 $f(x)=3x^2-1$, $g(x)=2x$에 대하여 $g\circ f$와 $f\circ g$를 각각 구하여라.

3. 두 함수 $f(x)=\dfrac{1}{1-x}$, $g(x)=\dfrac{x-1}{x}$에 대하여 $f\circ f$, $g\circ g$, $f\circ g$, $g\circ f$를 각각 구하여라.

4. 세 함수 $f(x)=x^2$, $g(x)=4x+2$, $h(x)=x-1$에 대하여 $(f\circ g)\circ h$ 와 $f\circ(g\circ h)$를 각각 구하여라.

5. 두 함수 $f(x)=2x+1$, $g(x)=x-1$에 대하여 $(h\circ f)(x)=g(x)$를 만족하는 함수 $h(x)$를 구하여라.

6. 두 함수 $f(x)=x^2, g(x)=2x-1$에 대하여 $(f\circ g)(1)=a$, $(g\circ f)(-1)=b$라고 할 때, ab의 값을 구하여라.

7. 함수 f에 대하여 $f^1(x)=f(x)$, $f^{n+1}(x)=(f\circ f^n)(x)$라 하자.

(1) $f(x)=x+1$일 때 $f^n(x)$를 구하여라.

(2) $f(x)=\dfrac{3x-13}{x-4}$일 때, $f^{20}(2)$의 값을 구하여라.

8. 역함수를 구하여라.

(1) $f(x)=-3x+2$

(2) $f(x)=\dfrac{1}{2x+1}$

9. 다음 그래프가 나타내는 함수의 역함수의 그래프를 그려라.

(1)

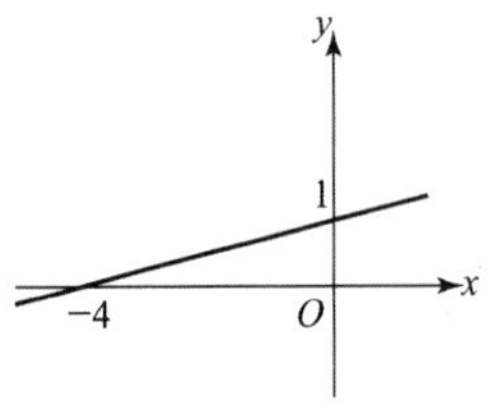

(2)

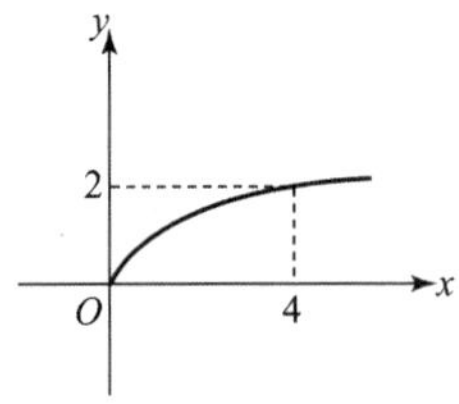

10. 다음 그림은 함수 $y=f(x)$의 그래프와 직선 $y=x$를 나타낸 것이다. 다음을 구하여라.

(1) $f^{-1}(1)$　　　　(2) $(f\circ f)^{-1}\left(\frac{5}{2}\right)$

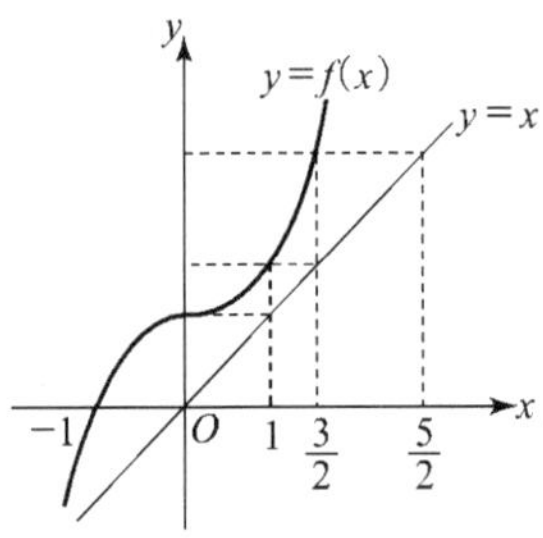

11. 두 함수 $f(x)=2x-a$, $g(x)=x+2$에 대하여

$$f^{-1}(5)=3,\ (f\circ g^{-1})(b)=1$$

일 때, 상수 a,b의 값을 구하여라.

12. 함수 $f(x)=ax+b(a\neq 0)$의 그래프와 그 역함수의 그래프가 모두 한 점 (m,n)(단, $m\neq n$)을 지나면 $a=-1$임을 보여라.

13. 함수 $f(x)=x^2-2x+2(x\geq 1)$의 역함수를 $g(x)$라 할 때, 두 함수 $y=f(x), y=g(x)$의 그래프는 서로 다른 두 점에서 만난다. 이때, 이 두 점 사이의 거리를 구하여라.

4.3 이차함수

이차함수

함수 $y=f(x)$가 x에 대한 이차식

$$y=ax^2+bx+c \ (\ a \neq 0, \ a, b, c\text{는 실수})$$

로 나타날 때, 이 함수를 x에 대한 **이차함수**라 한다.

보기 1 반지름의 길이가 $x$cm인 원의 넓이를 $y\text{cm}^2$이라 두면 $y=\pi x^2$이므로 y는 x에 대한 이차함수이다. ■

이차함수 $y=x^2$, $y=2x^2$에 대하여 집합 $X=\{\cdots,-3,-2,-1,0,1,2,3,\cdots\}$의 원소 x에 대한 함숫값 y를 구하여 표로 나타내면 다음과 같다.

x	$\cdots$	-3	-2	-1	0	1	2	3	$\cdots$
x^2	$\cdots$	9	4	1	0	1	4	9	$\cdots$
$2x^2$	$\cdots$	18	8	2	0	2	8	18	$\cdots$

위의 표를 이용하여 이차함수 $y=x^2$, $y=2x^2$의 그래프를 개략적으로 그릴 수 있다.

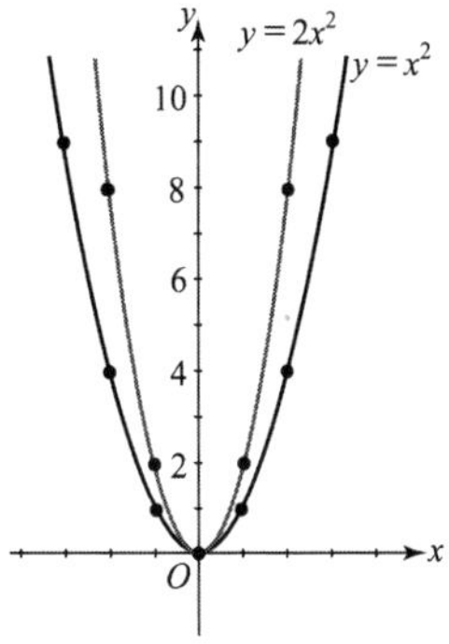

한편, 이차함수 $y=2x^2$의 그래프는 $y=x^2$의 그래프의 각 점의 y좌표를 두 배로 하는 점을 잡아서 그릴 수 있다.

이와 같은 방법으로 $y=ax^2(a>0)$의 그래프를 그릴 수 있는데, 이때 그래프는 $y=x^2$의 그래프와 같이 y축에 대칭이면서 원점을 지나고, 아래로 볼록하며 a의 값이 클수록 그래프의 폭은 좁아진다.

$y=-x^2$과 $y=-2x^2$의 그래프도 위와 같은 방법으로 그릴 수 있다.

x	$\cdots$	-3	-2	-1	0	1	2	3	$\cdots$
$-x^2$	$\cdots$	-9	-4	-1	0	-1	-4	-9	$\cdots$
$-2x^2$	$\cdots$	-18	-8	-2	0	-2	-8	-18	$\cdots$

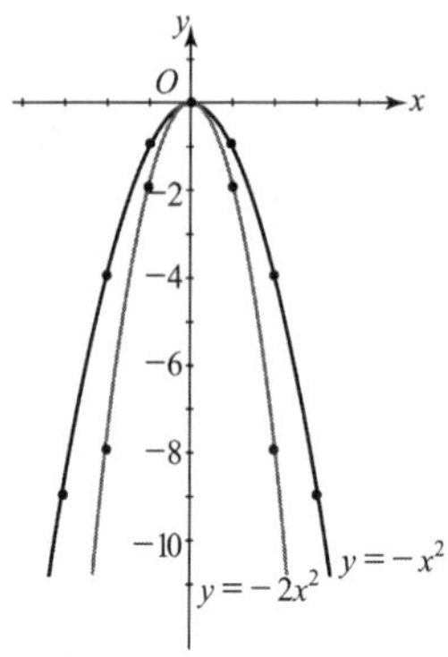

$y=-2x^2$의 그래프는 $y=-x^2$의 그래프의 각 점의 y좌표를 두 배로 하여 그릴 수 있으며, 또한 $y=-x^2$과 $y=-2x^2$의 그래프는 $y=x^2$과 $y=2x^2$의 그래프와 각각 x축에 대하여 대칭이다.

이와 같은 방법으로 $y=ax^2(a<0)$의 그래프를 그릴 수 있다. 이때 그래프는 $y=-x^2$의 그래프와 같이 y축에 대칭이면서 원점을 지나고, 위로 볼록하며 a의 절댓값이 클수록 그래프의 폭은 좁아진다.

$y=ax^2$의 그래프를 이용하면 일반적인 형태의 이차함수의 그래프를 그릴 수 있다.

1) $y=ax^2+q$의 그래프는 $y=ax^2$의 그래프를 y축의 방향으로 q만큼 평행이동한 것이다.
2) $y=a(x-p)^2$의 그래프는 $y=ax^2$의 그래프를 x축의 방향으로 p만큼 평행이동한 것이다.

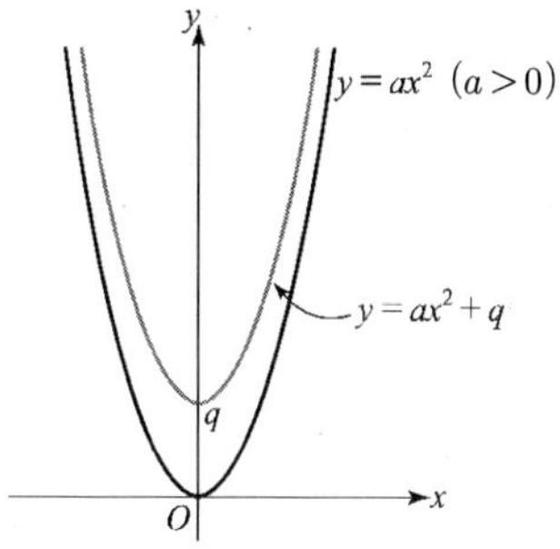

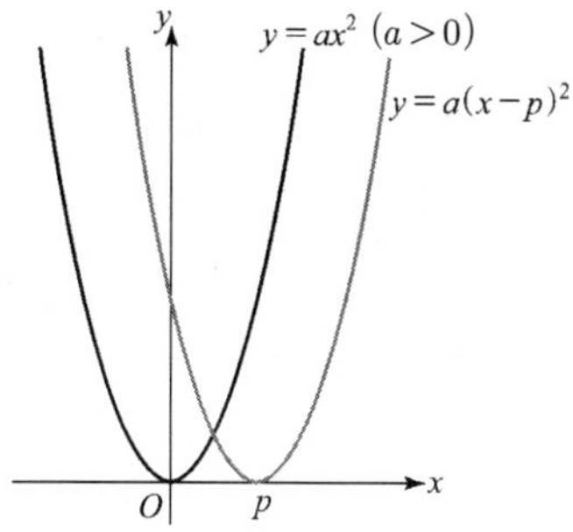

3) $y = a(x-p)^2 + q$의 그래프는 $y = ax^2$의 그래프를 x축의 방향으로 p만큼, y축의 방향으로 q만큼 평행이동한 것이다.

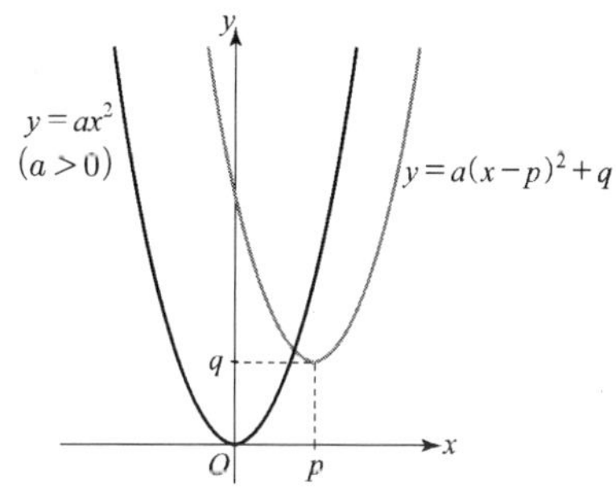

일반적으로 이차함수 $y = ax^2 + bx + c$의 그래프는 $y = a(x-p)^2 + q$의 꼴로 고친 후 그 그래프를 그릴 수 있다. 즉

$$\begin{aligned} ax^2 + bx + c &= a\left(x^2 + \frac{b}{a}x\right) + c \\ &= a\left(x^2 + \frac{b}{a}x + \left(\frac{b}{2a}\right)^2\right) + c - a\left(\frac{b}{2a}\right)^2 \\ &= a\left(x + \frac{b}{2a}\right)^2 + \frac{b^2 - 4ac}{4a^2} \end{aligned}$$

로 고치면, $y = ax^2 + bx + c$의 그래프는 $y = ax^2$의 그래프를 x축의 방향으로 $-\dfrac{b}{2a}$만큼, y축의 방향으로 $\dfrac{b^2 - 4ac}{4a^2}$만큼 평행이동한 것임을 알 수 있다.

예제 1 다음 이차함수의 그래프를 그려라.

1) $y = 2x^2 + 8x + 5$　　　2) $y = -3x^2 + 6x - 8$

풀이 1) $2x^2 + 8x + 5 = 2(x^2 + 4x) + 5 = 2(x+2)^2 - 3$이므로

$y=2x^2+8x+5$의 그래프는 $y=2x^2$의 그래프를 x축의 방향으로 -2, y축의 방향으로 -3만큼 평행이동한 것이다.

2) $-3x^2+6x-8=-3(x^2-2x)-8=-3(x-1)^2-5$ 이므로
$y=-3x^2+6x-8$의 그래프는 $y=-3x^2$의 그래프를 x축의 방향으로 1, y축의 방향으로 -5만큼 평행이동한 것이다.

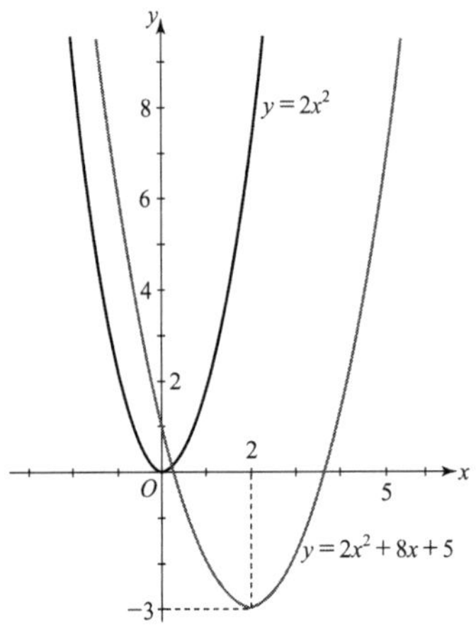

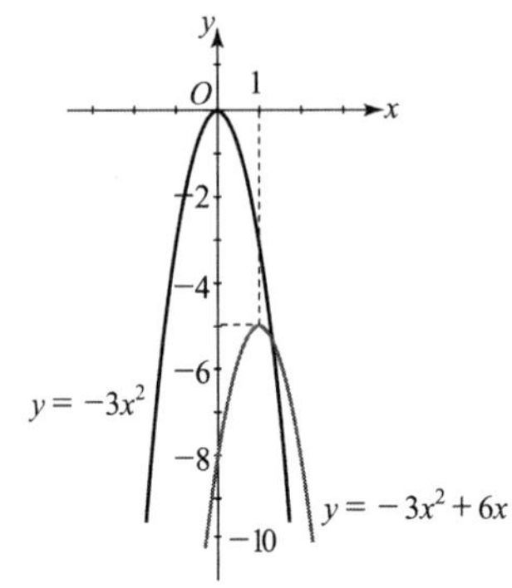

▎이차함수의 그래프와 직선의 위치관계

이차함수 $y=ax^2+bx+c$의 그래프와 직선 $y=mx+n$의 교점의 x좌표는 방정식

$$ax^2+bx+c=mx+n$$

즉,

$$ax^2+(b-m)x+(c-n)=0$$

의 실근이다. 그러므로 이 이차방정식의 판별식의 부호에 따라 교점의 개수가 달라진다.

판별식>0이면 서로 다른 두 점에서 만난다.
판별식$=0$이면 한 점에서 만난다. 즉 접한다.
판별식<0이면 만나지 않는다.

보기 2 이차함수 $y=x^2+x$의 그래프와 직선 $y=-x+1$은 방정식

$x^2 + x = -x + 1$. 즉 $x^2 + 2x - 1 = 0$의 판별식의 값이 양수이므로 서로 다른 두 점에서 만난다. ■

예제 2 다음 이차함수의 그래프와 직선의 위치 관계를 구하여라.

1) $y = -x^2 + 4,\ y = x + 1$

2) $y = 2x^2 + x + 2,\ 3x - y = 0$

풀이 1) 방정식 $-x^2 + 4 = x + 1$, 즉 $x^2 + x - 3 = 0$의 판별식의 값이 양수이므로 실근의 개수는 2개다. 따라서 서로 다른 두 점에서 만난다.

2) 방정식 $2x^2 + x + 2 = 3x$ 즉 $2x^2 - 2x + 2 = 0$의 판별식의 값이 음수이므로 실근이 없다. 따라서 서로 만나지 않는다. ■

예제 3 이차함수 $y = x^2 + 2$의 그래프와 직선 $y = ax + 1$이 서로 다른 두 점에서 만날 때, a의 값의 범위를 구하여라.

풀이 방정식 $x^2 + 2 = ax + 1$이 서로 다른 두 실근을 가지면 되므로 $x^2 - ax + 1 = 0$ 판별식의 값은 양수이다. 즉

$$a^2 - 4 > 0.$$

따라서 $a < -2$ 또는 $a > 2$. ■

예제 4 이차함수 $y = x^2 + 4x + 6$의 그래프와 직선 $y = x + k$가 다음 조건을 만족할 때, 실수 k의 값 또는 k의 값의 범위를 구하여라.

(1) 한 점에서 만난다.

(2) 만나지 않는다.

풀이 (1) 이차방정식 $x^2 + 4x + 6 = x + k$가 하나의 근을 가지면 되므로 $x^2 + 3x + 6 - k = 0$ 의 판별식의 값은 $D = -15 + 4k = 0$이다.
따라서 $k = \dfrac{15}{4}$.

(2) $D = -15 + 4k < 0$이어야 하므로 $k < \dfrac{15}{4}$. ■

예제 5 직선 $y = mx$가 곡선 $y = x^2 + x + 1$과 서로 다른 두 점에서 만나고, 곡선 $y = x^2 - x + 1$과는 만나지 않을 때, m의 값의 범위를 구하여라.

풀이 방정식 $x^2+x+1=mx$ 이 서로 다른 두 실근을 가지야 하므로 $x^2+(1-m)x+1=0$ 의 판별식의 값은 $D=(1-m)^2-4>0$이다. 즉

$$(m-3)(m+1)>0.$$

따라서 $m<-1$ 또는 $m>3$ $\cdots$ ①

또한 방정식 $x^2-x+1=mx$ 은 실근을 가지지 않으므로 $x^2-(m+1)x+1=0$ 의 판별식의 값은 $D=(m+1)^2-4<0$ 이다. 즉

$$(m-1)(m+3)<0.$$

따라서 $-3<m<1$ $\cdots$ ②

①, ② 에서 $-3<m<-1$. ∎

연 습 문 제 Exercises

1. 다음 이차함수의 그래프를 그려라.

(1) $y=2x^2-1$ (2) $y=-(x+3)^2-2$

(3) $y=x^2-2x-3$ (4) $y=-2x^2+6x-7$

2. 다음 그래프를 가지는 이차함수의 식 $y=ax^2+bx+c$를 구하여라.

(1) $y=3x^2$의 그래프를 x축의 방향으로 1만큼 y축의 방향으로 -2만큼 평행이동한 그래프

(2) $y=x^2$의 그래프와 x축에 대하여 대칭인 그래프를 x축의 방향으로 -1만큼, y축의 방향으로 2만큼 평행이동한 그래프

3. 다음 이차함수의 그래프는 제 몇사분면을 지나는지 말하여라.

(1) $y=\frac{1}{2}x^2-x+1$ (2) $y=-2x^2-4x+1$

4. 이차함수 $y=ax^2+bx+c$의 그래프가 세 점 $(0, 5)$, $(2, 3)$, $(4, 5)$를 지날 때, a, b, c의 값을 구하여라.

5. 이차함수 $y=-x^2+ax+b$의 그래프가 두 점 $(0, 5)$, $(5, 0)$을 지날 때, a, b의 값을 구하여라.

6. 다음 이차함수의 그래프가 x축과 만나는 점의 x좌표를 구하여라.

(1) $y=4x^2+2x-6$ (2) $y=-3x^2+5x+2$

7. 이차함수 $y=-x^2-3x+n$의 그래프와 직선 $y=-x+4$의 위치 관계가 다음과 같을 때, n의 값 또는 값의 범위를 구하여라.

(1) 서로 다른 두 점에서 만난다. (2) 접한다.

(3) 만나지 않는다.

8. 이차함수 $y=x^2+2ax+a^2-2a$의 그래프와 직선 $y=mx+n$이 a의 값에 관계없이 접할 때 상수 m, n의 값을 구하여라.

4.4 유리함수

함수 $y=f(x)$에서 $f(x)$가 x에 대한 유리식일 때, 이 함수를 **유리함수**라 한다. $f(x)$가 유리식 중에서 특별히 다항식일 때에는 이 함수를 **다항함수**라 하고, $f(x)$가 x에 대한 분수식일 때, 이 함수를 **분수함수**라 한다. 예를 들어 유리함수 $y=2x+1$, $y=\frac{x^2-2}{2}$는 다항함수이고, $y=\frac{2}{x+1}$, $y=\frac{x-1}{2x+3}$은 분수함수이다.

유리함수에서 정의역이 특별히 주어지지 않을 때에는 실수 전체의 집합에서 분모를 0으로 하는 원소를 제외한 집합을 정의역으로 한다.

보기 1 유리함수 $y=\frac{3}{x-2}$의 정의역은 $\{x \mid x \neq 2\text{인 실수}\}$이다. ■

예제 1 함수 $y=\frac{x^2-1}{x-1}$과 함수 $y=x+1$의 정의역을 각각 구하고, 그래프를 그려서 비교하여라.

풀이 함수 $y=\frac{x^2-1}{x-1}$의 정의역은 분모가 0이 되지 않는 범위, 즉 $x \neq 1$인 실수의 집합이고, 함수 $y=x+1$의 정의역은 실수 전체의 집합이다.

$x \neq 1$일 때

$$\frac{x^2-1}{x-1}=\frac{(x-1)(x+1)}{x-1}=x+1$$

이므로 두 함수는 같은 함숫값을 가진다. 그러므로 두 함수의 그래프는 각각 다음과 같다.

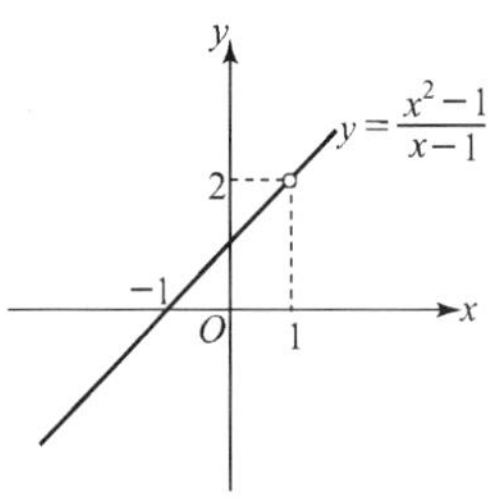

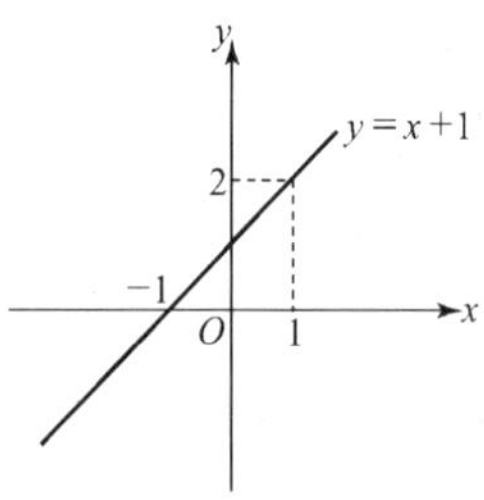

■

분수함수 $y=\frac{1}{x}$의 정의역은 집합 $\{x \mid x \neq 0\text{인 실수}\}$이고, x와 y는 서로 반비례하므로 다음 그림과 같이 그래프는 제1, 3사분면에 2개의 곡선으로 나타난다.

분수함수 $y=-\frac{1}{x}$는 $y=\frac{1}{x}$과 정의역은 같지만 그래프는 제2, 4사분면에 나타난다.

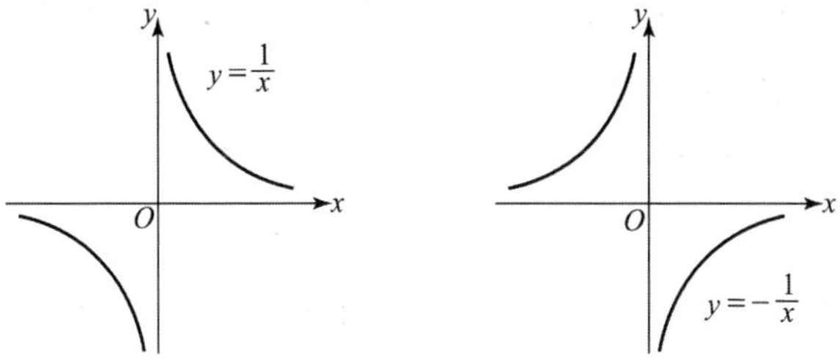

일반적으로 분수함수 $y=\dfrac{k}{x}(k\neq 0)$는 정의역과 치역이 0을 제외한 실수 전체의 집합이고, 그 그래프는 다음 그림과 같이

$k>0$일 때 제1, 3사분면
$k<0$일 때 제2, 4사분면

에서 두 개의 곡선으로 나타난다.

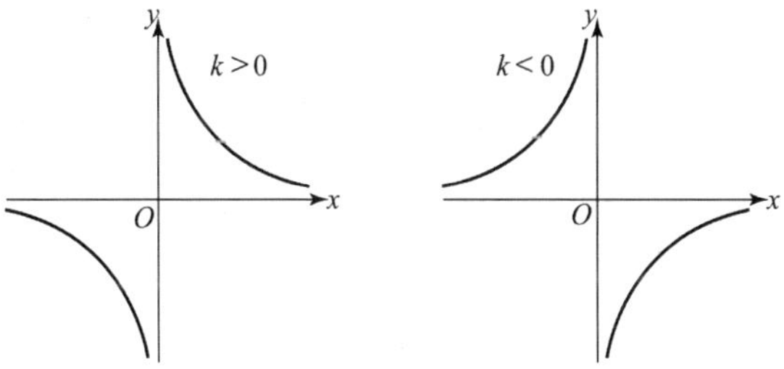

두 함수의 그래프는 x의 절댓값이 커질수록 x축에 가까워지고, x의 절댓값이 0에 가까워질수록 y축에 가까워진다.

이와 같이 곡선 위의 점들이 어떤 직선에 한없이 가까워질 때, 이 직선을 이 곡선의 **점근선**이라 한다. 예를 들면, 분수함수 $y=\dfrac{k}{x}$의 그래프의 점근선은 x축과 y축이다.

보기 2 함수 $y=\dfrac{3}{x}$의 그래프는 제1, 3사분면에 있고, $y=-\dfrac{3}{x}$의 그래프는 제2, 4사분면에 있으며 점근선은 x축과 y축이다. ■

$y=\dfrac{k}{x}$의 그래프를 이용하면 일반적인 형태의 분수함수의 그래프를 그릴 수 있다.

1) $y=\dfrac{k}{x}+q$의 그래프는 $y=\dfrac{k}{x}$의 그래프를 y축의 방향으로 q만큼 평행이동

시킨 것이다.

이때 정의역은 $\{x \mid x \neq 0\text{인 실수}\}$, 치역은 $\{y \mid y \neq q\text{인 실수}\}$이며, 점근선은 y축과 직선 $y=q$이다.

2) $y=\dfrac{k}{x-p}$의 그래프는 $y=\dfrac{k}{x}$의 그래프를 x축의 방향으로 p만큼 평행이동시킨 것이다.

이때 정의역은 $\{x \mid x \neq p\text{인 실수}\}$, 치역은 $\{y \mid y \neq 0\text{인 실수}\}$이며, 점근선은 직선 $x=p$와 x축이다.

3) $y=\dfrac{k}{x-p}+q$의 그래프는 $y=\dfrac{k}{x}$의 그래프를 x축의 방향으로 p만큼, y축의 방향으로 q만큼 평행이동시킨 것이다.

이때 정의역은 $\{x \mid x \neq p\text{인 실수}\}$, 치역은 $\{y \mid y \neq q\text{인 실수}\}$이며, 점근선은 직선 $x=p$와 $y=q$이다.

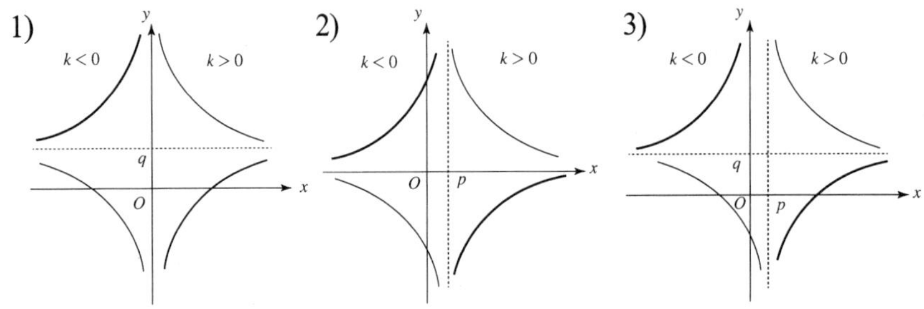

일반적으로 분수함수 $y=\dfrac{ax+b}{cx+d}$의 그래프는 $y=\dfrac{k}{x-p}+q$의 꼴로 고친 후 그래프를 그릴 수 있다. 즉

$$
\begin{aligned}
\frac{ax+b}{cx+d} &= \frac{\dfrac{a}{c}x+\dfrac{b}{c}}{x+\dfrac{d}{c}} \\
&= \frac{\dfrac{a}{c}\left(x+\dfrac{d}{c}\right)-\dfrac{ad}{c^2}+\dfrac{b}{c}}{x+\dfrac{d}{c}} \\
&= \frac{a}{c}+\frac{\dfrac{bc-ad}{c^2}}{x+\dfrac{d}{c}}
\end{aligned}
$$

로 고치면, $y=\dfrac{ax+b}{cx+d}$의 그래프는 $y=\dfrac{k}{x}\left(k=\dfrac{bc-ad}{c^2}\right)$의 그래프를 x축의 방향으로 $-\dfrac{d}{c}$만큼, y축의 방향으로 $\dfrac{a}{c}$만큼 평행이동시킨 것임을 알 수 있다.

보기 3 함수 $y=\dfrac{2}{x-1}+3$의 그래프는 함수 $\dfrac{2}{x}$의 그래프를 x축의 방향으로 1만큼, y축의 방향으로 3만큼 평행이동한 것이다. 이때, 점근선의 방정식은 $x=1$, $y=3$이다.

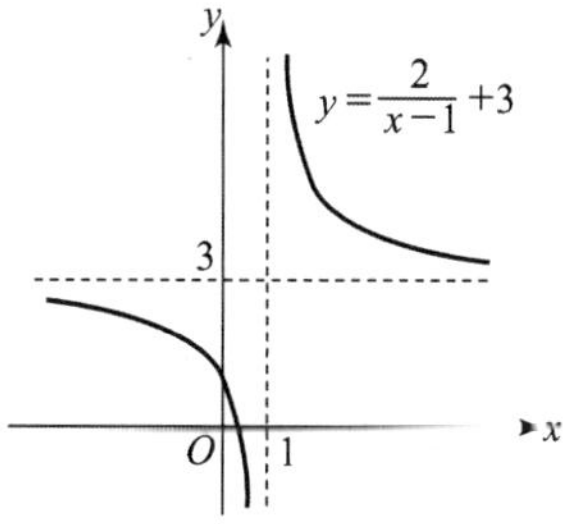

예제 2 함수 $y=\dfrac{2x+1}{x-1}$의 그래프를 그리고, 점근선의 방정식을 구하여라.

풀이

$$\frac{2x+1}{x-1}=\frac{2(x-1)+3}{x-1}=\frac{3}{x-1}+2$$

이므로 $y=\dfrac{2x+1}{x-1}$의 그래프는 $y=\dfrac{3}{x}$의 그래프를 x축의 방향으로 1만큼, y축의 방향으로 2만큼 평행이동한 것이다. 따라서 구하는 그래프는 다음 그림과 같고, 점근선의 방정식은

$$x=1,\ y=2$$

이다.

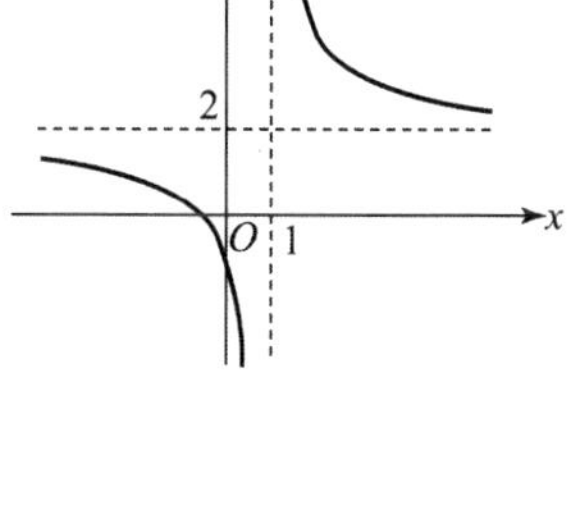

예제 3 점근선의 방정식이 $x = -1$, $y = 2$이고, 점 $(1, 0)$을 지나는 분수함수의 식을 $y = \dfrac{ax+b}{x-c}$라 할 때, 상수 a, b, c의 값을 구하여라.

풀이 점근선의 방정식이 $x = -1$, $y = 2$인 분수함수의 꼴은

$$y = \frac{k}{x+1} + 2 \ (\text{단, } k \neq 0)$$

점 $(1, 0)$은 이 식을 만족하므로 $x = 1$, $y = 0$을 대입하여 k의 값을 구하면 $k = -4$. 그러므로 분수함수의 식은

$$y = \frac{-4}{x+1} + 2 = \frac{2x-2}{x+1}.$$

$\dfrac{2x-2}{x+1} = \dfrac{ax+b}{x-c}$를 만족하는 a, b, c의 값을 구하면 $a = 2$, $b = -2$, $c = -1$. ■

연 습 문 제 Exercises

1. 다음 분수함수의 정의역을 구하여라.

(1) $y=\dfrac{x^2-9}{x-3}$ (2) $y=\dfrac{x}{x-3}$

(3) $y=\dfrac{x}{x^2+1}$ (4) $y=\dfrac{1}{x^3-8}$

2. 다음 분수함수의 그래프를 그리고 점근선의 방정식을 구하여라.

(1) $y=-\dfrac{4}{x+1}$ (2) $y=\dfrac{2}{x-1}-3$

(3) $y=\dfrac{2x-3}{x+2}$ (4) $y=\dfrac{-x+1}{2x-1}$

3. 함수 $f(x)=\dfrac{x-3}{x+1}$에 대하여 다음에 답하여라.

(1) $(f\circ f)(x)$를 구하여라.

(2) $(f\circ f\circ f)(x)$를 구하여라.

(3) f^{-1}를 구하여라.

4. 함수 $f(x)=\dfrac{ax+b}{x+c}$의 그래프는 점 $(1,4)$를 지나고, 점근선의 방정식이 $x=2,\ y=1$일 때, 상수 $a,\ b,\ c$의 값을 구하여라.

5. 분수함수 $f(x)=\dfrac{ax+b}{cx+d}$ $(c\neq 0)$에 대하여 $d=-a$이면 $f=f^{-1}$임을 보여라.

6. 질량이 m인 물체가 가속도 a로 움직일 때 받는 힘 F는 $F=ma$이고, 출발한 후 t초 후의 속도 v는 $v=at$이다. 질량이 1200kg인 트럭에 체중이 60kg인 운전수가 짐을 싣고 출발하려고 한다. 다음에 답하여라. (단, 트럭이 받는 힘은 항상 일정하고 마찰력은 무시한다.)

(1) 빈 트럭으로 출발한 경우와 100kg의 짐을 싣고 출발한 경우, 1초 후의 트럭의 속도를 비교하여 보아라.

(2) x kg의 짐을 싣고 출발한 후 1초 후의 속도를 y라 할 때, x와 y 사이의 관계식을 구하여라.

(3) (2)에서 얻은 함수의 그래프를 그려라.

4.5 무리함수

함수 $y=f(x)$에서 $f(x)$가 x에 대한 무리식일 때, 이 함수를 **무리함수**라 한다. 예를 들어

$$y=\sqrt{x},\ y=\sqrt{3-x}+2,\ y=\sqrt{1-x^2}$$

은 모두 무리함수이고 $y=x+\sqrt{2}$는 무리함수가 아니다.

무리함수에서 정의역이 특별히 주어지지 않을 때에는 근호의 값이 실수가 되게 하는 수 전체의 집합을 정의역으로 한다.

보기 1 무리함수 $y=\sqrt{x}$의 정의역은 $\{x \mid x \geq 0\}$이고, $y=\sqrt{3-x}$의 정의역은 $\{x \mid x \leq 3\}$이다. ■

예제 1 다음 무리함수의 정의역을 구하여라.

1) $y=\sqrt{2+x-x^2}-3$ 2) $y=\sqrt{2x^2-5x+6}$

풀이 1) 부등식 $2+x-x^2 \geq 0$을 풀면

$$x^2-x-2=(x+1)(x-2) \leq 0.$$

그러므로 정의역은 $\{x \mid -1 \leq x \leq 2\}$.

2) 이차방정식 $2x^2-5x+6=0$은 해를 가지지 않으므로 이차함수 $y=2x^2-5x+6$의 그래프는 x축과 만나지 않는다. 그러므로 부등식 $2x^2-5x+6 \geq 0$은 모든 실수 x에 대하여 만족한다. 따라서 정의역은 실수 전체의 집합이다. ■

무리함수 $y=\sqrt{x}$, $y=\sqrt{2x}$에 대하여 집합 $X=\{0,1,2,3,\cdots\}$의 원소 x에 대한 함숫값 y를 구하여 표로 나타내면 다음과 같다.

x	0	1	2	3	4	$\cdots$
$\sqrt{x}$	0	1	1.414	1.732	2	$\cdots$
$\sqrt{2x}$	0	1.414	2	2.449	2.828	$\cdots$

위의 표를 이용하여 무리함수 $y=\sqrt{x}$, $y=\sqrt{2x}$ 의 그래프를 개략적으로 그릴 수 있다.

또한 $y=\sqrt{-x}$, $y=\sqrt{-2x}$ 의 정의역은 $\{x \mid x \le 0\}$이고, 그 그래프는 다음 그림과 같다.

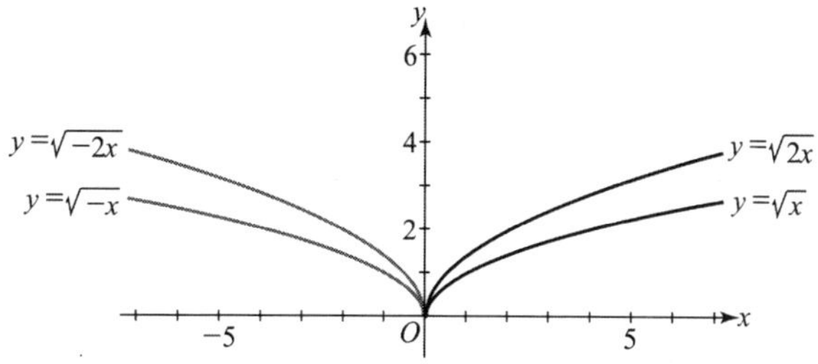

무리함수 $y=-\sqrt{x}$, $y=-\sqrt{-x}$ 의 그래프는 $y=\sqrt{x}$. $y=\sqrt{-x}$ 와 각각 x축에 대하여 대칭이다.

예제 2 함수 $f(x)=x^2$의 정의역과 공역이 각각 $\{x \mid x \ge 0\}$라 할 때 역함수를 구하고 그 그래프를 그려라.

풀이 $y=x^2$으로 두고 x를 구하면 $x=\sqrt{y}$.

그러므로 $f^{-1}(x)=\sqrt{x}$.

따라서 $x \ge 0$인 범위에서 $y=x^2$의 그래프와 $y=\sqrt{x}$ 의 그래프는 직선 $y=x$에 대하여 대칭이다.

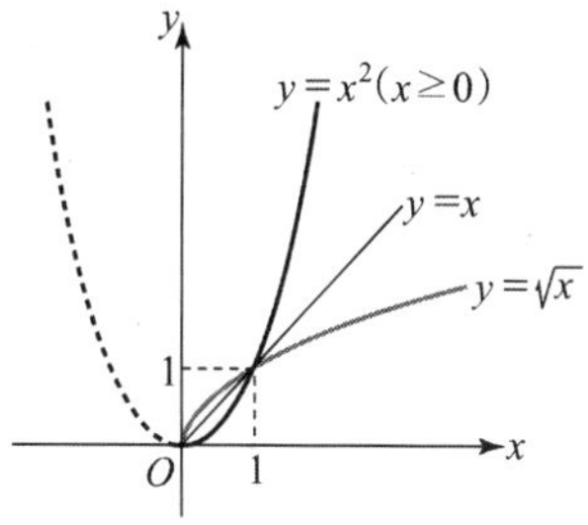

■

일반적으로 함수 $y=\sqrt{ax}$, $y=-\sqrt{ax}\,(a \ne 0)$의 그래프를 그릴 수 있다.

[$y=\sqrt{ax}$의 그래프]

	$a>0$일 때	$a<0$일 때
정의역	$\{x \mid x \geq 0\}$	$\{x \mid x \leq 0\}$
치역	$\{y \mid y \geq 0\}$	$\{y \mid y \geq 0\}$

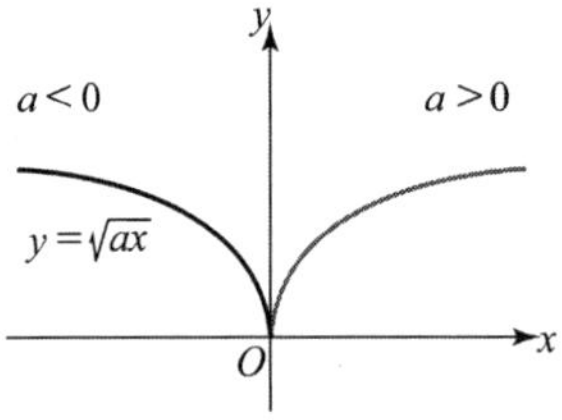

[$y=-\sqrt{ax}$의 그래프]

	$a>0$일 때	$a<0$일 때
정의역	$\{x \mid x \geq 0\}$	$\{x \mid x \leq 0\}$
치역	$\{y \mid y \leq 0\}$	$\{y \mid y \leq 0\}$

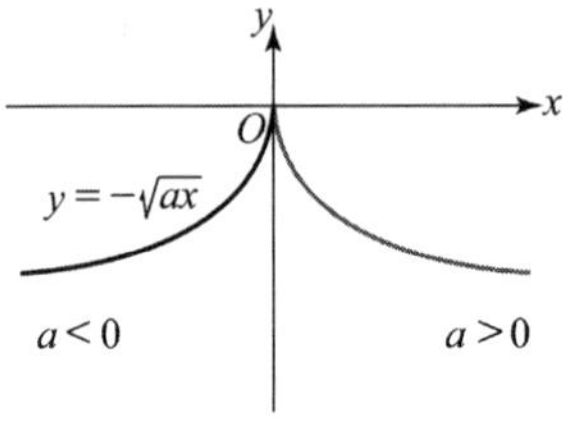

함수 $y=\sqrt{a(x-p)}+q$의 그래프는 $y=\sqrt{ax}$의 그래프를 x축의 방향으로 p만큼, y축의 방향으로 q만큼 평행이동한 것이다. 또한 함수 $y=\sqrt{ax+b}+c$의 그래프는 $y=\sqrt{a\left(x+\dfrac{b}{a}\right)}+c$의 꼴로 변형하여 그리면 된다.

예제 3 함수 $y=-\sqrt{2x-6}+2$의 정의역과 치역을 구하고 그래프를 그려라.

풀이 $y=-\sqrt{2x-6}+2=-\sqrt{2(x-3)}+2$이므로 정의역은 $\{x \mid x \geq 3\}$, 치역은 $\{y \mid y \leq 2\}$이고 그래프는 $y=-\sqrt{2x}$의 그래프를 x축의 방향으로 3만큼, y축의 방향으로 2만큼 평행이동한 것이다.

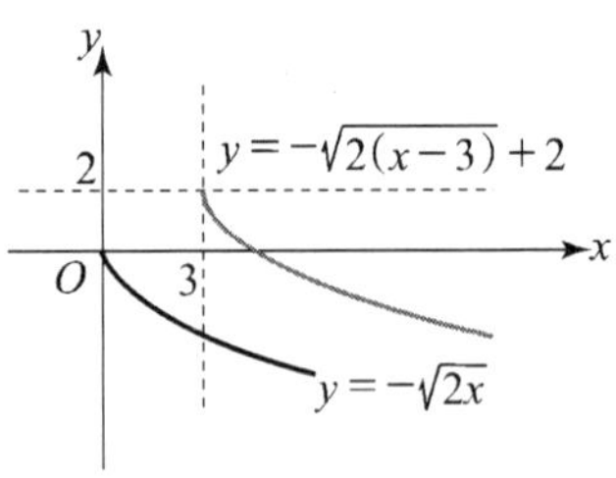

■

연 습 문 제 Exercises

1. 다음 무리함수의 정의역을 구하여라.

(1) $y = \sqrt{2-3x}$ (2) $y = \sqrt{-2x^2-x+6}$

2. 다음 함수의 정의역과 치역을 구하고 그래프를 그려라.

(1) $y = \sqrt{-x+1}$

(2) $y = \sqrt{2x-4}+1$

(3) $y = -\sqrt{2x-3}+4$

3. 함수 $y=x$와 $y=\sqrt{x}$의 그래프가 다음과 같을 때, a의 값을 구하여라.

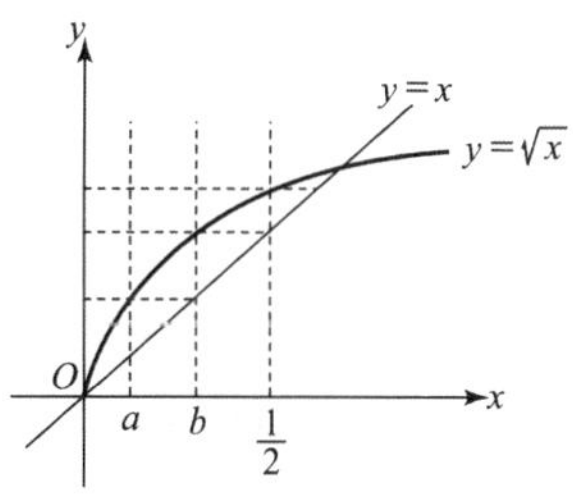

4. 무리함수 $y = \sqrt{4x-12}+7$의 그래프는 $y = a\sqrt{x}$의 그래프를 x축의 방향으로 p만큼, y축의 방향으로 q만큼 평행 이동한 것이다. 이때, $a+p+q$의 값을 구하여라. (단, a, p, q는 상수이다.)

5. 함수 $y = \sqrt{ax+b}+c$의 그래프가 다음과 같을 때, a, b, c의 값을 구하여라.

(1)

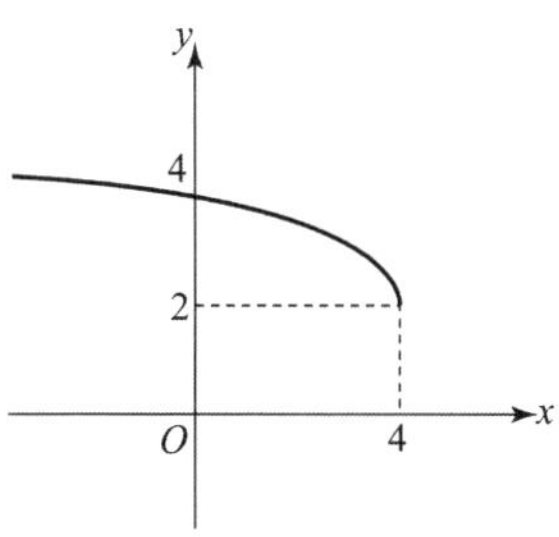

(2)

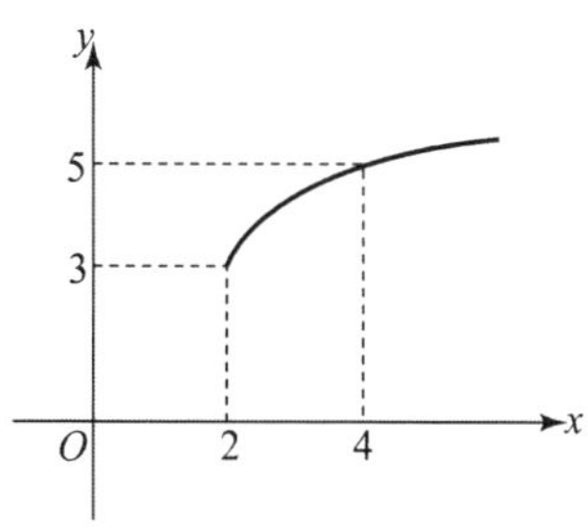

6. 함수 $f(x) = \sqrt{x-1} - 2$에 대하여 $(f \circ f)(a) = -1$일 때, 상수 a의 값을 구하여라.

7. 함수 $y = \sqrt{x}$의 그래프 위의 두 점 $P(a, b)$, $Q(c, d)$에 대하여 $\frac{b+d}{2} = 2$일 때, 점 P, Q를 지나는 직선의 기울기를 구하여라. (단, $0 < a < c$)

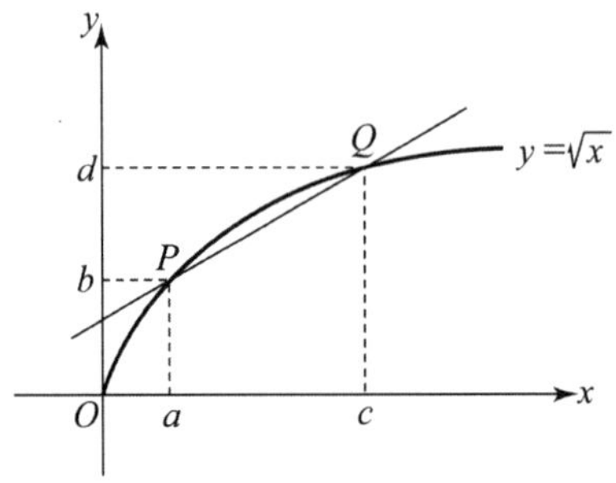

8. 정의역이 $\{x \mid 3 \leqq x \leqq 6\}$일 때, 함수 $y = \sqrt{x-2} + 1$의 최댓값과 최솟값의 합을 구하여라.

9. 함수 $y = -\sqrt{k-2x}$의 역함수의 그래프가 점 $(-2, 5)$를 지날 때, 상수 k의 값을 구하여라.

Chapter

5 삼각함수

삼각비를 이용하여 삼각형의 변의 길이, 각의 크기 등을 구하는 방법을 삼각법이라 한다. 역사적으로 삼각법은 고대 이집트 등에서 토지 측량, 항해술과 같은 실용적인 필요에 의해 이용한 기록이 남아 있고, 천문학에서 사용하기 위해 본격적으로 발전하기 시작하였다.

삼각함수는 일반각의 개념을 도입하여 함수의 형태로 삼각비를 나타낸 것이다. 지구의 공전과 자전, 소리의 진동, 바이오리듬 등 주기적으로 되풀이되는 현상을 표현하는 도구로서 삼각함수는 중요하게 사용되고 있다.

이 장에서는 일반각과 삼각함수, 삼각함수의 그래프, 그리고 삼각함수와 관련된 여러 가지 공식들을 소개한다.

5.1 일반각과 호도법

일반각

다음 그림과 같이 두 반직선 OX, OP로 만들어진 각 $XOP(\angle XOP)$는 점 O를 중심으로 반직선 OX의 위치에서 반직선 OP의 위치까지 회전하여 만들어진 것이다.

이때, 반직선 OX를 **시초선**, 반직선 OP를 각의 **동경**이라 한다.

동경 OP가 점 O를 중심으로 회전할 때 시계 바늘이 도는 반대 방향을 양의 방향, 시계바늘이 도는 방향을 음의 방향이라 한다.

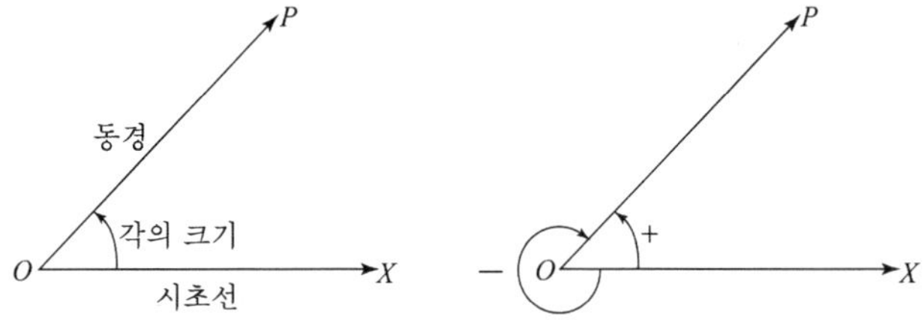

보기 1 각의 크기가 120°, -45° 인 각의 동경의 위치를 그림으로 나타내면 다음과 같다.

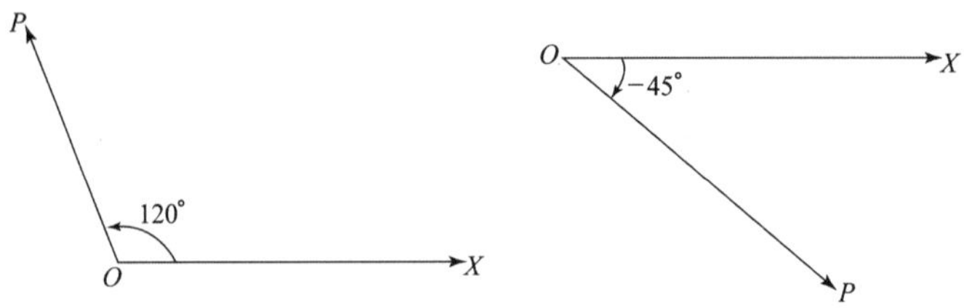

동경 OP의 위치가 주어질 때 $\angle XOP$의 크기는 하나로 정해지지 않는다. 즉, 동경 OP가 양의 방향 또는 음의 방향으로 몇 번 회전하여 현재 위치에 놓여 있는지에 따라 $\angle XOP$의 크기는 여러 가지 값으로 나타낼 수 있다. 예를 들면 30°, 390°, 750° 는 각의 크기는 다르지만 동경이 나타내는 위치는 모두 같다.

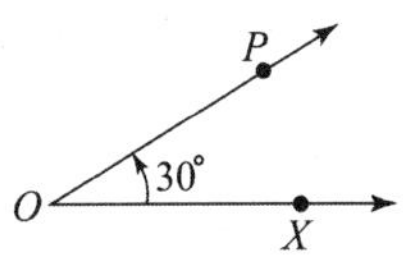

30°

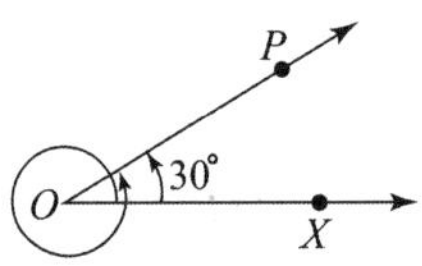

360°×1+30°=390°

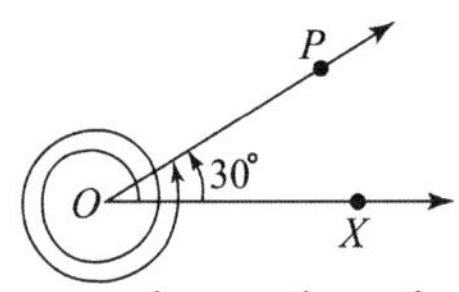

360°×2+30°=750°

일반적으로 $\angle XOP$가 나타내는 한 각의 크기가 α° 일 때, 시초선 OX와 동경 OP가 이루는 각의 크기는 다음과 같다.

$$360^\circ \times n + \alpha^\circ \quad (n\text{은 정수, } 0 \le \alpha < 360)$$

이것을 동경 OP가 나타내는 **일반각**이라 한다.

보기 2 $\angle XOP = 30^\circ$ 일 때, 동경 OP가 나타내는 일반각은 $360^\circ \times n + 30^\circ$ (n은 정수)이다.

예제 1 다음 각의 동경이 나타내는 일반각을 구하여라.

1) 870°　　2) -1050°

풀이 1) $870^\circ = 360^\circ \times 2 + 150^\circ$ 이므로 동경이 나타내는 일반각은 $360^\circ \times n + 150^\circ$.

2) $-1050^\circ = 360^\circ \times (-3) + 30^\circ$ 이므로 동경이 나타내는 일반각은 $360^\circ \times n + 30^\circ$.

$\angle XOP$의 꼭짓점 O를 좌표평면의 원점, 시초선 OX를 x축의 양의 방향으로 할 때, 동경 OP가 좌표평면의 제 1 사분면에 있으면 이 각을 제 1 사분면의 각이라 한다. 마찬가지로 동경의 위치에 따라 제 2 사분면의 각, 제 3 사분면의 각, 제 4 사분면의 각이라 한다.

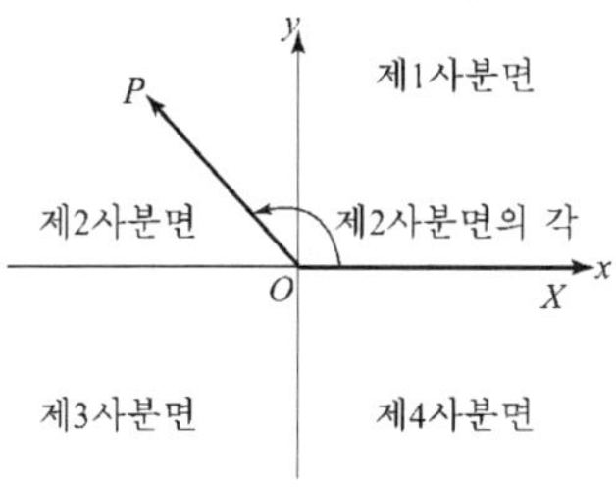

보기 3 300° 는 제 4 사분면의 각이고, $-120°$ 는 제 3 사분면의 각이다. ■

호도법

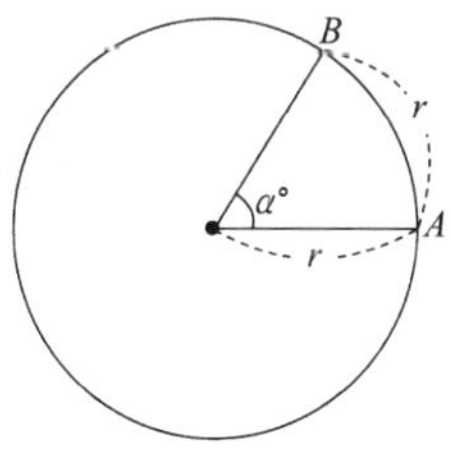

반지름의 길이가 r인 원에서 길이가 r인 호에 대한 중심각의 크기를 $\alpha°$ 라 하면, 호의 길이는 중심각의 크기에 정비례하므로

$$2\pi r : r = 360° : \alpha°$$

이다. 그러므로

$$\alpha° = \frac{180°}{\pi}.$$

따라서 이 호에서 중심각의 크기는 원의 반지름의 길이 r에 관계없이 일정하다.

이 일정한 각의 크기를 1 **라디안**이라 하고, 라디안을 단위로 하여 각의 크기를 나타내는 방법을 **호도법**이라 한다.

$$1\text{라디안}=\frac{180°}{\pi}\fallingdotseq 57.2958°$$

보기 4 1 라디안이 $\frac{180°}{\pi}$ 이므로 π라디안$=180°$ 이고 $1°=\frac{\pi}{180}$라디안이다. 또한 2π라디안$=360°$ 이므로 동경이 나타내는 일반각을 $2n\pi+\theta$라디안의 꼴로 나타낼 수 있다. ■

예제 2 호도법으로 나타낸 다음 각의 크기가 몇 도인지 말하여라.

1) $\frac{7}{6}\pi$ 2) $\frac{3}{2}\pi$ 3) $-\frac{\pi}{3}$

풀이 1) $180°\times\frac{7}{6}=210°$

2) $180°\times\frac{3}{2}=270°$

3) $-\left(180°\times\frac{1}{3}\right)=-60°$ ■

예제 3 다음 각의 크기를 호도법으로 나타내어라.

1) $300°$ 2) $-120°$

3) $315°$ 4) $360°\times n+45°$

풀이 1) $\frac{\pi}{180}\times 300=\frac{5}{3}\pi$

2) $-\left(\frac{\pi}{180}\times 120\right)=-\frac{2}{3}\pi$

3) $\frac{\pi}{180}\times 315=\frac{7}{4}\pi$

4) $\frac{\pi}{180}\times 360\times n+\frac{\pi}{180}\times 45=2n\pi+\frac{\pi}{4}$ ■

반지름의 길이가 r이고 중심각의 크기가 θ라디안인 부채꼴의 호의 길이를 l, 넓이를 S라 하자. 부채꼴의 호의 길이는 중심각의 크기에 정비례하므로

$$l:2\pi r=\theta:2\pi$$

$$l=r\theta$$

또 부채꼴의 넓이는 중심각의 크기에 정비례하므로

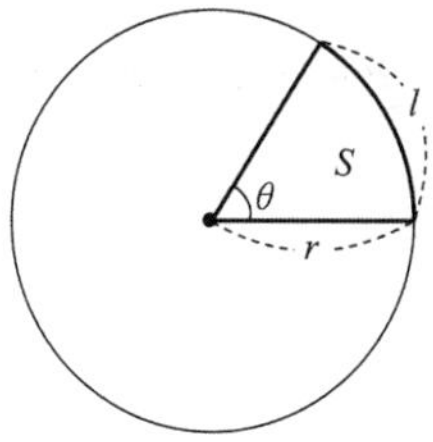

$$S : \pi r^2 = \theta : 2\pi$$

$$S = \frac{1}{2}r^2\theta = \frac{1}{2}rl$$

부채꼴의 호의 길이와 넓이

반지름의 길이가 r이고 중심각의 크기가 θ라디안인 부채꼴의 호의 길이를 l, 넓이를 S라 하면

$$l = r\theta,\ S = \frac{1}{2}r^2\theta = \frac{1}{2}rl$$

예제 4 다음 부채꼴의 호의 길이와 넓이를 구하여라.

1) 반지름의 길이 2, 중심각의 크기 $\frac{\pi}{4}$

2) 반지름의 길이 3, 중심각의 크기 60°

풀이 1) $l = 2 \times \frac{\pi}{4} = \frac{\pi}{2},\ S = \frac{1}{2} \times 2^2 \times \frac{\pi}{4} = \frac{\pi}{2}$

2) $60^\circ = \frac{\pi}{3}$라디안이므로

$$l = 3 \times \frac{\pi}{3} = \pi,\ S = \frac{1}{2} \times 3^2 \times \frac{\pi}{3} = \frac{3}{2}\pi.$$

■

예제 5 부채꼴의 호의 길이가 2πcm 이고 넓이가 $3\pi\ \text{cm}^2$일 때, 부채꼴의 반지름의 길이를 구하여라.

풀이 부채꼴의 반지름의 길이를 r, 중심각의 크기를 θ라 두면

$$r\theta = 2\pi,\ \frac{1}{2}r^2\theta = 3\pi$$

이다. 그러므로

$$\frac{1}{2}r^2\theta = \frac{1}{2}r \times r\theta = r\pi = 3\pi.$$

따라서 $r = 3$. ■

예제 6 반지름의 길이가 같은 부채꼴과 원이 있다. 부채꼴의 둘레의 길이가 원의 둘레의 길이의 절반과 같을 때, 부채꼴의 중심각의 크기를 구하여라.

풀이 부채꼴의 반지름의 길이를 r, 호의 길이를 l이라 하면 부채꼴의 둘레의 길이는 $l+2r$이다. 부채꼴의 둘레의 길이는 원의 둘레의 길이의 절반이므로 $l+2r = 2\pi r \times \frac{1}{2}$이다. 따라서 $l = r(\pi - 2)$.
부채꼴의 중심각의 크기를 θ라 하면 $l = r\theta$이므로

$$r(\pi - 2) = r\theta.$$

그러므로 $\theta = \pi - 2$. ■

예제 7 둘레의 길이가 24인 부채꼴의 넓이의 최댓값과 그때의 반지름의 길이를 구하여라.

풀이 부채꼴의 반지름의 길이를 r이라 하면, 호의 길이는 둘레의 길이에서 $2r$을 뺀 값과 같다. 그러므로 $24-2r$이다. 이때 부채꼴의 넓이 S는

$$S = \frac{1}{2}r(24-2r) = -r^2 + 12r = -(r-6)^2 + 36.$$

따라서 부채꼴의 넓이의 최댓값은 36. 이때 반지름의 길이는 $r = 6$. ■

연 습 문 제 Exercises

1. 다음 각은 제 몇사분면의 각인지 말하고 동경이 나타내는 일반각을 구하여라.

(1) 175° (2) 750° (3) -495° (4) -1270°

2. θ가 제 2 사분면의 각일 때, $\dfrac{\theta}{2}$가 나타내는 동경이 속하는 영역을 좌표평면 위에 나타내어라.

3. 호도법으로 나타낸 다음 각의 크기가 몇 도인지 구하여라.

(1) $\dfrac{\pi}{9}$ (2) 3π (3) $-\dfrac{3}{4}\pi$ (4) $-\dfrac{7}{3}\pi$

4. 다음 각의 크기를 호도법으로 나타내어라.

(1) 72° (2) 108° (3) -120° (4) -225°

5. $\dfrac{\pi}{2} < \theta < \pi$이고 θ와 6θ의 동경이 같을 때, θ의 값을 구하여라.

6. 반지름의 길이가 1 인 원에서 중심각의 크기가 60° 인 부채꼴을 잘라 내어 다음 그림과 같은 도형을 만들었다. 이 도형의 둘레의 길이를 구하여라.

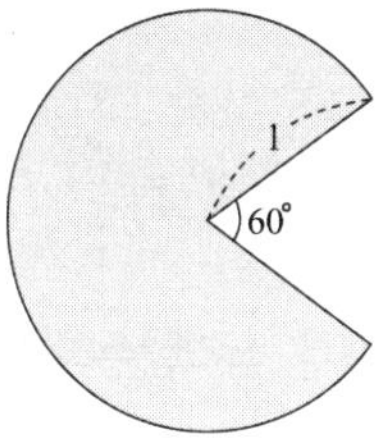

7. 둘레의 길이가 4cm인 부채꼴 중에서 넓이가 최대인 부채꼴의 반지름의 길이와 중심각의 크기를 구하려고 한다. 부채꼴의 반지름의 길이를 r, 호의 길이를 l이라 할 때, 다음에 답하여라.

(1) 부채꼴의 둘레의 길이를 l과 r로 나타내어라.

(2) 부채꼴의 넓이 S를 r에 대한 함수로 나타내어라.

(3) 부채꼴의 넓이 S가 최대일 때, r과 중심각의 크기를 구하여라.

5.2 삼각함수

삼각함수

좌표평면 위에 각의 크기가 θ인 동경 위의 점 $P\,(x,y)$에 대하여 $\overline{OP}=r$이라 하면

$$\frac{y}{r},\ \frac{x}{r},\ \frac{y}{x}\quad(x\neq 0)$$

의 값은 P의 위치에 관계없이, 즉 r의 값에 관계없이 각각 일정하다.

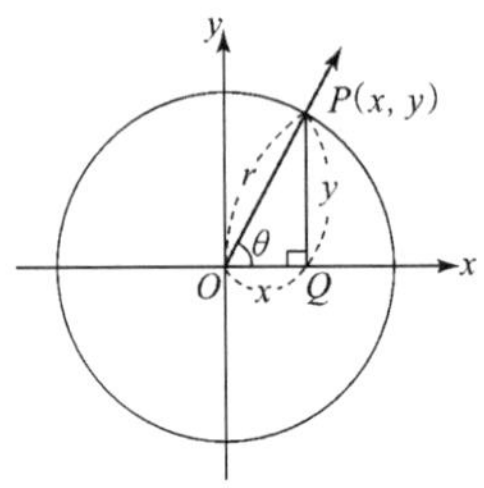

즉 θ의 값이 정해지면 동경 위의 점 P의 위치가 변하더라도 $\frac{y}{r},\ \frac{x}{r},\ \frac{y}{x}(x\neq 0)$는 변함없다. 따라서

$$\theta\rightarrow\frac{y}{r},\qquad\theta\rightarrow\frac{x}{r},\qquad\theta\rightarrow\frac{y}{x}$$

와 같은 대응은 함수가 된다. 이들을 각각 θ에 대한 **사인함수, 코사인함수, 탄젠트함수**라 하고

$$\sin\theta=\frac{y}{r},\qquad\cos\theta=\frac{x}{r},\qquad\tan\theta=\frac{y}{x}$$

와 같이 나타낸다. 이와 같은 함수를 **삼각함수**라 한다.

보기 1 $\theta=30^\circ=\frac{\pi}{6}$(라디안)일 때

$$\sin\theta=\frac{1}{2},\ \cos\theta=\frac{\sqrt{3}}{2},\ \tan\theta=\frac{\sqrt{3}}{3}\text{이다.}$$ ■

[특수한 각에서의 삼각함수의 값]

θ의 크기	라디안 단위	$\sin\theta$	$\cos\theta$	$\tan\theta$
0°	0	0	1	0
30°	$\frac{\pi}{6}$	$\frac{1}{2}$	$\frac{\sqrt{3}}{2}$	$\frac{\sqrt{3}}{3}$
45°	$\frac{\pi}{4}$	$\frac{\sqrt{2}}{2}$	$\frac{\sqrt{2}}{2}$	1
60°	$\frac{\pi}{3}$	$\frac{\sqrt{3}}{2}$	$\frac{1}{2}$	$\sqrt{3}$
90°	$\frac{\pi}{2}$	1	0	정의하지 않음

예제 1 원점 O와 점 $P(-4, 3)$를 지나는 동경이 나타내는 각의 크기를 θ라 할 때, 삼각함수의 값을 구하여라.

풀이 $r = \overline{OP} = \sqrt{(-4)^2 + 3^2} = 5$이고 $x = -4,\ y = 3$이다. 그러므로 삼각함수의 값은

$$\sin\theta = \frac{3}{5},\ \cos\theta = -\frac{4}{5},\ \tan\theta = -\frac{3}{4}.$$

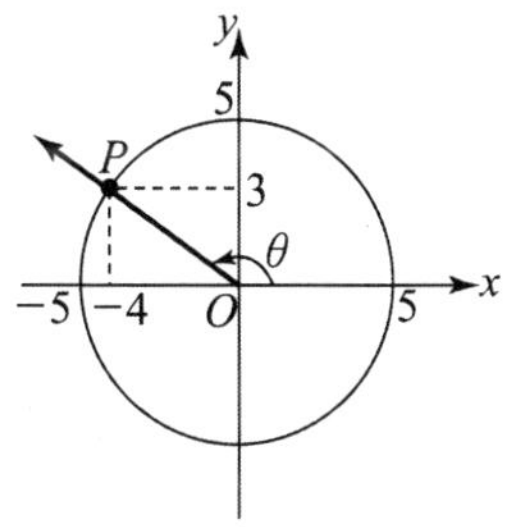

■

예제 2 $\theta = -765^\circ$일 때, $\sin\theta,\ \cos\theta,\ \tan\theta$의 값을 구하여라.

풀이 $-765^\circ = 360^\circ \times (-2) + (-45^\circ)$이므로 동경이 단위원(단위원은 반지름의 길이가 1인 원이다)과 만나는 점의 좌표는

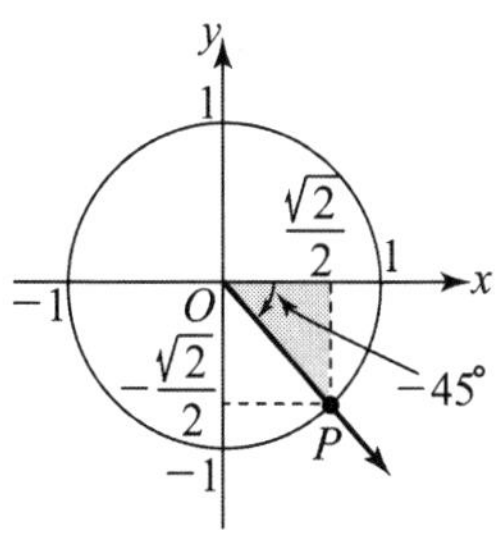

$$P\left(\frac{\sqrt{2}}{2}, -\frac{\sqrt{2}}{2}\right)$$

이다. 그러므로

$$r = 1, \ x = \frac{\sqrt{2}}{2}, \ y = -\frac{\sqrt{2}}{2}$$

이다. 따라서 $-765°$에 대한 삼각함수의 값은

$$\sin(-765°) = -\frac{\sqrt{2}}{2}, \quad \cos(-765°) = \frac{\sqrt{2}}{2},$$
$$\tan(-765°) = -1.$$

■

좌표평면 위의 점 $P(x, y)$에 대하여 동경 OP가 나타내는 각의 크기를 θ라 하면, 삼각함수의 부호는 점 P의 x좌표와 y좌표의 부호에 의하여 정해진다.

또한 점 P의 x좌표와 y좌표의 부호는 점 P가 위치한 사분면에 의하여 결정되므로 θ가 나타내는 각이 몇 사분면의 각인가에 따라 함수 $\sin\theta$, $\cos\theta$, $\tan\theta$의 부호를 알 수 있다.

사분면	x	y
1	+	+
2	−	+
3	−	−
4	+	−

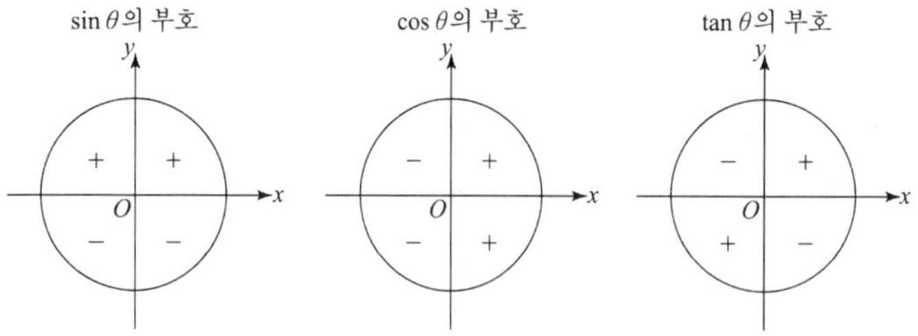

예제 3 $\sin\theta\cos\theta > 0$일 때, θ는 제 몇사분면의 각인지 말하여라.

풀이 $\sin\theta\cos\theta > 0$이므로 $\sin\theta$의 값과 $\cos\theta$의 값이 모두 양수이거나 모두 음수이어야 한다. $\sin\theta > 0$, $\cos\theta > 0$이면 θ는 제1사분면의 각이고 $\sin\theta < 0$, $\cos\theta < 0$이면 θ는 제 3 사분면의 각이다. ■

점 $P(x, y)$가 단위원 위의 점일 때, 동경 OP가 나타내는 각의 크기를 θ라 하면

$$\sin\theta = y,\ \cos\theta = x,\ \tan\theta = \frac{y}{x}\ \ (a \neq 0)$$

이므로

$$\tan\theta = \frac{\sin\theta}{\cos\theta}$$

가 성립한다. 또한, $x^2 + y^2 = 1$이므로

$$\sin^2\theta + \cos^2\theta = 1$$

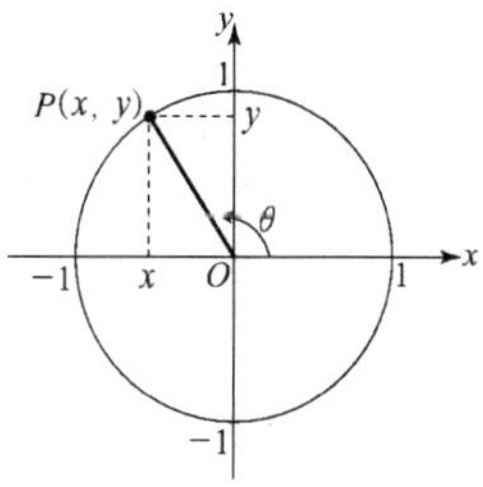

삼각함수 사이의 관계

$$\tan\theta = \frac{\sin\theta}{\cos\theta},\qquad \sin^2\theta + \cos^2\theta = 1$$

예제 4 제3사분면의 각 θ에 대하여 $\cos\theta = -\frac{5}{13}$일 때, $\sin\theta$, $\tan\theta$의 값을 구하여라.

풀이 $\sin^2\theta = 1 - \cos^2\theta = 1 - \left(-\frac{5}{13}\right)^2 = \frac{144}{169}$이므로 $\sin\theta = \pm\frac{12}{13}$.

θ가 제3사분면의 각이므로 $\sin\theta = -\frac{12}{13}$.

한편, $\tan\theta = \frac{\sin\theta}{\cos\theta} = \frac{12}{5}$. ■

예제 5 $\sin\theta + \cos\theta = \frac{1}{2}$일 때, $\sin\theta\cos\theta$의 값을 구하여라.

풀이 $\sin\theta + \cos\theta = \frac{1}{2}$의 양변을 제곱하면

$$\sin^2\theta + 2\sin\theta\cos\theta + \cos^2\theta = \frac{1}{4}.$$

$\sin^2\theta + \cos^2\theta = 1$이므로

$$2\sin\theta\cos\theta = -\frac{3}{4}.$$

따라서 $\sin\theta\cos\theta = -\frac{3}{8}$. ■

삼각함수의 성질

1) $2n\pi + \theta$의 삼각함수

n이 정수일 때, 나타내는 각의 크기가 각각 θ와 $2n\pi + \theta$인 동경은 일치하므로 이 두 각에 대한 삼각함수의 값은 같다.

$$\sin(2n\pi + \theta) = \sin\theta$$
$$\cos(2n\pi + \theta) = \cos\theta$$
$$\tan(2n\pi + \theta) = \tan\theta$$

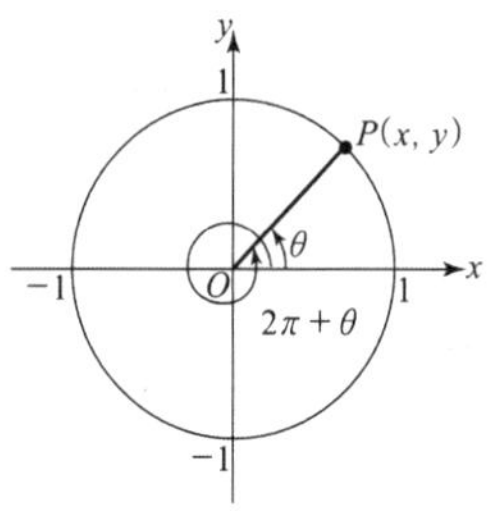

보기 2 $\sin\left(\frac{7\pi}{3}\right) = \sin\left(2\pi + \frac{\pi}{3}\right) = \sin\frac{\pi}{3} = \frac{\sqrt{3}}{2}$

$\cos 780° = \cos(360° \times 2 + 60°) = \cos 60° = \frac{1}{2}$. ■

예제 6 다음 삼각함수의 값을 구하여라.

1) $\sin\left(\frac{9}{4}\pi\right)$ 2) $\cos\left(-\frac{11}{6}\pi\right)$ 3) $\tan\left(\frac{13}{3}\pi\right)$

풀이 1) $\sin\left(\frac{9}{4}\pi\right) = \sin\left(2\pi + \frac{\pi}{4}\right) = \sin\frac{\pi}{4} = \frac{\sqrt{2}}{2}$

2) $\cos\left(-\frac{11}{6}\pi\right)=\cos\left(-2\pi+\frac{\pi}{6}\right)=\cos\frac{\pi}{6}=\frac{\sqrt{3}}{2}$

3) $\tan\left(\frac{13}{3}\pi\right)=\tan\left(4\pi+\frac{\pi}{3}\right)=\tan\frac{\pi}{3}=\sqrt{3}$ ■

2) $-\theta$의 삼각함수

나타내는 각의 크기가 θ와 $-\theta$인 동경이 단위원과 만나는 점을 각각 $P(x, y)$, $P'(x', y')$이라 하면, 점 P와 P'은 x축에 대하여 대칭이다. 그러므로

$$x'=x, \quad y'=-y.$$

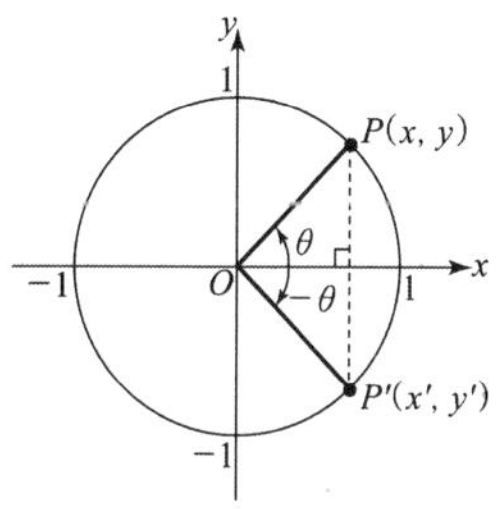

따라서

$$\sin(-\theta)=y'=-y=-\sin\theta$$
$$\cos(-\theta)=x'=x=\cos\theta$$
$$\tan(-\theta)=\frac{y'}{x'}=\frac{-y}{x}=-\tan\theta$$

보기 3 $\sin(-30°)=-\sin 30°=-\frac{1}{2}$,

$\tan\left(-\frac{\pi}{3}\right)=-\tan\frac{\pi}{3}=-\sqrt{3}$. ■

예제 7 다음 삼각함수의 값을 구하여라.

1) $\sin\left(-\frac{7}{3}\pi\right)$ 2) $\cos\left(-\frac{\pi}{6}\right)$ 3) $\tan\left(\frac{7}{4}\pi\right)$

풀이 1) $\sin\left(-\frac{7}{3}\pi\right)=\sin\left(-2\pi+\left(-\frac{\pi}{3}\right)\right)=\sin\left(-\frac{\pi}{3}\right)$

$$=-\sin\frac{\pi}{3}=-\frac{\sqrt{3}}{2}$$

2) $\cos\left(-\frac{\pi}{6}\right)=\cos\frac{\pi}{6}=\frac{\sqrt{3}}{2}$

3) $\tan\left(\frac{7}{4}\pi\right)=\tan\left(2\pi+\left(-\frac{\pi}{4}\right)\right)=\tan\left(-\frac{\pi}{4}\right)=-\tan\frac{\pi}{4}=-1$ ■

3) $\pi\pm\theta$의 삼각함수

나타내는 각의 크기가 θ와 $\pi+\theta$인 동경이 단위원과 만나는 점을 각각 $P(x, y)$, $P'(x', y')$이라 하면, 점 P와 P'은 원점에 대하여 대칭이다. 그러므로

$$x'=-x,\quad y'=-y.$$

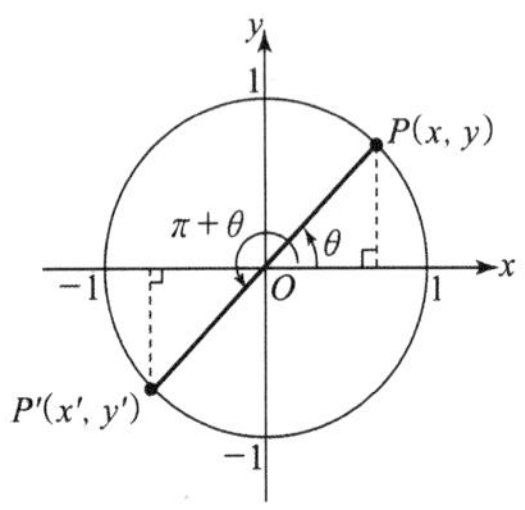

따라서

$$\sin(\pi+\theta)=y'=-y=-\sin\theta$$
$$\cos(\pi+\theta)=x'=-x=-\cos\theta$$
$$\tan(\pi+\theta)=\frac{y'}{x'}=\frac{-y}{-x}=\tan\theta$$

위의 식에 θ 대신 $-\theta$를 대입하면

$$\sin(\pi-\theta)=-\sin(-\theta)=\sin\theta$$
$$\cos(\pi-\theta)=-\cos(-\theta)=-\cos\theta$$
$$\tan(\pi-\theta)=\tan(-\theta)=-\tan\theta$$

예제 8 다음 삼각함수의 값을 구하여라.

1) $\sin\frac{7}{6}\pi$ 2) $\cos\frac{5}{6}\pi$

3) $\cos\frac{5}{4}\pi$ 4) $\tan\left(3\pi-\frac{\pi}{6}\right)$

풀이 1) $\sin\frac{7}{6}\pi=\sin\left(\pi+\frac{\pi}{6}\right)=-\sin\frac{\pi}{6}=-\frac{1}{2}$

2) $\cos\frac{5}{6}\pi = \cos\left(\pi - \frac{\pi}{6}\right) = -\cos\frac{\pi}{6} = -\frac{\sqrt{3}}{2}$

3) $\cos\frac{5}{4}\pi = \cos\left(\pi + \frac{\pi}{4}\right) = -\cos\frac{\pi}{4} = -\frac{\sqrt{2}}{2}$

4) $\tan\left(3\pi - \frac{\pi}{6}\right) = \tan\left(2\pi + \left(\pi - \frac{\pi}{6}\right)\right)$

$= \tan\left(\pi - \frac{\pi}{6}\right) = -\tan\frac{\pi}{6} = -\frac{\sqrt{3}}{3}$ ■

4) $\frac{\pi}{2} \pm \theta$의 삼각함수

나타내는 각의 크기가 θ와 $\frac{\pi}{2}-\theta$인 동경이 단위원과 만나는 점을 각각 $P(x, y)$, $P'(x', y')$이라 하면, 점 P와 P'은 직선 $y=x$에 대하여 대칭이다. 그러므로

$$x' = y, \quad y' = x.$$

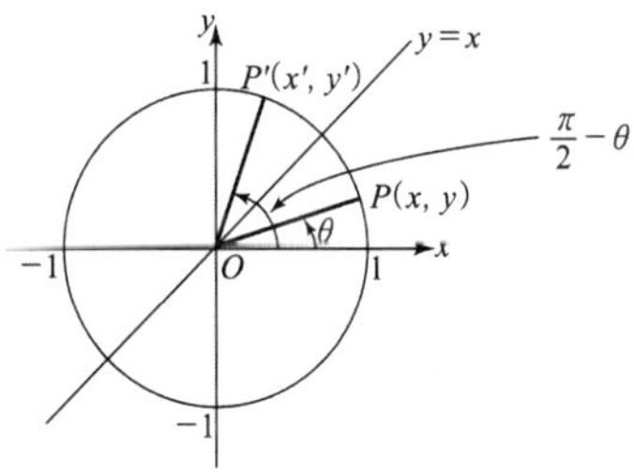

따라서

$$\sin\left(\frac{\pi}{2} - \theta\right) = y' = x = \cos\theta$$

$$\cos\left(\frac{\pi}{2} - \theta\right) = x' = y = \sin\theta$$

$$\tan\left(\frac{\pi}{2} - \theta\right) = \frac{y'}{x'} = \frac{x}{y} = \frac{1}{\tan\theta}$$

위의 식에 θ 대신 $-\theta$를 대입하면

$$\sin\left(\frac{\pi}{2} + \theta\right) = \cos(-\theta) = \cos\theta$$

$$\cos\left(\frac{\pi}{2} + \theta\right) = \sin(-\theta) = -\sin\theta$$

$$\tan\left(\frac{\pi}{2} + \theta\right) = \frac{1}{\tan(-\theta)} = -\frac{1}{\tan\theta}$$

예제 9 다음 삼각함수의 값을 구하여라.

1) $\cos\frac{2}{3}\pi$ 2) $\tan\frac{3}{4}\pi$ 3) $\sin\left(-\frac{4}{3}\pi\right)$

풀이 1) $\cos\frac{2}{3}\pi=\cos\left(\frac{\pi}{2}+\frac{\pi}{6}\right)=-\sin\frac{\pi}{6}=-\frac{1}{2}$

2) $\tan\frac{3}{4}\pi=\tan\left(\frac{\pi}{2}+\frac{\pi}{4}\right)=-\frac{1}{\tan\frac{\pi}{4}}=-1$

3) $\sin\left(-\frac{4}{3}\pi\right)=\sin\left(-2\pi+\frac{2}{3}\pi\right)=\sin\frac{2}{3}\pi$

$=\sin\left(\frac{\pi}{2}+\frac{\pi}{6}\right)=\cos\frac{\pi}{6}=\frac{\sqrt{3}}{2}$ ■

삼각함수의 성질

n은 정수일 때

$\sin(2n\pi+\theta)=\sin\theta$ $\sin(-\theta)=-\sin\theta$

$\cos(2n\pi+\theta)=\cos\theta$ $\cos(-\theta)=\cos\theta$

$\tan(2n\pi+\theta)=\tan\theta$ $\tan(-\theta)=-\tan\theta$

$\sin(\pi+\theta)=-\sin\theta$ $\sin(\pi-\theta)=\sin\theta$

$\cos(\pi+\theta)=-\cos\theta$ $\cos(\pi-\theta)=-\cos\theta$

$\tan(\pi+\theta)=\tan\theta$ $\tan(\pi-\theta)=-\tan\theta$

$\sin\left(\frac{\pi}{2}-\theta\right)=\cos\theta$ $\sin\left(\frac{\pi}{2}+\theta\right)=\cos\theta$

$\cos\left(\frac{\pi}{2}-\theta\right)=\sin\theta$ $\cos\left(\frac{\pi}{2}+\theta\right)=-\sin\theta$

$\tan\left(\frac{\pi}{2}-\theta\right)=\frac{1}{\tan\theta}$ $\tan\left(\frac{\pi}{2}+\theta\right)=-\frac{1}{\tan\theta}$

연 습 문 제 Exercises

1. 원점 O와 점 $P(1, -\sqrt{3})$를 지나는 동경이 나타내는 각의 크기를 θ라 할 때, $\sin\theta$, $\cos\theta$, $\tan\theta$의 값을 구하여라.

2. θ가 다음과 같을 때, $\sin\theta$, $\cos\theta$, $\tan\theta$의 값을 구하여라.

(1) 210° (2) π (3) $-\dfrac{\pi}{3}$

3. $\sin\theta\cos\theta < 0$을 만족하는 θ는 제 몇사분면의 각인지 구하여라.

4. $\theta = -\dfrac{14}{3}\pi$일 때, 다음에 답하여라.

(1) θ를 일반각으로 나타내어라.

(2) θ를 나타내는 동경이 단위원과 만나는 점 $P(x, y)$의 좌표를 구하여라.

(3) $\sin\theta$, $\cos\theta$, $\tan\theta$의 값을 구하여라.

5. $\cos\theta = -\dfrac{3}{5}$일 때, 다음을 구하여라.

(1) $\sin\theta$ (2) $\tan\theta$

6. $0 \le \theta \le 2\pi$일 때, $x = \cos\theta$, $y = \sin\theta$를 만족시키는 점 (x, y)가 나타내는 도형을 구하여라.

7. 다음 삼각함수의 값을 구하여라.

(1) $\sin 390^\circ$ (2) $\cos\dfrac{5}{3}\pi$

(3) $\sin\left(-\dfrac{5}{4}\pi\right)$ (4) $\tan\left(-\dfrac{3}{4}\pi\right)$

8. $\sin 18^\circ = 0.3$이라 할 때 $\cos 612^\circ$의 값을 구하여라.

9. $\pi < \theta < \dfrac{3}{2}\pi$일 때, $\cos\theta + \sin\theta + \tan\theta + |\cos\theta| + |\sin\theta| - \sqrt{\tan^2\theta}$를

간단히 하여라.

10. 직선 $4x-3y+12=0$이 x축의 양의 방향과 이루는 각의 크기를 α라 할 때, $\sin\alpha+\cos\alpha$의 값을 구하여라.

11. $\dfrac{\sin\theta}{1-\cos\theta}+\dfrac{1-\cos\theta}{\sin\theta}$를 간단히 하여라.

12. 이차방정식 $5x^2+3x+k=0$의 두 근이 $\sin\theta$, $\cos\theta$일 때, 상수 k의 값을 구하여라.

13. 태양의 고도에 따른 그림자 길이의 차이를 이용하여 이집트의 어떤 피라미드의 높이를 구하려고 한다. 다음 그림과 같이 태양의 고도가 $45°$와 $30°$일 때, 피리미드 그림자의 길이의 차가 400m라면, 이 피라미드의 높이는 얼마인지 구하여라.

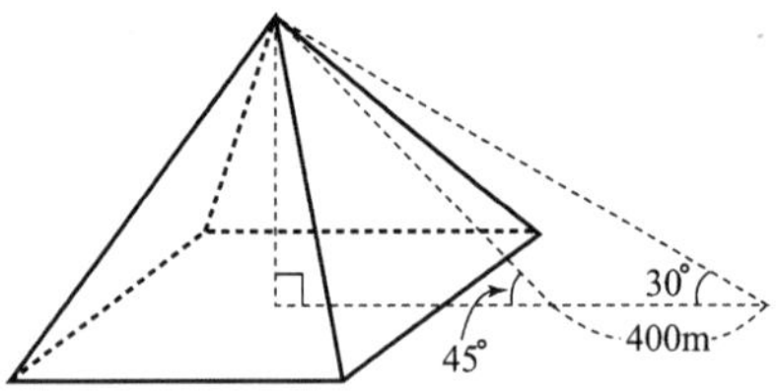

5.3 삼각함수의 그래프

$y = \sin\theta$와 $y = \cos\theta$의 그래프

나타내는 각의 크기가 θ인 동경이 단위원과 만나는 점을 $P(x, y)$라 하면

$$\sin\theta = \frac{y}{1} = y, \quad \cos\theta = \frac{x}{1} = x$$

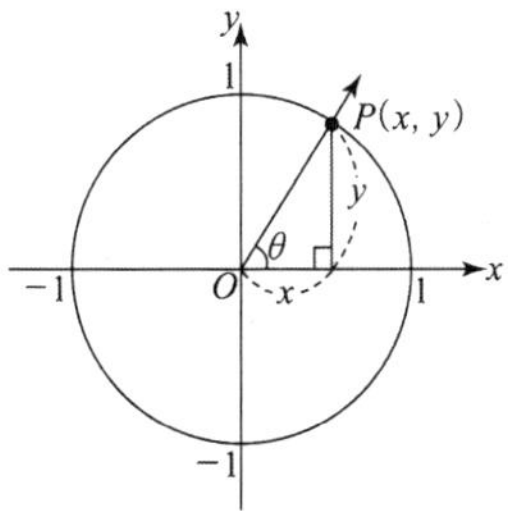

이다. 그러므로 θ의 변화에 따른 $\sin\theta$의 값은 점 P의 y좌표와 같기 때문에

$$-1 \le \sin\theta \le 1.$$

또한 $\cos\theta$의 값은 점 P의 x좌표와 같기 때문에

$$-1 \le \cos\theta \le 1.$$

따라서 $y = \sin\theta$와 $y = \cos\theta$의 그래프를 그리면 다음 그림과 같다.

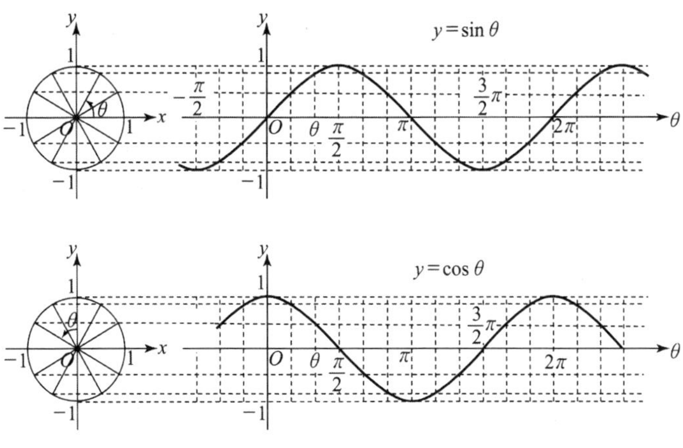

위의 그래프에서 알 수 있듯이 $y = \sin\theta$와 $y = \cos\theta$의 정의역은 실수 전체의 집합이 된다. 그리고

$$-1 \le \sin\theta \le 1,\ -1 \le \cos\theta \le 1$$

이므로 치역은

$$\{y \mid -1 \le y \le 1\}$$

이다. 일반적으로 함수를 나타낼 때 $y=f(x)$ 형태로 쓰기 때문에 삼각함수에서도 θ 대신에 x를 사용하여 $y=\sin x$, $y=\cos x$로 나타낸다.

예제 1 $y=\sin x+1$의 그래프를 그려라.

풀이 $y=\sin x+1$의 그래프는 $y=\sin x$의 그래프를 y축의 방향으로 1만큼 이동한 그래프이다.

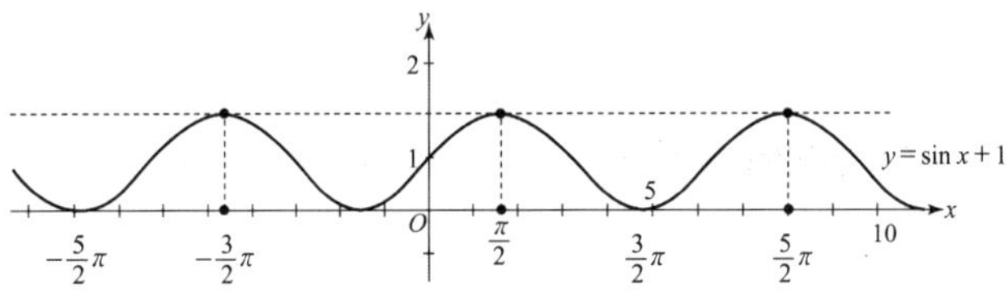

함수 $y=f(x)$의 정의역에 속하는 모든 x에 대하여

$$f(x+p)=f(x)$$

가 성립하는 0이 아닌 상수 p가 있을 때, 함수 $y=f(x)$를 **주기함수**라 하고, 상수 p 중에서 최소의 양수를 그 함수의 **주기**라 한다.

n이 정수일 때, 임의의 실수 x에 대하여

$$\sin(x+2n\pi)=\sin x, \quad \cos(x+2n\pi)=\cos x$$

가 성립하므로 사인함수와 코사인함수는 주기함수이다. 또한 $n=1$일 때, 즉 2π는 주기이다.

예제 2 다음 함수의 치역과 주기를 구하고, 그래프를 그려라.

1) $y=\sin 2x$ 2) $y=\cos\frac{x}{2}$

풀이 1) $-1 \le \sin 2x \le 1$이므로 치역은 $\{y \mid -1 \le y \le 1\}$이다.

$\sin 2x=\sin(2x+2\pi)=\sin 2(x+\pi)$이므로 주기는 π이다. 그러므로

$y = \sin 2x$의 그래프는 다음과 같다.

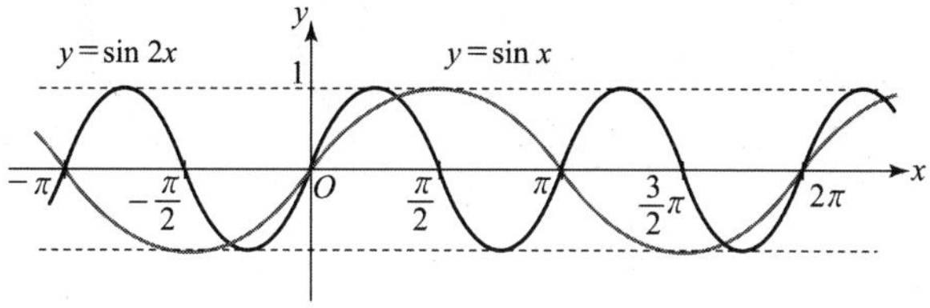

2) $-1 \le \cos\frac{x}{2} \le 1$ 이므로 치역은 $\{y \mid -1 \le y \le 1\}$이다.
$\cos\frac{x}{2} = \cos\left(\frac{x}{2} + 2\pi\right) = \cos\frac{x + 4\pi}{2}$ 이므로 주기는 4π이다.
그러므로 $y = \cos\frac{x}{2}$의 그래프는 다음과 같다.

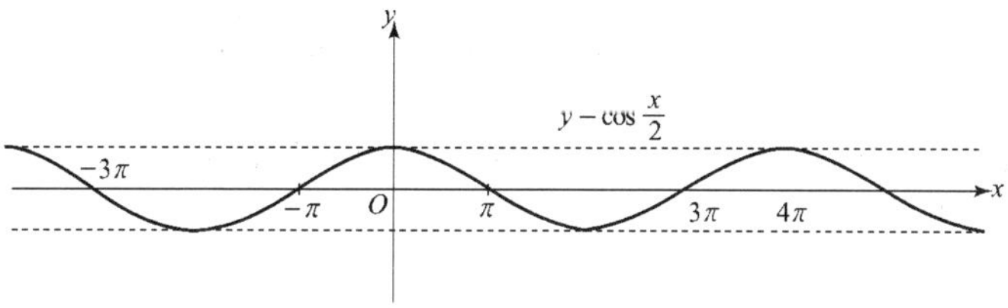

■

$y = \tan\theta$의 그래프

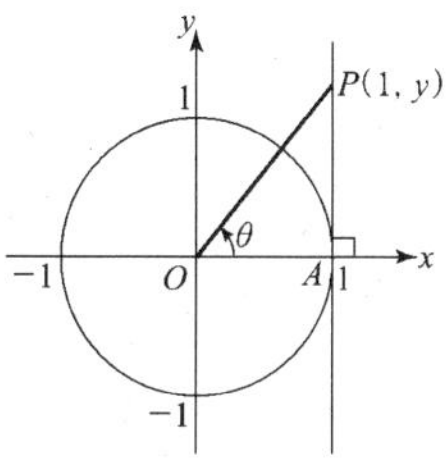

나타내는 각의 크기가 θ인 동경이 단위원 위의 점 $A\ (1, 0)$에서의 접선과 만나는 점을 $P\ (1, y)$라 하면

$$\tan\theta = \frac{y}{1} = y.$$

그러므로 $-\frac{\pi}{2} < \theta < \frac{\pi}{2}$일 때 θ의 변화에 따른 $\tan\theta$의 값은 점 P의 y좌표와 같다. 5.2절에서 보여준 삼각함수의 성질에 의해 $\tan(\pi + \theta) = \tan\theta$가 성립한다. 이를 이용하여 $y = \tan\theta$의 그래프를 그리면 다음과 같다.

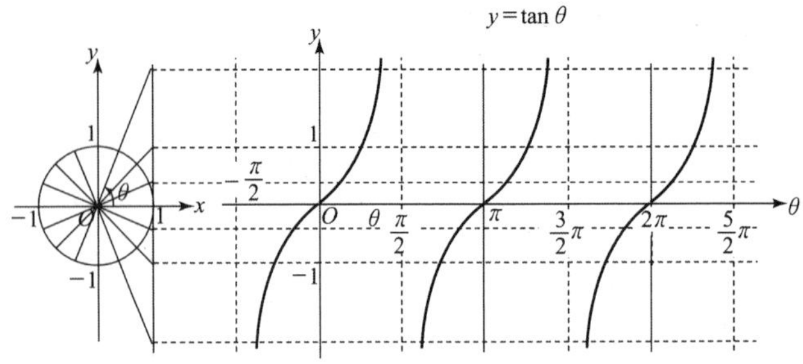

위의 그래프에서 알 수 있듯이 직선 $\theta = n\pi + \frac{\pi}{2}$($n$은 정수)는 점근선이다.

탄젠트 함수에서도 θ 대신에 x를 사용하여 $y = \tan x$로 나타내는 것이 보통이며, 모든 실수 x에 대하여

$$\tan(x+\pi) = \tan x$$

가 성립한다. 그러므로 $y = \tan x$는 주기가 π인 주기함수이다.

예제 3 함수 $y = \tan\frac{1}{2}x$의 주기를 구하고, 그래프를 그려라.

풀이 $\tan\frac{1}{2}x = \tan\left(\frac{1}{2}x + \pi\right) = \tan\frac{1}{2}(x+2\pi)$이므로 주기는 2π이다. 그러므로 $y = \tan\frac{1}{2}x$의 그래프는 다음과 같다.

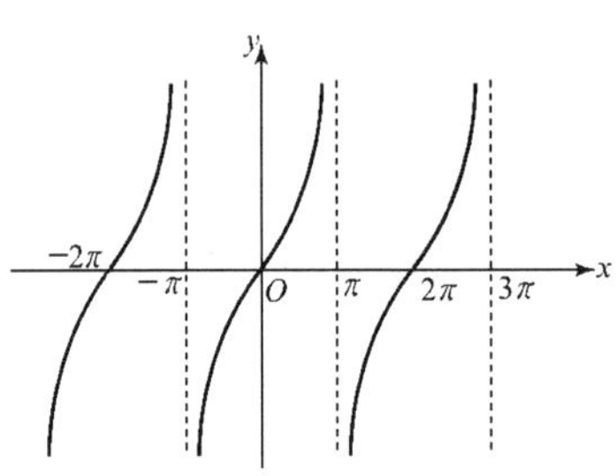

■

예제 4 그래프를 이용하여 $\sin x = \frac{1}{2}$을 만족하는 x를 모두 구하여라.

풀이 $y = \sin x$의 그래프와 직선 $y = \frac{1}{2}$은 다음 그림과 같이 $0 \le x \le 2\pi$의 범위에서 두 점에서 만난다.

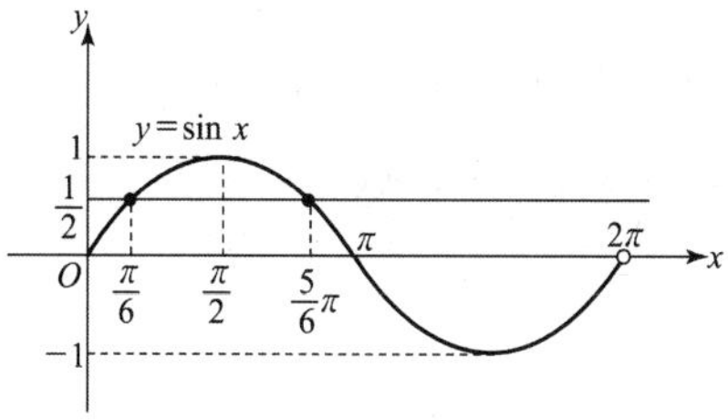

두 교점의 x좌표를 구하면 $x=\dfrac{\pi}{6}$ 또는 $x=\dfrac{5}{6}\pi$이다. $y=\sin x$는 주기가 2π인 주기함수이므로

$$\frac{\pi}{6}+2n\pi,\ \frac{5}{6}\pi+2n\pi\ \ (n\text{은 정수})$$

가 구하는 수이다. ■

예제 5 그래프를 이용하여 $\cos x<\dfrac{1}{2}$를 만족하는 x의 범위를 구하여라. (단, $0\le x\le 2\pi$)

풀이 함수 $y=\cos x$의 그래프가 직선 $y=\dfrac{1}{2}$보다 아래에 있는 x의 값의 범위를 구하면 된다.

따라서 그림과 같이 구하는 범위는

$$\frac{\pi}{3}<x<\frac{5}{3}\pi\ .$$

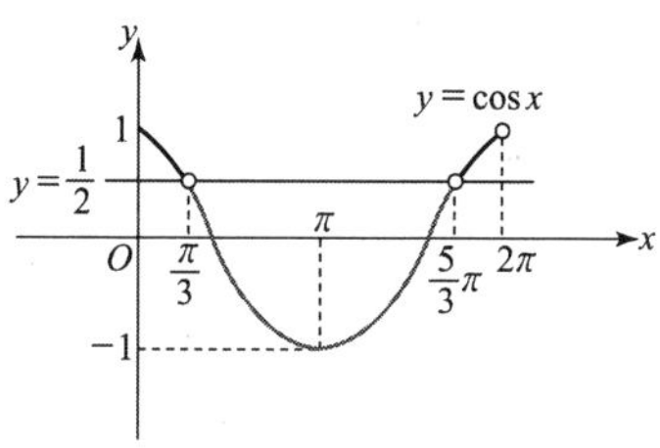

■

예제 6 함수 $y=\cos x+|\cos x|$ 의 그래프를 그려라. (단, $-\pi\le x\le\pi$)

풀이 $\cos x\ge 0$, $\cos x<0$일 때로 나누어 생각한다.

(i) $\cos x\ge 0$일 때

x의 범위는 $-\dfrac{\pi}{2}\le x\le\dfrac{\pi}{2}$, $\quad y=\cos x+|\cos x|=2\cos x$.

(ii) $\cos x<0$일 때

x의 범위는 $-\pi \le x < -\dfrac{\pi}{2}$ 또는 $\dfrac{\pi}{2} < x \le \pi$,

$y = \cos x + |\cos x| = \cos x - \cos x = 0.$

따라서 그래프는 다음 그림과 같다.

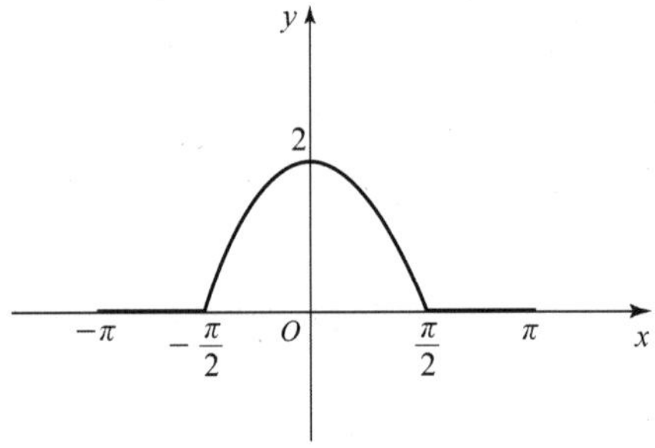

연 습 문 제 Exercises

1. 다음 함수의 주기를 구하여라.

(1) $y = 2\sin x$ (2) $y = \cos\frac{x}{2}$

2. 다음 함수의 치역과 주기를 구하고, 그래프를 그려라.

(1) $y = \sin\frac{x}{2} + 1$ (2) $y = 2\cos\left(x - \frac{\pi}{2}\right)$

3. 함수 $y = -\tan\left(2x + \frac{\pi}{2}\right)$의 주기를 구하고, 그래프를 그려라.

4. 함수 $f(x) = a\sin bx$의 주기가 2이고 $f\left(\frac{1}{3}\right) = \sqrt{3}$일 때, 상수 a, b의 값을 구하여라.

5. 다음 그림은 함수 $f(x) = a\sin b\left(x + \frac{\pi}{4}\right)$의 그래프이다. $a^2 + b^2$의 값을 구하여라. (단, a, b는 상수이다.)

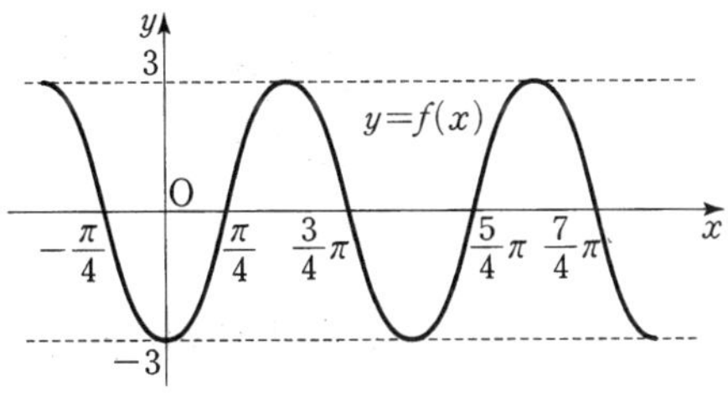

6. 그래프를 이용하여 다음을 만족하는 x를 모두 구하여라.

(1) $\sin x = -\frac{\sqrt{2}}{2}$ (2) $2\cos x = \sqrt{3}$

(3) $\tan x = -1$

7. $0 \le x < 2\pi$에서 방정식 $\cos(\pi\sin x) = 0$의 모든 근의 합을 구하여라.

8. 그래프를 이용하여 다음을 만족하는 x의 범위를 구하여라. (단, $0 \le x \le 2\pi$)

(1) $\sin x \ge \frac{\sqrt{3}}{2}$ (2) $\cos x \le -\frac{\sqrt{2}}{2}$

5.4 사인법칙, 코사인법칙과 여러 가지 공식

사인법칙

$\triangle ABC$에서 세 꼭짓점 A, B, C의 대변의 길이를 각각 a, b, c라 하자.

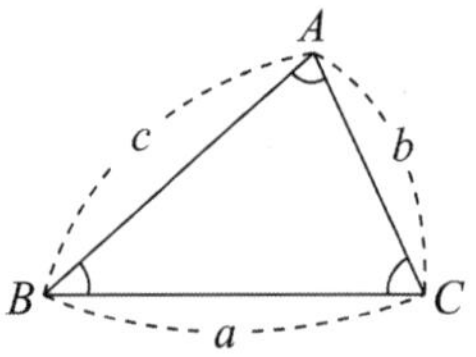

$\triangle ABC$의 외접원의 중심을 O라 하고, $\angle A$의 크기에 따라 다음과 같이 세 가지로 나눌 수 있다. 이때 선분 BO의 연장선이 원 O와 만나는 점을 A'라 할 때, 선분 $A'B$는 지름이므로 $\overline{A'B} = 2R$이다.

[경우 1] $\angle A < 90°$인 경우

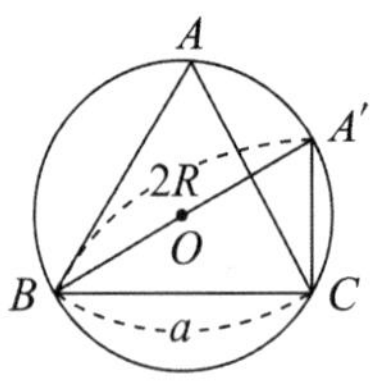

원주각의 성질에 의해 $\angle A = \angle A'$이므로

$$\sin A = \sin A' = \frac{a}{2R}$$

이다. 따라서

$$a = 2R\sin A$$

이다.

[경우 2] $\angle A = 90^{\circ}$ **인 경우**

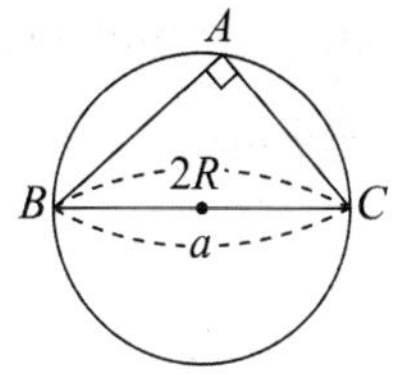

$\sin A = \sin 90^{\circ} = 1$, $a = 2R$ 이므로

$$a = 2R\sin A$$

이다.

[경우 3] $\angle A > 90^{\circ}$ **인 경우**

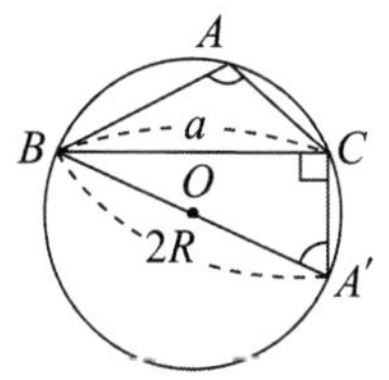

원주각의 성질에 의해 $\angle A + \angle A' = \pi$ 이고 $\angle A' = \pi - \angle A$ 이므로

$$a = 2R\sin A' = 2R\sin(\pi - A) = 2R\sin A$$

이다.

위에서 알 수 있듯이 $\angle A$ 의 크기에 관계없이 $a = 2R\sin A$ 이므로

$$\frac{a}{\sin A} = 2R$$

임을 알 수 있다.

같은 방법으로 하면 b, c에 대해서도 마찬가지의 결과를 얻을 수 있다. 따라서

$$\frac{a}{\sin A} = \frac{b}{\sin B} = \frac{c}{\sin C} = 2R$$

가 성립한다.

사인법칙

$\triangle ABC$ 의 외접원의 반지름의 길이를 R 이라 하면, 세 변의 길이와 세 각의 크기 사이에는 다음과 같은 등식이 성립한다.

$$\frac{a}{\sin A}=\frac{b}{\sin B}=\frac{c}{\sin C}=2R$$

예제 1 $\triangle ABC$에서 $a=\sqrt{3}$, $b=1$, $\angle B=30^\circ$ 일 때, 각 A 의 크기와 c 및 외접원의 반지름의 길이 R을 구하여라. 단, $\angle A<90^\circ$ 이다.

풀이 사인법칙으로부터

$$\frac{a}{\sin A}=\frac{b}{\sin B}$$

가 성립한다.

이 식에 a, b, B 의 값을 대입하여 계산하면,

$$\sin A=\frac{\sqrt{3}}{2}.$$

$\therefore\ \angle A=60^\circ$ 또는 $\angle A=120^\circ$.

그런데, $\angle A<90^\circ$ 이므로 $\angle A=60^\circ$ 이다.

또, $\angle C=180^\circ-(\angle A+\angle B)=90^\circ$ 이고,

$\dfrac{b}{\sin B}=\dfrac{c}{\sin C}$ 에서, $c=2$.

한편 $2R=\dfrac{b}{\sin B}$를 계산하면, $R=1$.

$\therefore \angle A=60^\circ$ 이고 $c=2$, $R=1$. ■

예제 2 $\triangle ABC$에서 $\angle A:\angle B:\angle C=1:1:4$ 일 때, $a:b:c$를 구하여라.

풀이 사인법칙으로부터

$$a:b:c=\sin A:\sin B:\sin C$$

가 성립한다.

$\angle A=x$ 라 두면 $\angle B=x$, $\angle C=4x$ 이다.

삼각형의 내각의 합은 180° 이므로 $6x=180^\circ$, 즉 $x=30^\circ$ 이다.

따라서

$$\begin{aligned} a:b:c &= \sin 30^\circ : \sin 30^\circ : \sin 120^\circ \\ &= \frac{1}{2} : \frac{1}{2} : \frac{\sqrt{3}}{2} \\ &= 1:1:\sqrt{3}. \end{aligned}$$

■

코사인법칙

$\triangle ABC$의 꼭짓점 C에서 변 AB 또는 그 연장선에 내린 수선의 발을 H라 할 때, H의 위치는 $\angle A$의 크기에 따라 다음과 같이 세 가지의 경우로 나누어진다. 그 각각의 경우에 c를 a, b로 나타내면 다음과 같다.

1) $\angle A < \frac{\pi}{2}$인 경우

$c = \overline{AH} + \overline{BH}$이므로 $c = b\cos A + a\cos B$

2) $\angle A = \frac{\pi}{2}$인 경우

$c = \overline{AB}$이고 $\cos A = 0$이므로 $c = b\cos A + a\cos B$

3) $\angle A > \frac{\pi}{2}$인 경우

$c = \overline{BH} - \overline{AH}$이므로 $c = a\cos B - b\cos(\pi - A)$

$\cos(\pi - A) = -\cos A$이므로 $c = b\cos A + a\cos B$

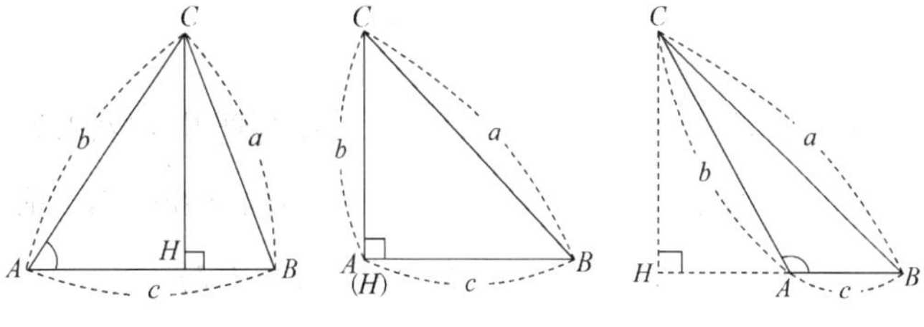

따라서 $\angle A$의 크기에 관계없이 다음이 성립한다.

$$c = b\cos A + a\cos B$$

같은 방법으로

$$b = a\cos C + c\cos A,$$
$$a = b\cos C + c\cos B$$

임을 알 수 있다.

이상 세 개의 공식을 **코사인법칙**이라 한다.

코사인법칙

$$a = b\cos C + c\cos B$$
$$b = a\cos C + c\cos A$$
$$c = b\cos A + a\cos B$$

예제 3 $\triangle ABC$에서 $b = \sqrt{2}$, $c = 2$, $B = 30°$, $C = 45°$일 때, a의 값을 구하여라.

풀이 코사인법칙에 의하여

$$a = 2\cos 30° + \sqrt{2}\cos 45°$$

이므로 $a = \sqrt{3} + 1$.

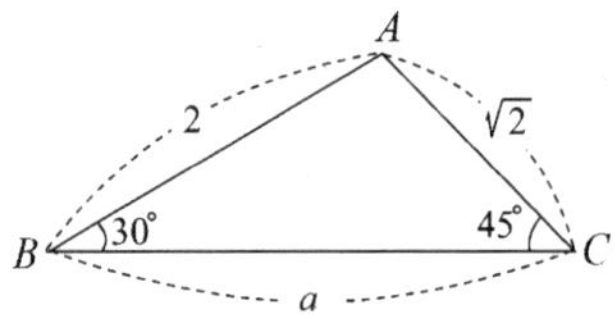

예제 4 다음 그림과 같이 두 관측소 A, B에서 비행기 C까지의 거리는 각각 $\sqrt{6}$km, 2km, $\angle CAB = 45°$, $\angle CBA = 60°$일 때, 두 관측소 A, B 사이의 거리를 구하여라. (단, $\sqrt{3} \fallingdotseq 1.7$)

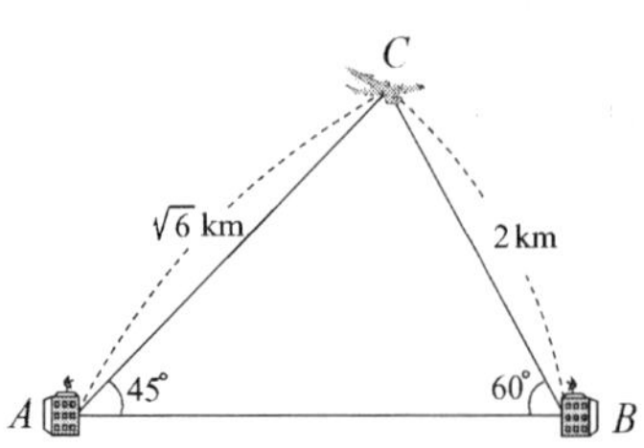

풀이 코사인법칙에 의하여

$$\begin{aligned}\overline{AB} &= \sqrt{6}\cos 45^\circ + 2\cos 60^\circ \\ &= \sqrt{6}\cdot\frac{\sqrt{2}}{2} + 2\cdot\frac{1}{2} \\ &= \sqrt{3}+1 \fallingdotseq 2.7\text{km}.\end{aligned}$$

■

제 2 코사인법칙

코사인법칙에서

$$a = b\cos C + c\cos B \quad \cdots \quad ①$$
$$b = a\cos C + c\cos A \quad \cdots \quad ②$$
$$c - b\cos A + a\cos B \quad \cdots \quad ③$$

이므로 ①$\times a$, ②$\times b$, ③$\times c$를 하면

$$a^2 = ab\cos C + ac\cos B \cdots \quad ④$$
$$b^2 = ab\cos C + bc\cos A \cdots \quad ⑤$$
$$c^2 = bc\cos A + ac\cos B \cdots \quad ⑥$$

④+⑤−⑥을 계산하면

$$a^2 + b^2 - c^2 = 2ab\cos C.$$

그러므로

$$c^2 = a^2 + b^2 - 2ab\cos C.$$

같은 방법으로 ④+⑥−⑤, ⑤+⑥−④를 각각 계산하면

$$b^2 = c^2 + a^2 - 2ca\cos B$$
$$a^2 = b^2 + c^2 - 2bc\cos A$$

이 된다.

이 세 개의 공식을 **제 2 코사인법칙**이라 한다.

제 2 코사인법칙

$$a^2 = b^2 + c^2 - 2bc\cos A$$
$$b^2 = c^2 + a^2 - 2ca\cos B$$
$$c^2 = a^2 + b^2 - 2ab\cos C$$

예제 5 $\triangle ABC$에서 다음을 구하여라.

1) $A = 45^\circ$, $b=3$, $c=\sqrt{2}$일 때, a의 값

2) $a = 2\sqrt{3}$, $b=2$, $c=2$일 때, A의 값

풀이 1) 제 2 코사인법칙에 의하여

$$\begin{aligned} a^2 &= b^2 + c^2 - 2bc\cos A \\ &= 3^2 + (\sqrt{2})^2 - 2\times 3\times \sqrt{2}\times \cos 45^\circ \\ &= 9 + 2 - 6\sqrt{2}\times \frac{\sqrt{2}}{2} = 5. \end{aligned}$$

a는 양수이므로 $a = \sqrt{5}$.

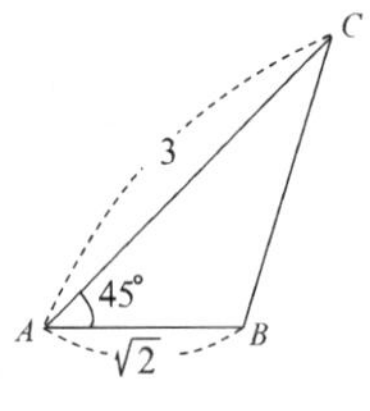

2) 제 2 코사인법칙 $a^2 = b^2 + c^2 - 2bc\cos A$로부터

$$\cos A = \frac{b^2 + c^2 - a^2}{2bc} = \frac{2^2 + 2^2 - (2\sqrt{3})^2}{2\times 2\times 2} = -\frac{1}{2}$$

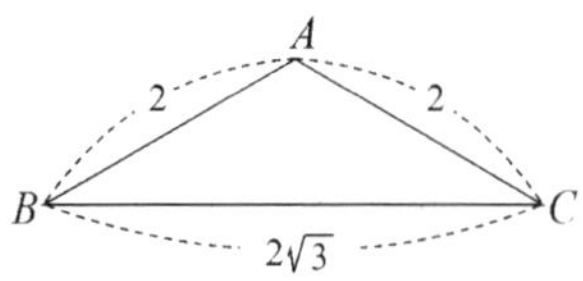

$0 < \angle A < 180^\circ$이므로 $\angle A = 120^\circ$. ■

예제 6 다음 그림과 같이 연못의 양쪽에 서 있는 나무 A, B가 $\overline{AC} = 100\text{m}$, $\overline{BC} = 200\text{m}$, $\angle ACB = 120^\circ$일 때, 두 나무 A, B 사이의 거리를 구

하여라. (단, $\sqrt{7} \fallingdotseq 2.6$)

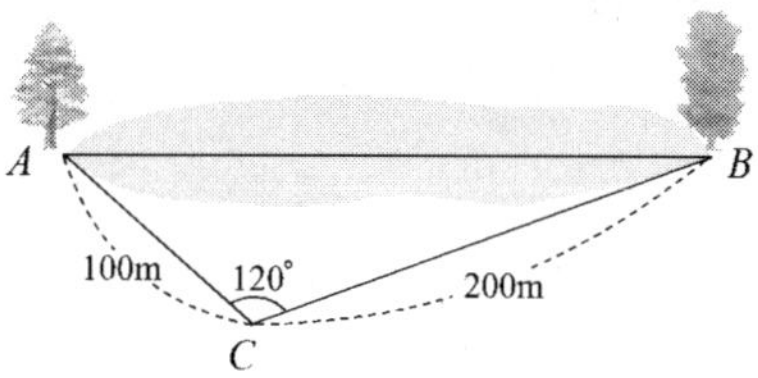

풀이 제 2 코사인법칙에 의하여

$$\begin{aligned}\overline{AB}^2 &= 100^2 + 200^2 - 2 \cdot 100 \cdot 200 \cdot \cos 120^\circ \\ &= 50000 - 40000 \cdot \left(-\frac{1}{2}\right) \\ &= 70000.\end{aligned}$$

그러므로

$$\overline{AB} = \sqrt{70000} = 100\sqrt{7} = 100 \times 2.6 = 260(\text{m}).$$

삼각함수의 덧셈 공식

(1) 나타내는 각의 크기가 각각 α, β인 동경이 단위원과 만나는 점을 P, Q라 하면 점 P의 좌표는 $(\cos\alpha, \sin\alpha)$, 점 Q의 좌표는 $(\cos\beta, \sin\beta)$이다.

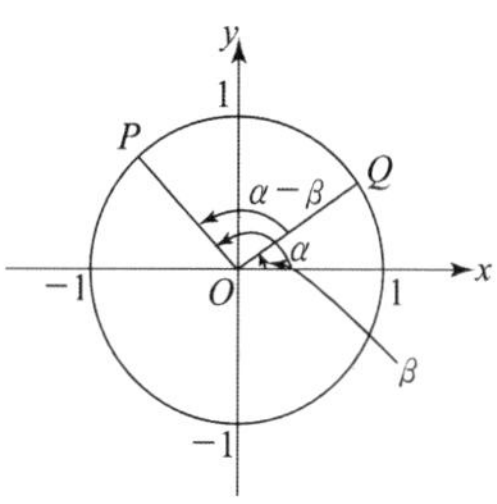

그러므로

$$\begin{aligned}\overline{PQ}^2 &= (\cos\beta - \cos\alpha)^2 + (\sin\beta - \sin\alpha)^2 \\ &= \cos^2\beta + \cos^2\alpha - 2\cos\alpha\cos\beta + \sin^2\beta + \sin^2\alpha - 2\sin\beta\sin\alpha \\ &= 2 - 2\cos\alpha\cos\beta - 2\sin\beta\sin\alpha.\end{aligned}$$

한편, 제 2 코사인법칙에 의하여

$$\overline{PQ}^2 = \overline{OP}^2 + \overline{OQ}^2 - 2\overline{OP} \cdot \overline{OQ}\cos(\alpha-\beta)$$
$$= 2 - 2\cos(\alpha-\beta).$$

따라서

$$\cos(\alpha-\beta) = \cos\alpha\cos\beta + \sin\alpha\sin\beta.$$

(2) (1)에서 β 대신 $-\beta$를 대입하면

$$\cos(\alpha+\beta) = \cos\alpha\cos(-\beta) + \sin\alpha\sin(-\beta)$$
$$= \cos\alpha\cos\beta - \sin\alpha\sin\beta.$$

(3) $\sin(\alpha+\beta) = \cos\left(\frac{\pi}{2} - (\alpha+\beta)\right)$

$$= \cos\left(\left(\frac{\pi}{2} - \alpha\right) - \beta\right)$$
$$= \cos\left(\frac{\pi}{2} - \alpha\right)\cos\beta + \sin\left(\frac{\pi}{2} - \alpha\right)\sin\beta$$
$$= \sin\alpha\cos\beta + \cos\alpha\sin\beta$$

(4) (3)에서 β 대신 $-\beta$를 대입하면

$$\sin(\alpha-\beta) = \sin(\alpha+(-\beta))$$
$$= \sin\alpha\cos(-\beta) + \cos\alpha\sin(-\beta)$$
$$= \sin\alpha\cos\beta - \cos\alpha\sin\beta$$

보기 1 $\sin 15^\circ = \sin(45^\circ - 30^\circ)$

$$= \sin 45^\circ \cos 30^\circ - \sin 30^\circ \cos 45^\circ$$
$$= \frac{\sqrt{2}}{2} \cdot \frac{\sqrt{3}}{2} - \frac{1}{2} \cdot \frac{\sqrt{2}}{2}$$
$$= \frac{\sqrt{6} - \sqrt{2}}{4}$$

■

예제 7 탄젠트함수에 대한 합 공식

$$\tan(\alpha+\beta) = \frac{\tan\alpha + \tan\beta}{1 - \tan\alpha\tan\beta},$$

$$\tan(\alpha-\beta)=\frac{\tan\alpha-\tan\beta}{1+\tan\alpha\tan\beta}$$

가 성립함을 보여라.

풀이 $\tan(\alpha+\beta)=\dfrac{\sin(\alpha+\beta)}{\cos(\alpha+\beta)}=\dfrac{\sin\alpha\cos\beta+\cos\alpha\sin\beta}{\cos\alpha\cos\beta-\sin\alpha\sin\beta}$ 인데,

분모와 분자를 각각 $\cos\alpha\cos\beta$로 나누면

$$\tan(\alpha+\beta)=\frac{\tan\alpha+\tan\beta}{1-\tan\alpha\tan\beta}$$

가 된다. 또한 위 식에 β 대신에 $-\beta$를 대입하면

$$\begin{aligned}\tan(\alpha-\beta)&=\tan(\alpha+(-\beta))\\&=\frac{\tan\alpha+\tan(-\beta)}{1-\tan\alpha\tan(-\beta)}\\&=\frac{\tan\alpha-\tan\beta}{1+\tan\alpha\tan\beta}.\end{aligned}$$ ■

예제 8 예제 7의 결과를 이용하여 $\tan 75^\circ$를 계산하여라.

풀이
$$\begin{aligned}\tan 75^\circ=\tan(30^\circ+45^\circ)&=\frac{\tan 30^\circ+\tan 45^\circ}{1-\tan 30^\circ\tan 45^\circ}\\&=\frac{\frac{\sqrt{3}}{3}+1}{1-\frac{\sqrt{3}}{3}\cdot 1}=\frac{\sqrt{3}+3}{3-\sqrt{3}}\\&=\frac{12+6\sqrt{3}}{9-3}=2+\sqrt{3}.\end{aligned}$$ ■

삼각함수의 덧셈 공식

$$\cos(\alpha+\beta)=\cos\alpha\cos\beta-\sin\alpha\sin\beta$$
$$\cos(\alpha-\beta)=\cos\alpha\cos\beta+\sin\alpha\sin\beta$$
$$\sin(\alpha+\beta)=\sin\alpha\cos\beta+\cos\alpha\sin\beta$$
$$\sin(\alpha-\beta)=\sin\alpha\cos\beta-\cos\alpha\sin\beta$$
$$\tan(\alpha+\beta)=\frac{\tan\alpha+\tan\beta}{1-\tan\alpha\tan\beta}$$
$$\tan(\alpha-\beta)=\frac{\tan\alpha-\tan\beta}{1+\tan\alpha\tan\beta}$$

배각 공식, 반각 공식

삼각함수의 덧셈 공식에서 β 대신에 α를 대입하면 배각 공식을 얻는다.

$$\sin 2\alpha = 2\sin\alpha\cos\alpha$$
$$\cos 2\alpha = \cos^2\alpha - \sin^2\alpha = 2\cos^2\alpha - 1 = 1 - 2\sin^2\alpha$$
$$\tan 2\alpha = \frac{2\tan\alpha}{1-\tan^2\alpha}$$

예제 9 α가 제1사분면의 각이고 $\sin\alpha = \frac{1}{3}$일 때, 다음 삼각함수의 값을 구하여라.

1) $\sin 2\alpha$ 2) $\cos 2\alpha$ 3) $\tan 2\alpha$

풀이 α가 제1사분면의 각이므로 $\cos\alpha > 0$. 그러므로

$$\cos\alpha = \sqrt{1-\sin^2\alpha} = \sqrt{1-\left(\frac{1}{3}\right)^2} = \frac{2\sqrt{2}}{3}.$$

1) $\sin 2\alpha = 2\sin\alpha\cos\alpha = 2\cdot\frac{1}{3}\cdot\frac{2\sqrt{2}}{3} = \frac{4\sqrt{2}}{9}$

2) $\cos 2\alpha = 1 - 2\sin^2\alpha = 1 - 2\cdot\left(\frac{1}{3}\right)^2 = \frac{7}{9}$

3) $\tan 2\alpha = \frac{\sin 2\alpha}{\cos 2\alpha} = \frac{4\sqrt{2}}{7}$ ■

예제 10 배각의 공식으로부터 다음과 같은 반각의 공식을 유도하여라.

$$\sin^2\frac{\alpha}{2} = \frac{1-\cos\alpha}{2},\quad \cos^2\frac{\alpha}{2} = \frac{1+\cos\alpha}{2},\quad \tan^2\frac{\alpha}{2} = \frac{1-\cos\alpha}{1+\cos\alpha}$$

풀이 배각의 공식 $\cos 2\alpha = 2\cos^2\alpha - 1 = 1 - 2\sin^2\alpha$로부터 $\cos\alpha$와 $\sin\alpha$를 구하면

$$\cos^2\alpha = \frac{1+\cos 2\alpha}{2},\quad \sin^2\alpha = \frac{1-\cos 2\alpha}{2}.$$

여기에 α 대신 $\frac{\alpha}{2}$를 대입하면 사인함수와 코사인함수에 대한 반각의 공식을 얻는다. 또한 이 결과로부터 탄젠트함수에 대한 반각의 공식도 유도할 수 있다.

$$\tan^2\frac{\alpha}{2}=\left(\tan\frac{\alpha}{2}\right)^2=\left(\frac{\sin\frac{\alpha}{2}}{\cos\frac{\alpha}{2}}\right)^2=\frac{1-\cos\alpha}{1+\cos\alpha}$$ ■

예제 11 $0<\alpha<\frac{\pi}{2}$이고 $\cos\alpha=\frac{1}{4}$일 때, 다음 삼각함수의 값을 구하여라.

1) $\sin\frac{\alpha}{2}$ 2) $\cos\frac{\alpha}{2}$ 3) $\tan\frac{\alpha}{2}$

풀이 $0<\alpha<\frac{\pi}{2}$이면 $\frac{\alpha}{2}$도 제1 사분면의 각이므로 $\sin\frac{\alpha}{2}$, $\cos\frac{\alpha}{2}$, $\tan\frac{\alpha}{2}$의 값은 모두 양수이다.

1) $\sin\frac{\alpha}{2}=\sqrt{\frac{1-\cos\alpha}{2}}=\sqrt{\frac{3}{8}}=\frac{\sqrt{6}}{4}$

2) $\cos\frac{\alpha}{2}=\sqrt{\frac{1+\cos\alpha}{2}}=\sqrt{\frac{5}{8}}=\frac{\sqrt{10}}{4}$

3) $\tan\frac{\alpha}{2}=\sqrt{\frac{1-\cos\alpha}{1+\cos\alpha}}=\sqrt{\frac{3}{5}}=\frac{\sqrt{15}}{5}$ ■

연 습 문 제 Exercises

1. $\triangle ABC$에서 $\angle A = 60^{\circ}$, $\angle B = 45^{\circ}$, $b = \sqrt{6}$ 일 때, c와 외접원의 반지름의 길이 R을 구하여라.

2. 거리가 10km인 두 관측소 A, B에서 비행기 C를 관측하였더니 각각 $\angle CAB = 75^{\circ}$, $\angle CBA = 60^{\circ}$ 이었다. 관측소 A에서 비행기 C까지의 거리를 구하여라.

3. $\triangle ABC$에서 다음을 구하여라.

(1) $a = 4\sqrt{3}$, $b = 4$, $A = 60^{\circ}$, $B = 45^{\circ}$ 일 때 c의 값

(2) $a = \sqrt{2}$, $c = 2$, $A = 30^{\circ}$, $B = 105^{\circ}$ 일 때 b의 값

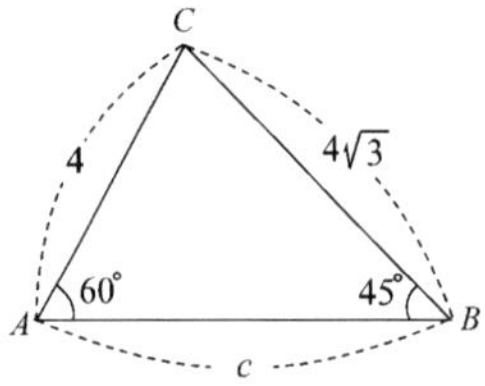

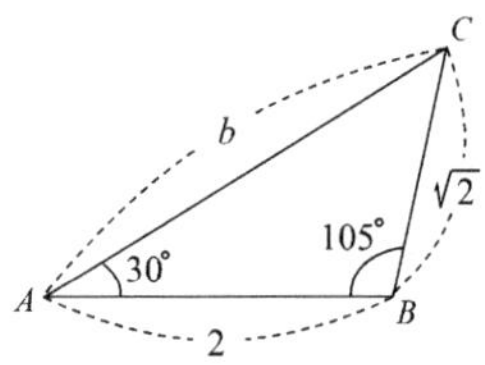

4. $\triangle ABC$에서 다음을 구하여라.

(1) $a = 13$, $c = 7$, $A = 120^{\circ}$ 일 때 b의 값

(2) $a = 2$, $b = \sqrt{2}$, $c = 1 + \sqrt{3}$ 일 때 A의 크기

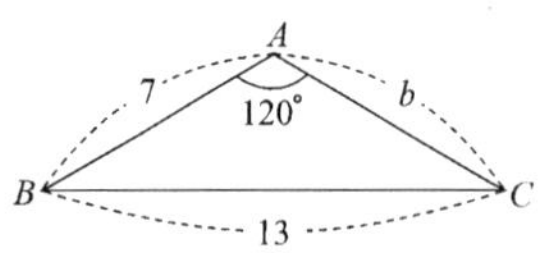

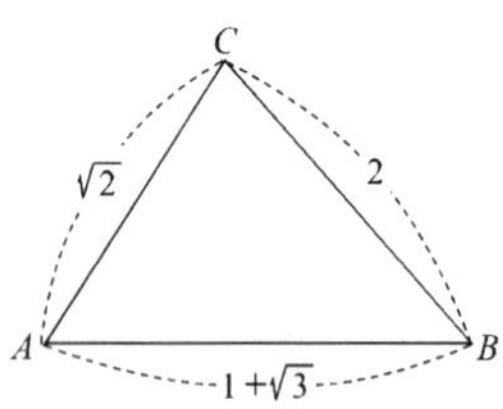

5. 두 유람선 A, B에서 등대 C까지의 거리는 각각 400m, 500m이고 $\angle \mathrm{ACB} = 60^{\circ}$ 이다. 두 유람선 사이의 거리를 구하여라.

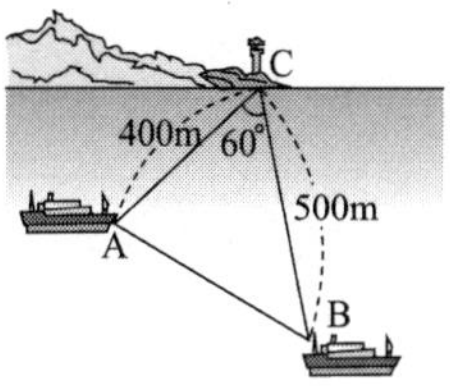

6. $a=5$, $b=3$, $c=7$일 때 $\sin A$의 값을 구하여라.

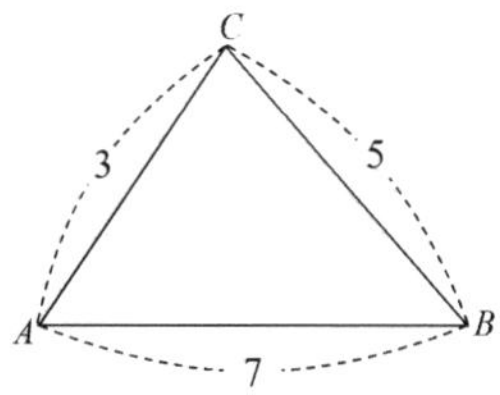

7. 다음 삼각함수의 값을 구하여라.

(1) $\sin 105^\circ$ (2) $\cos 75^\circ$ (3) $\tan 15^\circ$

8. 다음 조건에 대하여 삼각함수 $\sin 2\alpha$, $\cos 2\alpha$의 값을 구하여라.

(1) α가 제 4 사분면의 각이고 $\sin\alpha = -\frac{1}{3}$

(2) α가 제 2 사분면의 각이고 $\sin\alpha = \frac{3}{5}$

9. 다음 조건에 대하여 삼각함수 $\sin\frac{\alpha}{2}$, $\cos\frac{\alpha}{2}$, $\tan\frac{\alpha}{2}$의 값을 구하여라.

(1) $\pi < \alpha < \frac{3}{2}\pi$이고 $\cos\alpha = -\frac{1}{3}$

(2) $\frac{\pi}{2} < \alpha < \pi$이고 $\sin\alpha = \frac{3}{5}$

10. 삼각함수의 덧셈 공식으로부터 다음을 유도하여라.

(1) $\sin\alpha\cos\beta = \frac{1}{2}\{\sin(\alpha+\beta)+\sin(\alpha-\beta)\}$

(2) $\cos\alpha\cos\beta = \frac{1}{2}\{\cos(\alpha+\beta)+\cos(\alpha-\beta)\}$

(3) $\cos\alpha\cos\beta = \frac{1}{2}\{\cos(\alpha+\beta)-\cos(\alpha-\beta)\}$

Chapter

6 지수함수와 로그함수

지수는 같은 수를 반복해서 곱하는 거듭제곱을 간단히 나타내고자 하는 시도에서 출발하였다. 예를 들어 지구에서 태양까지의 평균 거리는 약 150,000,000km인데 지수로 나타내면 1.5×10^8으로 간단히 나타낼 수 있다. 이후 제곱근 및 지수함수로 단계적으로 발전하였다.

로그는 두 수의 곱셈을 빨리하기 위해 곱셈을 덧셈으로 바꾸어 계산하려는 시도에서 출발하여 함수의 개념으로 발전하였는데, 로그를 이용한 계산법이 처음 발견된 17세기에 "계산에 따른 일의 양을 줄임으로써 천문학자의 수명을 두 배로 늘렸다"고 할 만큼 케플러와 같은 많은 천문학자와 수학자들로부터 환영을 받았다.

오늘날 지수함수와 로그함수는 자연과학과 공학의 수많은 분야에서 나타나는 현상을 수학적으로 설명하고 분석하기 위한 핵심적인 도구로 사용되고 있다.

6.1 지수의 확장

자연수와 정수 지수

같은 수를 여러 번 반복해서 곱하는 경우

$$a\times a=a^2,\ a\times a\times a=a^3,\ a\times a\times a\times a=a^4\ ,\ \cdots$$

와 같이 나타내는 것이 편리하다. 예를 들어 100,000,000은 10을 8번 곱한 것과 같으므로 간단히 10^8으로 나타내면 된다.

이때 a^2, a^3, a^4, $\cdots$을 각각 a의 제곱, a의 세제곱, a의 네제곱, $\cdots$이라 읽고, a의 거듭제곱이라 한다. 여기서 a와 같이 거듭하여 곱해진 수를 거듭제곱의 **밑**, 2, 3, 4, $\cdots$와 같이 곱해진 a의 개수를 거듭제곱의 **지수**라 한다.

지수가 자연수일 때 다음 지수법칙이 성립한다.

지수법칙

a, b가 임의의 실수이고 m, n이 자연수일 때,

① $a^m a^n = a^{m+n}$

② $(a^m)^n = a^{mn}$

③ $(ab)^n = a^n b^n$

④ $a \neq 0$일 때, $a^m \div a^n = \begin{cases} a^{m-n} & (m > n) \\ 1 & (m = n) \\ \dfrac{1}{a^{n-m}} & (m < n) \end{cases}$

지수법칙 $a^m \div a^n = a^{m-n}$이 $m = n$일 때에도 성립한다면

$$1 = a^m \div a^m = a^{m-m} = a^0.$$

지수법칙 $a^m \div a^n = \dfrac{1}{a^{n-m}}(m < n)$이 $m = 0$일 때에도 성립한다면

$$\frac{1}{a^n} = a^0 \div a^n = a^{0-n} = a^{-n}.$$

그러므로 $a \neq 0$이고 n이 자연수일 때

$$a^0 = 1, \qquad a^{-n} = \frac{1}{a^n}$$

으로 정의한다.

일반적으로, 지수가 정수일 때에도 지수법칙이 성립한다.

예제 1 $a \neq 0$, $b \neq 0$이고 m, n이 정수일 때, 다음을 증명하여라.

1) $a^m a^n = a^{m+n}$　　　2) $(a^m)^n = a^{mn}$

3) $(ab)^n = a^n b^n$　　　4) $a^m \div a^n = a^{m-n}$

증명 1) $a \neq 0$이고 m, n이 음의 정수일 때

$$m = -p,\ n = -q\ (p > 0,\ q > 0)$$

라 하면, 지수가 자연수일 때의 지수법칙에 의하여

$$a^m a^n = a^{-p} a^{-q} = \frac{1}{a^p} \cdot \frac{1}{a^q} = \frac{1}{a^p a^q} = \frac{1}{a^{p+q}}$$

$$= a^{-(p+q)} = a^{(-p)+(-q)} = a^{m+n}.$$

2), 3), 4)는 생략한다. ■

보기 1 $(\sqrt{2})^0 = 1,\ \left(-\frac{2}{3}\right)^0 = 1,\ 10^{-3} = \frac{1}{1000},\ \left(\frac{1}{4}\right)^{-2} = 16.$ ■

예제 2 다음을 간단히 하여라.

1) $a^2 \times a^{-3} \div a^{-6}$　　2) $(a^{-2}) \times (a^2)^{-4}$

3) $(a^3b^{-2}) \div (a^{-2}b^3)^2$　　4) $\dfrac{(a^2b^{-1})^3}{a^5b^{-4}}$

풀이 1) $a^2 \times a^{-3} \div a^{-6} = a^{2+(-3)-(-6)} = a^5$

2) $(a^{-2}) \times (a^2)^{-4} = a^{-2} \times a^{-8} = a^{-10}$

3) $(a^3b^{-2}) \div (a^{-2}b^3)^2 = (a^3b^{-2}) \div (a^{-4}b^6) = a^7b^{-8}$

4) $\dfrac{(a^2b^{-1})^3}{a^5b^{-4}} = \dfrac{a^6b^{-3}}{a^5b^{-4}} = ab$ ■

유리수 지수

두 정수 m, n에 대하여 성립하는 지수법칙

$$(a^m)^n = a^{mn}\ (a > 0)$$

이 지수가 유리수일 때에도 성립한다면 임의의 정수 m과 자연수 n에 대하여

$$\left(a^{\frac{m}{n}}\right)^n = a^{\frac{m}{n}\times n} = a^m.$$

이 경우 $a^m > 0$이므로 $a^{\frac{m}{n}}$은 a^m의 양의 n제곱근이다. 그러므로 $a > 0$이고 임의의 정수 m과 자연수 n에 대하여

$$a^{\frac{m}{n}} = \sqrt[n]{a^m}$$

으로 정의한다. 특히, $m = 1$인 경우에는 $a^{\frac{1}{n}} = \sqrt[n]{a}$로 정의한다.

보기 2 1) $\sqrt[5]{2^3} = a^{\frac{3}{5}}$

2) $8^{\frac{2}{3}} = \sqrt[3]{8^2} = \sqrt[3]{64} = \sqrt[3]{4^3} = 4$ ■

일반적으로, 지수가 유리수일 때에도 지수법칙이 성립한다.

예제 3 $a > 0,\ b > 0$ 이고 $m,\ n$ 이 유리수일 때, 다음을 증명하여라.

1) $a^m a^n = a^{m+n}$ 2) $(a^m)^n = a^{mn}$

3) $(ab)^n = a^n b^n$ 4) $a^m \div a^n = a^{m-n}$

증명 정수 p, q, r, s $(q > 0,\ s > 0)$에 대하여

$$m = \frac{p}{q},\ n = \frac{r}{s}$$

라 하면, $a > 0$ 일 때

$$a^m a^n = a^{\frac{p}{q}} a^{\frac{r}{s}} = a^{\frac{ps}{qs}} a^{\frac{qr}{qs}} = \sqrt[qs]{a^{ps}} \sqrt[qs]{a^{qr}}$$
$$= \sqrt[qs]{a^{ps+qr}} = a^{\frac{ps+qr}{qs}} = a^{\frac{p}{q}+\frac{r}{s}} = a^{m+n}.$$

2), 3), 4)는 생략한다. ■

보기 3 지수법칙을 사용하여 $8^{\frac{2}{3}}$을 계산하면 $8^{\frac{2}{3}} = (2^3)^{\frac{2}{3}} = 2^{3\times\frac{2}{3}} = 2^2 = 4$이다. ■

보기 4 지수가 유리수일 때, a의 범위에 주의하지 않으면 다음과 같은 오류가 발생한다.

$$-3 = (-27)^{\frac{1}{3}} = (-27)^{\frac{2}{6}} = \{(-27)^2\}^{\frac{1}{6}} = 729^{\frac{1}{6}} = (3^6)^{\frac{1}{6}} = 3$$ ■

예제 4 다음을 간단히 하여라.

1) $3^{\frac{3}{2}} \times 3^{-\frac{1}{2}}$ 2) $\left(4^{-\frac{2}{3}}\right)^{\frac{9}{4}}$

3) $27^{-\frac{2}{3}} \times 3^{-2}$　　　　　　　　4) $3^{\frac{3}{2}} \div 3^{-\frac{1}{2}}$

풀이 1) $3^{\frac{3}{2}} \times 3^{-\frac{1}{2}} = 3^{\frac{3}{2}+\left(-\frac{1}{2}\right)} = 3^1 = 3$

2) $4^{-\frac{2}{3}} = (2^2)^{-\frac{2}{3}} = 2^{2\times\left(-\frac{2}{3}\right)} = 2^{-\frac{4}{3}}$

그러므로

$$\left(4^{-\frac{2}{3}}\right)^{\frac{9}{4}} = \left(2^{-\frac{4}{3}}\right)^{\frac{9}{4}} = 2^{\left(-\frac{4}{3}\right)\times\frac{9}{4}} = 2^{-3} = \frac{1}{8}.$$

3) $27^{-\frac{2}{3}} \times 3^{-2} = (3^3)^{-\frac{2}{3}} \times 3^{-2} = 3^{3\times\left(-\frac{2}{3}\right)} \times 3^{-2}$

$= 3^{-2} \times 3^{-2} = 3^{-4} = \dfrac{1}{81}$

4) $3^{\frac{3}{2}} \div 3^{-\frac{1}{2}} = 3^{\frac{3}{2}-\left(-\frac{1}{2}\right)} = 3^2 = 9$ ■

예제 5 $\sqrt[4]{a^3b} \times \sqrt{ab} \div \sqrt[4]{ab^3}$ 을 간단히 하여라. (단, $a, b > 0$)

풀이 $\sqrt[4]{a^3b} \times \sqrt{ab} \div \sqrt[4]{ab^3} = (a^3b)^{\frac{1}{4}} \times (ab)^{\frac{1}{2}} \div (ab^3)^{\frac{1}{4}}$

$= \left(a^{\frac{3}{4}}b^{\frac{1}{4}}\right) \times \left(a^{\frac{1}{2}}b^{\frac{1}{2}}\right) \div \left(a^{\frac{1}{4}}b^{\frac{3}{4}}\right)$

$= a^{\frac{3}{4}+\frac{1}{2}-\frac{1}{4}} b^{\frac{1}{4}+\frac{1}{2}-\frac{3}{4}}$

$= a^1b^0 = a$ ■

실수 지수

x가 실수일 때 a^x를 정의하기 위하여 x를 무리수라 하자. 예를 들어 $3^{\sqrt{2}}$을 생각하여 보자. $\sqrt{2} = 1.41421356\cdots$이므로 $\sqrt{2}$에 한없이 가까워지는 유리수의 나열, 이를테면

$$1,\ 1.4,\ 1.41,\ 1.414,\ 1.4142,\ \cdots$$

을 생각할 수 있다. 이러한 유리수에 대하여

$$3^1,\ 3^{1.4},\ 3^{1.414},\ 3^{1.4142},\ \cdots$$

은 어떤 일정한 수에 한없이 가까워진다는 사실이 알려져 있다.

x	3^x
1	3
1.4	$4.6555\cdots$
1.41	$4.7069\cdots$
1.414	$4.7276\cdots$
1.4142	$4.7287\cdots$
$\vdots$	$\vdots$

이 일정한 수를

$$3^{\sqrt{2}}$$

로 정의한다.

이와 같이 임의의 무리수 x에 대하여 3^x를 정의할 수 있다.

일반적으로 $a>0$일 때, 임의의 실수 x에 대하여 a^x를 정의할 수 있으며, 지수법칙이 성립한다는 것이 알려져 있다.

지수법칙

$a>0$, $b>0$이고 x, y가 실수일 때

① $a^x a^y = a^{x+y}$　　② $(a^x)^y = a^{xy}$

③ $(ab)^x = a^x b^x$　　④ $a^x \div a^y = a^{x-y}$

보기 5 $(5^{\sqrt{2}})^{\sqrt{2}} = 5^{\sqrt{2}\times\sqrt{2}} = 5^2 = 25$ ■

예제 6 다음을 간단히 하여라.

1) $5^{\sqrt{2}}5^{2\sqrt{2}}$　　2) $2^{\sqrt{2}}5^{\sqrt{2}}$　　3) $5^{3\sqrt{2}} \div 5^{\sqrt{2}}$

풀이 1) $5^{\sqrt{2}}5^{2\sqrt{2}} = 5^{3\sqrt{2}}$

2) $2^{\sqrt{2}}5^{\sqrt{2}} = (2\times5)^{\sqrt{2}} = 10^{\sqrt{2}}$

3) $5^{3\sqrt{2}} \div 5^{\sqrt{2}} = 5^{3\sqrt{2}-\sqrt{2}} = 5^{2\sqrt{2}}$ ■

연 습 문 제 Exercises

1. $a \neq 0$, $b \neq 0$ 이고 m, n 이 유리수일 때, 다음 지수법칙이 성립함을 보여라.

(1) $(a^m)^n = a^{mn}$　　(2) $(ab)^n = a^n b^n$

(3) $a^m \div a^n = a^{m-n}$

2. $a > 0$ 일 때 다음을 간단히 하여라.

(1) $\sqrt{\sqrt[6]{a} \times \sqrt{a^5}}$　　(2) $(\sqrt{a})^{\frac{2}{3}} \div \sqrt[3]{a^4}$

(3) $\sqrt[3]{a^2} \times \sqrt{\sqrt{a^3}} \div \sqrt{\sqrt[3]{a}}$

3. 다음을 간단히 하여라.

(1) $3^{\sqrt{3}} 3^{2\sqrt{3}}$　　(2) $(3^{\sqrt{3}})^{2\sqrt{3}}$

(3) $25^{\sqrt{3}} 4^{\sqrt{3}}$　　(4) $\dfrac{9^{2\sqrt{2}}}{3^{\sqrt{2}}}$

4. $\sqrt{(-2)^2} + \sqrt[3]{(-3)^3} + \sqrt[4]{(-4)^4} + \sqrt[5]{(-5)^5}$ 의 값을 구하여라.

5. 원고를 같은 비율로 확대 복사하는 과정을 5회 반복하였더니 인쇄물의 글자 크기가 원래 크기의 두 배가 되었다. 만약 이 과정을 8회 반복하였다면 글자의 크기는 원래 크기의 몇 배가 되는지 구하여라.

6. $a^{2x} = 3$ 이라 할 때, $\dfrac{a^{3x} + a^{-3x}}{a^x + a^{-x}}$ 의 값을 구하여라. (단, $a > 0$)

7. $\dfrac{2^x + 2^{-x}}{2^x - 2^{-x}} = 4$ 일 때, $4^x - 4^{-x}$ 의 값을 구하여라.

6.2 지수함수

지수함수

임의의 실수 x 에 대하여 $a^x(a>0,\ a\neq 1)$의 값은 하나로 정해지므로 실수 x 에 a^x 을 대응시키는 것은 함수가 된다.

이와 같이 실수 전체의 집합을 정의역으로 하는 함수

$$y=a^x \quad (a>0,\ a\neq 1)$$

을 a 를 밑으로 하는 **지수함수**라 한다.

$a=2$ 일 때, 즉 지수함수 $y=2^x$ 에 대하여 x 의 여러 가지 값에 대응하는 y 의 값을 구하여 표로 나타내면 다음과 같다.

x	$\cdots$	-3	-2	-1	0	1	2	3	$\cdots$
y	$\cdots$	$\frac{1}{8}$	$\frac{1}{4}$	$\frac{1}{2}$	1	2	4	8	$\cdots$

함수 $y=2^x$ 의 대응표를 이용하여 점 (x, y) 를 좌표평면에 나타내고 x 의 값을 더욱 세분하여 얻은 점 (x, y) 를 좌표평면에 계속해서 나타내어 매끄러운 곡선으로 연결하면 다음 그림과 같은 그래프를 얻는다.

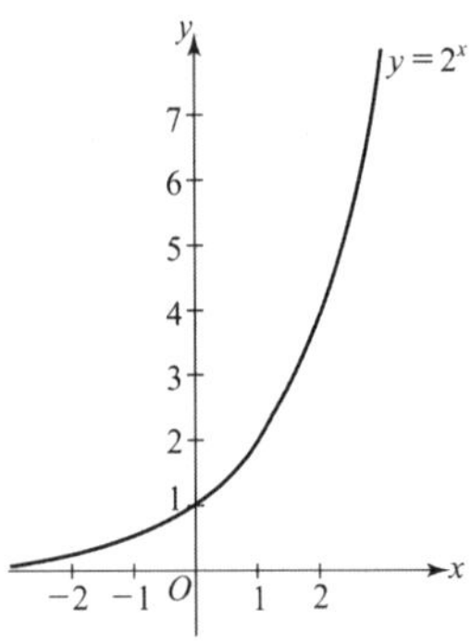

지수함수 $y=2^x$ 의 정의역은 실수 전체의 집합이고 치역은 양의 실수 전체의 집합이다. 또한 $y=2^x$ 의 그래프는 점 $(0, 1)$ 을 지나고 x 의 값이 증가하면 y 의 값도 증가한다. 그리고 x 의 값이 한없이 작아지면 y 의 값은 0 에 한없이 가까워진다. 즉, x 축은 지수함수 $y=2^x$ 의 그래프의 점근선이다.

일반적으로 지수함수 $y=a^x\ (a>0,\ a\neq 1)$의 그래프는 a 의 값에 따라 다음과 같다.

$a>1$일 때

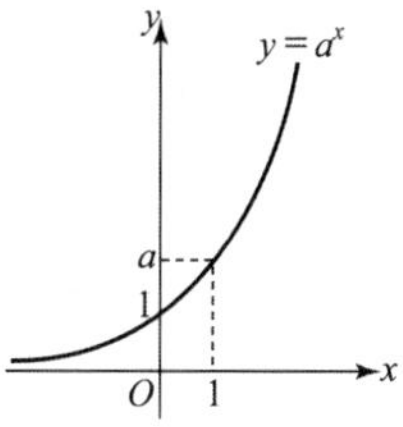

$0<a<1$일 때

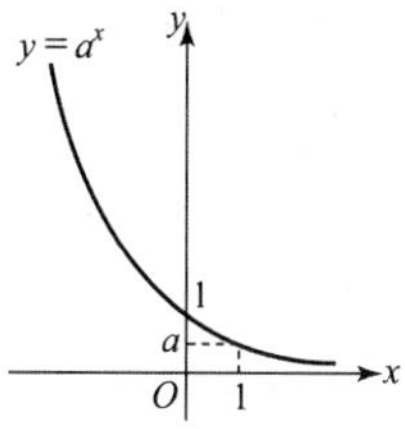

지수함수 $y=a^x(a>0,\ a\neq 1)$의 그래프는 a의 값에 관계없이 직선 $y=c$와 한 점에서 만나거나 만나지 않는다. 그러므로 지수함수는 일대일 함수이다. 또한 지수함수는 정의역을 실수 전체의 집합이라 두고, 공역을 양의 실수 전체의 집합이라 두면 일대일 대응이 된다.

예제 1 $0\leq x\leq 3$에서 지수함수 $y=2^x$의 최댓값과 최솟값을 구하여라.

풀이 지수함수 $y=2^x$의 그래프를 보면 x의 값이 증가하면 y의 값도 증가함을 알 수 있다. 그러므로 최솟값은 $x=0$일 때 $y=2^0=1$이고, 최댓값은 $x=3$일 때, $y=2^3=8$이다. ■

예제 2 초콜릿 덩어리를 끓인 후 틀에 넣고 식혀서 여러 가지 모양의 초콜릿을 만들려고 한다. 온도가 53℃인 초콜릿을 내부 온도 10℃를 일정하게 유지하는 냉장고에 넣어 두면 t분 후의 초콜릿의 온도 $f(t)$는

$$f(t)=3+50(2.7)^{kt}\ \text{(단, } k\text{는 상수)}$$

라고 한다. 20분 후 초콜릿의 온도가 33℃일 때, 40분 후 초콜릿의 온도를 구하여라.

풀이 $f(20)=3+50(2.7)^{20k}=33$이므로

$$(2.7)^{20k}=\frac{33-3}{50}=\frac{3}{5}.$$

따라서

$$\begin{aligned}f(40)&=3+50(2.7)^{40k}\\&=3+50\left((2.7)^{20k}\right)^2\end{aligned}$$

$$= 3 + 50\left(\frac{3}{5}\right)^2 = 21.$$

40분 후 초콜릿의 온도는 21℃이다. ■

지수함수의 밑으로 사용하는 수는 0보다 크고 1이 아닌 모든 실수가 될 수 있지만 자연과학이나 공학에서 밑으로서 특별히 의미있게 사용되는 수는 무리수 e이다.

$$e = 2.718281828459\cdots$$

이 값은 다음과 같이 정의할 수 있다.

$$\left(1+\frac{1}{2}\right)^2 = 2.25$$

$$\left(1+\frac{1}{3}\right)^3 = 2.3703\cdots$$

$$\left(1+\frac{1}{10}\right)^{10} = 2.5937\cdots$$

$$\left(1+\frac{1}{100}\right)^{100} = 2.7048\cdots$$

$$\vdots$$

이 값들은 n의 값이 커질수록 점점 e의 값에 가까워진다. 즉

$$e = \lim_{n \to \infty}\left(1+\frac{1}{n}\right)^n$$

으로 정의할 수 있다.

예제 3 $y = e^x + 1$의 그래프와 $y = e^{-x}$의 그래프를 그려라.

풀이

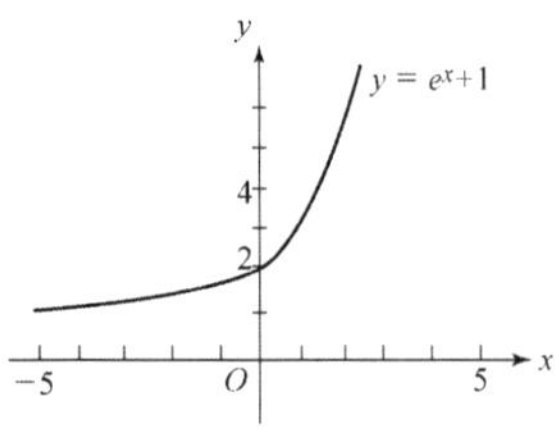

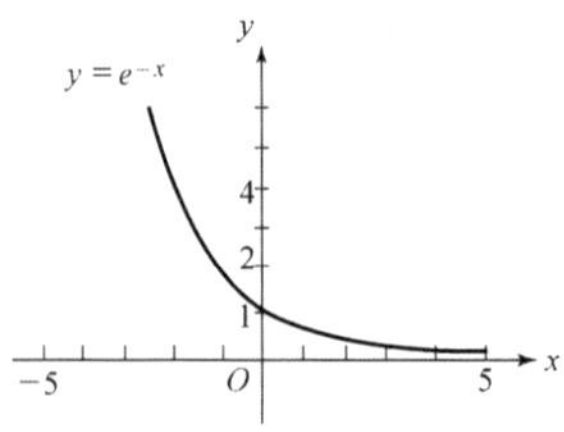

지수방정식

$2^x=8$, $2^{2x}-5\cdot 2^x+4=0$과 같이 지수에 미지수를 포함하는 방정식을 지수방정식이라 한다. 지수방정식을 만족하는 미지수의 값을 지수방정식의 해라고 한다.

보기 1 $2^x=8$의 해는 $x=3$이고, $3^x=81$의 해는 $x=4$이다. ■

예제 4 $2^{x-3}=8^{x+1}$을 만족하는 해를 구하여라.

풀이 $8^{x+1}=(2^3)^{x+1}=2^{3x+3}$이므로

$$2^{x-3}=2^{3x+3}.$$

그러므로 $x-3=3x+3$이고 따라서 $x=-3$. ■

예제 5 $4^x-3\cdot 2^x+2=0$을 만족하는 해를 구하여라.

풀이 $4^x=(2^2)^x=(2^x)^2$이므로 $2^x=X$라 두면 $X>0$이고, 방정식은
$X^2-3X+2-0$이 된다. $(X-1)(X\quad 2)=0$이므로
$X=1$ 또는 $X=2$.
따라서 $2^x=1$ 또는 $2^x=2$에서 $x=0$ 또는 $x=1$. ■

연 습 문 제 Exercises

1. 함수 $y = 2^{x-1} + 2$의 그래프를 그려라.

2. 함수 $y = 4^{2x}$의 그래프를 x축의 방향으로 m만큼, y축의 방향으로 n만큼 평행이동 하였더니 함수 $y = 16 \cdot 4^{2x} + 16$의 그래프와 겹쳐졌다. 이때, 상수 m, n의 값을 구하여라.

3. 지수함수 $f(x) = 3^{-x}$에 대하여 $f(a) = p$, $f(b) = q$일 때, $f\left(\frac{a+b}{3}\right)$를 p, q를 이용하여 나타내어라.

4. 지수함수의 그래프를 이용하여 다음 세 수의 크기를 비교하여라.

   (1) $\sqrt{3}$, $\sqrt[3]{9}$, $\sqrt[4]{27}$ (2) $\sqrt{\frac{1}{4}}$, $\sqrt[3]{\frac{1}{16}}$, $\sqrt[4]{\frac{1}{64}}$

5. 주어진 범위에서 함수의 최솟값과 최댓값을 구하여라.

   (1) $y = 4^{x-2}$ $(1 \le x \le 3)$ (2) $y = \left(\frac{2}{3}\right)^x$ $(0 \le x \le 2)$

6. 다음 지수방정식의 해를 구하여라.

   (1) $9^x - 3^x - 6 = 0$ (2) $2^{2x+1} - 10 \cdot 2^x + 8 = 0$

   (3) $\left(\frac{1}{9}\right)^x - \left(\frac{1}{3}\right)^{x-1} - 54 = 0$ (4) $9^x - 6 \cdot 3^x - 27 = 0$

6.3 로그와 로그함수

로그

$a > 0,\ a \neq 1$이라 하자.

이때, a를 밑으로 하는 지수함수는 일대일 함수이고 치역이 양의 실수의 집합이므로 임의의 양수 x에 대하여

$$a^y = x$$

를 만족하는 실수 y는 오직 하나 존재한다. 이 y를 a를 밑으로 하는 x의 **로그**라 하고 기호로

$$y = \log_a x$$

와 같이 나타낸다.

> $a > 0,\ a \neq 1,\ x > 0$일 때
>
> $$a^y = x \quad \Leftrightarrow \quad y = \log_a x$$

참고 $y = \log_a x$를 양의 실수 전체의 집합에서 정의된 함수라 할 수 있다. 지수함수 $y = a^x$은 정의역 X를 실수 전체의 집합으로 두고 공역 Y를 양의 실수 전체의 집합으로 두면 일대일 대응이 된다.
그러므로 역함수가 존재하는데 이 역함수가 $y = \log_a x$이다.

보기 1 $2^3 = 8$이므로 $3 = \log_2 8$이다. 또한 $3^{-2} = \dfrac{1}{9}$이므로 $-2 = \log_3 \dfrac{1}{9}$이다. ■

예제 1 다음 등식을 로그를 이용하여 나타내어라.

1) $10^3 = 1000$　　　　2) $3^{-3} = \dfrac{1}{27}$

풀이 1) $3 = \log_{10} 1000$

2) $-3 = \log_3 \dfrac{1}{27}$ ■

예제 2 다음 값을 구하여라.

1) $\log_3 81$ 2) $\log_2 \frac{1}{16}$

풀이 1) $\log_3 81 = x$라 두면, 로그의 정의에 의하여 $3^x = 81 = 3^4$이므로 $x = 4$이다.

2) $\log_2 \frac{1}{16} = x$라 두면, 로그의 정의에 의하여 $2^x = \frac{1}{16} = 2^{-4}$이므로 $x = -4$이다. ■

특히, $a = e$일 때 e를 밑으로 하는 로그를 **자연로그**라 하고

$$\ln x$$

로 나타낸다. 또한 $a = 10$일 때 10을 밑으로 하는 로그를 **상용로그**라 하고

$$\log x$$

로 나타낸다.

보기 2 $e^0 = 1,\ 10^0 = 1$이므로 $\ln 1 = 0,\ \log 1 = 0$이다. ■

예제 3 다음 값을 구하여라.

1) $\log \frac{1}{1000}$ 2) $\ln e$

풀이 1) $\log \frac{1}{1000} = x$라 두면, 상용로그는 밑이 10인 로그이므로 $10^x = \frac{1}{1000} = 10^{-3}$. 따라서 $x = -3$이다.

2) $\ln e = x$라 두면, 자연로그는 밑이 e인 로그이므로 $e^x = e$. 따라서 $x = 1$이다. ■

지수법칙을 이용하면 다음과 같은 로그의 성질을 얻을 수 있다.

> **로그의 성질**
>
> $a>0,\ a\neq 1,\ x>0,\ y>0$일 때
>
> ① $\log_a 1=0,\ \log_a a=1$
>
> ② $\log_a x+\log_a y=\log_a xy$
>
> ③ $\log_a x-\log_a y=\log_a \dfrac{x}{y}$
>
> ④ $\log_a x^k=k\log_a x$ (단, k는 실수)

증명 $a^0=1,\ a^1=a$이므로 로그의 정의에 의하여

$$\log_a 1=0,\ \log_a a=1.$$

$\log_a x=m,\ \log_a y=n$이라 두면

$$x=a^m,\ y=a^n$$

이다. $xy=a^{m+n}$이므로

$$\log_a xy=m+n=\log_a x+\log_a y.$$

$\dfrac{x}{y}=a^{m-n}$이므로

$$\log_a \frac{x}{y}=m-n=\log_a x-\log_a y.$$

$x^k=(a^m)^k=a^{km}$이므로 $\log_a x^k=km=k\log_a x$. ■

보기 3 1) $\log_2 1=0,\ \log_2 2=1$

2) $\log_2 10=\log_2(2\times 5)=\log_2 2+\log_2 5=1+\log_2 5$

3) $\log_2 \dfrac{5}{2}=\log_2 5-\log_2 2=\log_2 5-1$

4) $\log_2 8=\log_2 2^3=3\log_2 2=3$ ■

예제 4 다음 로그의 값을 구하여라.

1) $\log_3 \dfrac{1}{\sqrt{27}}$ 2) $\ln e\sqrt{e}$

풀이 1) $\dfrac{1}{\sqrt{27}}=\dfrac{1}{27^{\frac{1}{2}}}=\dfrac{1}{3^{\frac{3}{2}}}=3^{-\frac{3}{2}}$이므로

$$\log_3 \frac{1}{\sqrt{27}} = \log_3 3^{-\frac{3}{2}} = -\frac{3}{2}\log_3 3 = -\frac{3}{2}.$$

2) $e\sqrt{e} = e^1 e^{\frac{1}{2}} = e^{\frac{3}{2}}$ 이므로

$$\ln e\sqrt{e} = \ln e^{\frac{3}{2}} = \frac{3}{2}.$$

■

로그함수

$a > 0,\ a \neq 1$일 때 임의의 양수 x에 대하여 $\log_a x$의 값이 하나로 정해지므로 $y = \log_a x$는 양의 실수 전체의 집합을 정의역으로 하는 함수로 볼 수 있다. 이것을 **로그함수**라 한다.

한편 지수함수 $y = a^x$은 실수 전체의 집합에서 양의 실수 전체의 집합으로의 일대일 대응이므로 역함수가 존재한다. 그런데 로그의 정의가 $y = \log_a x \Leftrightarrow a^y = x$ 이므로 로그함수 $y = \log_a x$는 지수함수 $y = a^x$의 역함수이다.

따라서 로그함수 $y = \log_a x$는 양의 실수 전체의 집합이 정의역이고 실수 전체의 집합이 치역이다.

또한 로그함수 $y = \log_a x$의 그래프는 $y = a^x$의 그래프와 직선 $y = x$에 대하여 대칭이다. 따라서 로그함수 $y = \log_a x$의 그래프는 다음과 같다.

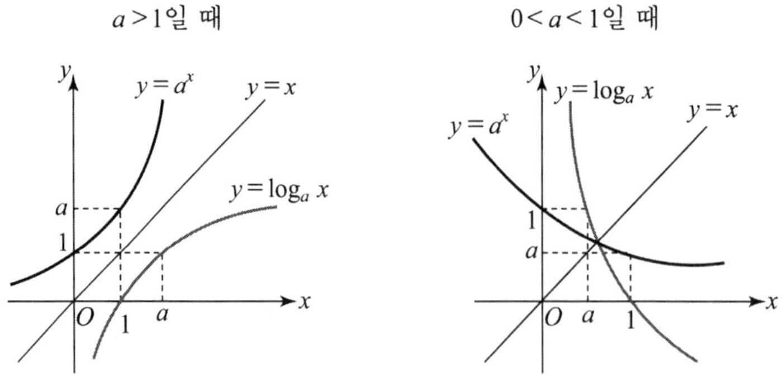

로그함수 $f^{-1}(x) = \log_a x$는 지수함수 $f(x) = a^x$의 역함수이므로 두 함수를 합성하면

$$(f^{-1} \circ f)(x) = \log_a a^x = x, \quad x\text{는 실수}$$

$$(f \circ f^{-1})(x) = a^{\log_a x} = x, \qquad x > 0$$

이다.

예제 5 함수 $y = 3^x$의 역함수를 $y = g(x)$라 할 때, 다음 그림에서 k의 값을 구하여라.

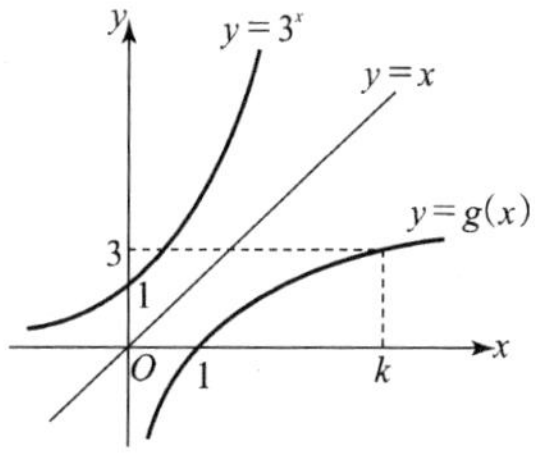

풀이 $y = 3^x$의 역함수는 $y = \log_3 x$이므로

$$g(x) = \log_3 x$$

이다. 그러므로

$$g(k) = \log_3 k = 3$$

따라서 $k = 27$. ■

로그방정식

$\log_3(x+1) = 3$, $\log_x 2 = 1$과 같이 로그의 진수 또는 밑에 미지수를 포함하는 방정식을 로그방정식이라 한다. 로그방정식을 만족하는 미지수의 값을 로그방정식의 해라고 한다.

보기 4 $\log_5(3x+1) = 2$은 로그의 정의에 의하여 $3x + 1 = 5^2$으로 나타낼 수 있으므로 방정식의 해는 $x = 8$이다. ■

예제 6 다음 로그방정식의 해를 구하여라.

1) $\log_{\frac{1}{2}}(x-1) = -2$ 2) $\log_x 3 = -2$

풀이 1) 로그의 정의에 의하여 $x-1=\left(\frac{1}{2}\right)^{-2}=4$이므로 $x=5$.

2) 로그의 정의에 의하여 $3=x^{-2}$이므로 $x^2=\frac{1}{3}$. 로그의 밑은 양수이므로 $x=\frac{1}{\sqrt{3}}$. ∎

예제 7 로그방정식 $(\log_3 x)^2=\log_3 x+2$의 해를 구하여라.

풀이 $\log_3 x=X$라 두면 방정식은 $X^2-X-2=0$이 된다.
$(X+1)(X-2)=0$이므로 $X=-1$ 또는 $X=2$.
따라서 $x=3^{-1}=\frac{1}{3}$ 또는 $x=3^2=9$. ∎

연습문제 Exercises

1. 다음 값을 구하여라.

(1) $\log_2 128$ (2) $\log_2 8\sqrt{2}$

(3) $\log_{\sqrt{3}} 9$ (4) $\log 0.01$

2. 다음 함수의 그래프를 그리고 정의역을 구하여라.

(1) $y = \log_3 3(x+1)+1$ (2) $y = \log_{\frac{1}{2}} 4(1-x)$

(3) $y = \log_{\frac{1}{3}}(-x)$ (4) $y = -\log_2(-x)$

3. 다음을 간단히 하여라.

(1) $\log_2 27^x - \log_2 3^x$ (2) $\ln 8 - 3\ln\left(\frac{1}{2}\right)$

4. $\log_2(2^1 \times 2^2 \times 2^3 \times \cdots \times 2^{10})^2$을 간단히 하여라.

5. 두 함수 $y = \log_2 x$와 $y = x$의 그래프가 다음 그림과 같을 때, 상수 c의 값을 구하여라.

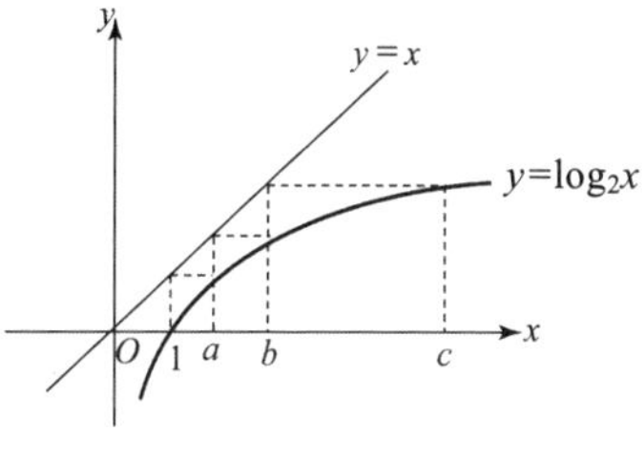

6. 다음 로그방정식의 해를 구하여라.

(1) $\log_{\frac{1}{10}}(x-1) = 2$ (2) $\log_x 4 = 2$

(3) $\log_2 x + \log_2 x^2 = 3$ (4) $\log x + \log(x-3) = 1$

7. 정의역이 $\{x \mid 5 \leqq x \leqq 8\}$인 함수 $y=\log_{\frac{1}{2}}(x-a)$의 최솟값이 -2일 때, a의 값을 구하여라.

8. 방사선 입자가 보호막을 통과할 때, 입자의 양은 한 겹의 보호망을 통과할 때마다 통과하기 전의 양의 $\frac{2}{5}$가 된다고 한다. 방사선 입자의 양이 처음 양의 $\frac{1}{10}$ 이하가 되려면 최소한 몇 겹의 보호막을 통과하여야 하는지 구하여라. (단, $\log 2 = 0.3010$)

9. 정상적인 사람의 귀로 들을 수 있는 가장 작은 소리의 세기를 d_0라 하면, 세기가 d_1인 소리의 크기 A는

$$A = 10\log\frac{d_1}{d_0}\ (\mathrm{dB})$$

로 나타낸다. 다음에 답하여라.

(1) 정상적인 사람의 귀로 들을 수 있는 가장 작은 소리의 크기는 몇 dB인지 계산하여라.

(2) 일반적인 생활 소음의 크기는 40dB, 일상 대화의 소리의 크기는 60dB이라 한다. 일상 대화의 소리의 세기는 생활 소음 세기의 몇 배인지 계산하여라.

Chapter

7 극한

극한에 대한 개념은 아르키메데스와 같은 고대 그리스 시대의 수학자들로부터 시작되어 많은 수학자들에 의해 다양한 방법으로 연구되었다. 극한의 개념은 17세기에 뉴턴과 라이프니츠에 의해 미분, 적분으로 발전하였고, 이후 수학, 천문학, 물리학 등 자연과학의 발전에 크게 기여하였다.

이 장에서는 수열과 수열의 극한, 함수의 극한 및 연속함수, 연속함수가 갖는 성질에 대하여 소개한다.

7.1 수열

수열

자연수의 집합 N에서 실수의 집합 $\mathbb{R}$로 가는 함수

$$f : \mathrm{N} \to \mathbb{R}$$

을 **수열**이라 한다. 이때 자연수 n에 대응되는 함숫값 $f(n)$을 수열의 항이라 하고, 흔히

$$f(1) = a_1,\ f(2) = a_2,\ f(3) = a_3,\ \cdots,\ f(n) = a_n,\ \cdots$$

와 같이 나타낸다. 함숫값 $f(n)$, 즉 a_n을 수열의 **일반항**이라 하는데, 수열을 간단히 나타낼 때는 일반항을 사용하여

$$\{a_n\}$$

과 같이 나타낸다.

보기 1 수열 $\{a_n\}$의 일반항이 $a_n = 2n+1$일 때, 이 수열의 제1항 $a_1 = 3$, 제5

항 $a_5 = 11$이다. ■

예제 1 다음 수열 $\{a_n\}$의 일반항을 구하여라.

1) $3, 6, 9, 12, 15, \cdots$ 2) $\frac{1}{2}, \frac{2}{3}, \frac{4}{5}, \cdots$

풀이 1) $a_1 = 3 = 3 \times 1,\ a_2 = 3 \times 2,\ a_3 = 3 \times 3, \cdots$ 이므로 $a_n = 3n$.

2) $a_1 = \frac{1}{1+1},\ a_2 = \frac{2}{2+1},\ a_3 = \frac{3}{3+1}, \cdots$ 이므로 $a_n = \frac{n}{n+1}$.

■

등차수열과 등비수열

첫째항 a_1부터 일정한 수 d를 차례로 더하여 만들어진 수열 $\{a_n\}$을 **등차수열**이라 하고, 더해지는 일정한 수 d를 **공차**라 한다.

한편, 첫째항 a_1부터 일정한 수 r을 차례로 곱하여 만들어진 수열 $\{a_n\}$을 **등비수열**이라 하고, 곱해지는 일정한 수 r을 **공비**라 한다.

보기 2 1) $a_n = 2n$으로 주어진 수열 $\{a_n\}$은 공차가 2인 등차수열이다.

2) $a_n = 3^n$으로 주어진 수열 $\{a_n\}$은 공비가 3인 등비수열이다. ■

예제 2 다음 수열 $\{a_n\}$의 일반항을 구하여라.

1) $a_1 = 1$이고 공차가 3인 등차수열

2) $a_1 = \frac{1}{2}$이고 공비가 3인 등비수열

풀이 1) $\{a_n\}$이 등차수열이므로 a_n은 a_1에 공차를 $(n-1)$번 더한 값이다.

따라서 $a_n = 1 + 3(n-1) = 3n-2$.

2) $\{a_n\}$이 등비수열이므로 a_n은 a_1에 공비를 $(n-1)$번 곱한 값이다.

따라서 $a_n = \frac{3^{n-1}}{2}$. ■

예제 3 첫째항이 50이고 공차가 -3인 등차수열에서 처음으로 음수가 되는 항은 몇 번째항인지 구하여라.

풀이 등차수열의 일반항 a_n은 $a_n = 50 + (-3)(n-1) = -3n + 53$.

$a_n < 0$이면 $-3n+53 < 0$이므로 $n > \frac{53}{3} > 17.6$이다. 그러므로 18번째 항이 처음으로 음수가 된다. ■

예제 4 제3항이 2이고 제6항이 -2인 등비수열의 일반항을 구하여라.

풀이 첫째항을 a, 공비를 r이라 두면, $a_3 = ar^2 = 2$, $a_6 = ar^5 = -2$.

a_6을 a_3으로 나누면 $r^3 = -1$이므로 $r = -1$이다. 따라서 $a = 2$이므로 $a_n = 2 \cdot (-1)^{n-1}$이다. ■

수열의 극한

수열 $\{a_n\}$에서 n이 한없이 커질 때, 일반항 a_n의 값이 일정한 수 L에 한없이 가까워지면 이 수열 $\{a_n\}$은 L로 **수렴**한다고 하고, L을 수열 $\{a_n\}$의 **극한**이라 한다. 이것을 기호로

$$\lim_{n \to \infty} a_n = L \text{ 또는 } n \to \infty \text{ 일 때 } a_n \to L$$

과 같이 나타낸다. 여기서 ∞는 한없이 커지는 상태를 나타내는 기호이고 **무한대**라고 읽는다.

보기 3 n이 한없이 커질 때 $\frac{1}{n}$은 0에 한없이 가까워지므로 수열 $\left\{\frac{1}{n}\right\}$은 0으로 수렴한다. 즉, $\lim_{n \to \infty} \frac{1}{n} = 0$ 이다. ■

예제 5 다음 무한수열의 일반항과 극한을 구하여라.

1) 1, 1, 1, 1 ⋯　　　2) 2, $\frac{3}{2}$, $\frac{4}{3}$, $\frac{5}{4}$, ⋯

풀이 1) 일반항은 $a_n = 1$이고 극한은 1이다.

2) 일반항은 $a_n = \frac{n+1}{n}$이고 극한은 1이다. ■

한편, 일반항 a_n의 값이 일정한 값으로 수렴하지 않을 때, 수열 $\{a_n\}$은 **발산**한다고 한다.

보기 4 n이 한없이 커질 때 $2n$은 일정한 값에 가까워지지 않고 한없이 커지므로 수열 $\{2n\}$은 발산한다. ■

보기 4에서와 같이 n이 한없이 커질 때 일반항 a_n의 값도 한없이 커지면, 수열 $\{a_n\}$은 (양의) 무한대로 발산한다고 한다. 이것을 기호로

$$\lim_{n\to\infty} a_n = \infty \quad \text{또는} \quad n\to\infty \text{일 때 } a_n \to \infty.$$

또한 n이 한없이 커질 때 일반항 a_n의 값이 음이면서 그 절댓값이 한없이 커지면, 수열 $\{a_n\}$은 음의 무한대로 발산한다고 한다. 이것을 기호로

$$\lim_{n\to\infty} a_n = -\infty \quad \text{또는} \quad n\to\infty \text{일 때 } a_n \to -\infty.$$

일반항이 $a_n = (-1)^{n+1}$인 수열은 1과 -1이 반복되는 수열이다. 그러므로 수열 $\{a_n\}$은 일정한 값으로 수렴하지도 않고 양의 무한대나 음의 무한대로 발산하지도 않는다. 이와 같은 수열 $\{a_n\}$은 **진동**한다고 한다.

수열의 수렴과 발산

수렴 $\lim_{n\to\infty} a_n = L$ (극한 L로 수렴)

발산 $\lim_{n\to\infty} a_n = \infty$ (무한대로 발산)

$\lim_{n\to\infty} a_n = -\infty$ (음의 무한대로 발산)

예제 6 다음 수열의 수렴, 발산을 조사하여라.

1) $\left\{\dfrac{n}{n+1}\right\}$ 2) $\{10-n\}$ 3) $\{(-2)^n\}$

풀이 1) 수열 $\left\{\dfrac{n}{n+1}\right\}$은 1로 수렴한다.

2) 수열 $\{10-n\}$은 음의 무한대로 발산한다.

3) 수열 $\{(-2)^n\}$은 일정한 값으로 수렴하지도 않고 양의 무한대나 음의 무한대로 발산하지도 않으므로 진동하는 수열이다. ■

극한의 계산

일반적으로 수렴하는 수열의 극한에 대하여 다음이 성립한다.

극한의 성질

수열 $\{a_n\}$과 $\{b_n\}$이 각각 수렴할 때,

(1) $\lim_{n \to \infty}(ca_n) = c\lim_{n \to \infty} a_n$ (단, c는 상수)

(2) $\lim_{n \to \infty}(a_n + b_n) = \lim_{n \to \infty} a_n + \lim_{n \to \infty} b_n$

(3) $\lim_{n \to \infty}(a_n - b_n) = \lim_{n \to \infty} a_n - \lim_{n \to \infty} b_n$

(4) $\lim_{n \to \infty}(a_n b_n) = \left(\lim_{n \to \infty} a_n\right)\left(\lim_{n \to \infty} b_n\right)$

(5) $\lim_{n \to \infty} \dfrac{a_n}{b_n} = \dfrac{\lim_{n \to \infty} a_n}{\lim_{n \to \infty} b_n}$ (단, $b_n \neq 0$, $\lim_{n \to \infty} b_n \neq 0$)

보기 5 $\lim_{n \to \infty} \dfrac{1}{n} = 0$이므로 극한의 성질에 의하여

$$\lim_{n \to \infty} \frac{2 + \frac{1}{n}}{3 - \frac{1}{n}} = \frac{\lim_{n \to \infty}\left(2 + \frac{1}{n}\right)}{\lim_{n \to \infty}\left(3 - \frac{1}{n}\right)} = \frac{\lim_{n \to \infty} 2 + \lim_{n \to \infty} \frac{1}{n}}{\lim_{n \to \infty} 3 - \lim_{n \to \infty} \frac{1}{n}} = \frac{2}{3}.$$

예제 7 다음 극한을 구하여라.

1) $\lim_{n \to \infty} \dfrac{2n+3}{3n+1}$ 2) $\lim_{n \to \infty} \dfrac{5n+3}{n^2 - 10}$

풀이 1) 분자와 분모를 통틀어 최고차 항인 n으로 분모와 분자를 나누면

$$\lim_{n \to \infty} \frac{2n+3}{3n+1} = \lim_{n \to \infty} \frac{2 + \frac{3}{n}}{3 + \frac{1}{n}} = \frac{2}{3}.$$

2) 분자와 분모를 통틀어 최고차 항인 n^2으로 분모와 분자를 나누면

$$\lim_{n\to\infty}\frac{5n+3}{n^2-10}=\lim_{n\to\infty}\frac{\frac{5}{n}+\frac{3}{n^2}}{1-\frac{10}{n^2}}=\frac{0}{1}=0.$$ ■

예제 8 극한 $\lim_{n\to\infty}\left(\sqrt{n^2+n}-n\right)$ 을 구하여라.

풀이 분자를 유리화해서 극한의 성질을 사용하면

$$\begin{aligned}\lim_{n\to\infty}\left(\sqrt{n^2+n}-n\right)&=\lim_{n\to\infty}\frac{\left(\sqrt{n^2+n}-n\right)\left(\sqrt{n^2+n}+n\right)}{\sqrt{n^2+n}+n}\\&=\lim_{n\to\infty}\frac{n}{\sqrt{n^2+n}+n}\\&=\lim_{n\to\infty}\frac{1}{\sqrt{1+\frac{1}{n}}+1}\\&=\frac{1}{2}.\end{aligned}$$ ■

참고 극한의 성질은 2개의 수열이 모두 수렴하는 경우에 성립한다. 예제 5의 계산에서 $\lim_{n\to\infty}\sqrt{n^2+n}=\infty$, $\lim_{n\to\infty}n=\infty$ 이므로 극한의 성질을 사용해서 다음과 같은 오류를 범하는 경우가 있다.

$$\lim_{n\to\infty}\left(\sqrt{n^2+n}-n\right)=\lim_{n\to\infty}\sqrt{n^2+n}-\lim_{n\to\infty}n=\infty-\infty=0$$

수렴하는 수열의 극한의 대소 관계에 대하여 일반적으로 다음과 같은 두 가지 성질이 성립한다.

극한의 비교정리

수열 $\{a_n\}$과 $\{b_n\}$이 각각 수렴할 때, 모든 자연수 n에 대하여 $a_n \le b_n$이면,

$$\lim_{n\to\infty}a_n \le \lim_{n\to\infty}b_n$$

극한의 조임정리

수열 $\{a_n\}$과 $\{b_n\}$이 각각 수렴하고 $\lim_{n\to\infty} a_n = \lim_{n\to\infty} b_n$일 때, 수열 $\{c_n\}$이 모든 자연수 n에 대하여 $a_n \le c_n \le b_n$ 이면, 수열 $\{c_n\}$도 수렴하고

$$\lim_{n\to\infty} c_n = \lim_{n\to\infty} a_n = \lim_{n\to\infty} b_n$$

예제 9 극한 $\lim_{n\to\infty} \frac{\sin n\theta}{n}$를 구하여라.

풀이 모든 자연수 n에 대하여 $-1 \le \sin n\theta \le 1$이므로

$$-\frac{1}{n} \le \frac{\sin n\theta}{n} \le \frac{1}{n}.$$

그런데 $\lim_{n\to\infty}\left(-\frac{1}{n}\right) = \lim_{n\to\infty}\frac{1}{n} = 0$이므로 극한의 조임정리에 의하여

$$\lim_{n\to\infty} \frac{\sin n\theta}{n} = 0.$$ ■

수열 $\{a_n\}$이 모든 자연수 n에 대하여

$$a_n \le a_{n+1}$$

을 만족하면 **단조증가수열**이라 하고, 모든 자연수 n에 대하여

$$a_n \ge a_{n+1}$$

을 만족하면 **단조감소수열**이라 한다. 단조증가수열과 단조감소수열을 통틀어 **단조수열**이라고 한다.

한편, 수열 $\{a_n\}$이 모든 자연수 n에 대하여

$$a_n \le M$$

을 만족하는 실수 M이 있을 때 **위로 유계**라 하고, 모든 자연수 n에 대하여

$$L \le a_n$$

을 만족하는 실수 L이 있을 때 **아래로 유계**라 한다. 위로 유계이면서 동시에 아래로

유계인 수열은 **유계**라 한다.

일반적으로 단조이면서 유계인 수열에 대하여 다음이 성립한다.

> **수열의 단조수렴정리**
>
> (1) 위로 유계이면서 단조증가하는 수열은 수렴한다.
>
> (2) 아래로 유계이면서 단조감소하는 수열은 수렴한다.

예제 10 수열 $\left\{\frac{2^n}{n!}\right\}$은 수렴하는 수열임을 보여라. (단, $n! = 1\times 2\times 3\times \cdots \times n$)

풀이 $a_n = \frac{2^n}{n!}$이라 두면, 모든 자연수 n에 대하여 $a_n > 0$이므로 $\{a_n\}$은 아래로 유계이다.

한편, 모든 자연수 n에 대하여

$$\frac{a_{n+1}}{a_n} = \frac{\frac{2^{n+1}}{(n+1)!}}{\frac{2^n}{n!}} = \frac{2}{n+1} \leq 1.$$

그러므로 모든 자연수 n에 대하여 $a_n \geq a_{n+1}$이고 $\{a_n\}$은 단조감소수열이다.

따라서 수열의 단조수렴정리에 의해 수열 $\{a_n\}$은 수렴한다. ■

> **참고** $a_n = \left(1+\frac{1}{n}\right)^n$이면, $\{a_n\}$은 위로 유계이면서 단조증가하는 수열임을 보일 수 있다.

연습문제 Exercises

1. 다음 수열의 일반항을 구하여라.

(1) 4, 8, 12, 16, 20, $\cdots$　　(2) $1,\ -\frac{1}{2},\ \frac{1}{4},\ -\frac{1}{8},\ \frac{1}{16},\ \cdots$

2. 다음 수열의 수렴, 발산을 조사하여라.

(1) $\left\{\frac{2n-1}{n}\right\}$　　(2) $\{1-(-1)^n\}$　　(3) $\left\{\frac{4-n}{100}\right\}$

3. $\lim_{n\to\infty} a_n = 2,\ \lim_{n\to\infty} b_n = 3$일 때, 다음 극한을 구하여라.

(1) $\lim_{n\to\infty}(3a_n - b_n)$　　(2) $\lim_{n\to\infty}\frac{2a_n}{5b_n - 3a_n}$

4. 다음 극한을 구하여라.

(1) $\lim_{n\to\infty}\frac{5-2n}{4n+1}$　　(2) $\lim_{n\to\infty}\frac{n^2+3}{3n^2+5n+1}$

(3) $\lim_{n\to\infty}\frac{n^3+n^2}{n^3+1}$　　(4) $\lim_{n\to\infty}\frac{3n-n^3}{5n^2+n+6}$

(5) $\lim_{n\to\infty}\left(\sqrt{n^2+3n+4}-n\right)$　　(6) $\lim_{n\to\infty}\sqrt{n}\left(\sqrt{n+4}-\sqrt{n}\right)$

5. 수열 $\{a_n\}$에 대하여 $\lim_{n\to\infty}\frac{a_n}{3n-1}=\frac{1}{6}$일 때, $\lim_{n\to\infty}\frac{a_n}{4n+1}$의 값을 구하여라.

6. 두 수열 $\{a_n\}$, $\{b_n\}$이 모두 수렴하고 $\lim_{n\to\infty}(a_n+b_n)=3,\ \lim_{n\to\infty}a_nb_n=2$일 때, $\lim_{n\to\infty}({a_n}^2+{b_n}^2)$의 값을 구하여라.

7. 자연수 n에 대하여 $n<(n+1)a_n<n+2$를 만족하는 수열 $\{a_n\}$의 극한을 구하여라.

7.2 급수

수열의 합

수열 $\{a_n\}$의 첫째항부터 제n항까지의 합 $a_1+a_2+\cdots+a_n$을 기호로

$$a_1+a_2+\cdots+a_n=\sum_{k=1}^{n}a_k$$

로 나타낸다.

보기 1 1) $\sum_{k=1}^{5}2k=2+4+6+8+10$

2) $1+3+5+\cdots+99=\sum_{k=1}^{50}(2k-1)$ ■

예제 1 수열 $\{a_n\}$이 첫 번째 항이 a이고 공비가 r인 등비수열일 때, $\sum_{k=1}^{n}a_k$를 구하여라.

풀이 $S_n=\sum_{k=1}^{n}a_k$라 두면,

$$S_n=a+ar+ar^2+\cdots+ar^{n-1}.$$
$$rS_n=ar+ar^2+ar^3+\cdots+ar^n.$$

이다. 그러므로

$$(1-r)S_n=a-ar^n=a(1-r^n).$$

따라서 $r\neq 1$이면 $S_n=\dfrac{a(1-r^n)}{1-r}$.

$r=1$이면 $S_n=a+a\cdot 1+a\cdot 1^2+\cdots+a\cdot 1^{n-1}=na.$ ■

예제 2 $a_k=\dfrac{1}{k\cdot(k+1)}$일 때, $\sum_{k=1}^{n}a_k$를 구하여라.

풀이 $a_k=\dfrac{1}{k\cdot(k+1)}=\dfrac{1}{k}-\dfrac{1}{k+1}$이므로

$$\begin{aligned}\sum_{k=1}^{n} a_k &= \sum_{k=1}^{n}\left(\frac{1}{k}-\frac{1}{k+1}\right)\\ &= \left(1-\frac{1}{2}\right)+\left(\frac{1}{2}-\frac{1}{3}\right)+\left(\frac{1}{3}-\frac{1}{4}\right)+\cdots++\left(\frac{1}{n}-\frac{1}{n+1}\right)\\ &= 1-\frac{1}{n+1}=\frac{n}{n+1}.\end{aligned}$$

■

수열의 합의 성질에 대해 알아보자.

$$\begin{aligned}\sum_{k=1}^{n}(a_k+b_k) &= (a_1+b_1)+(a_2+b_2)+\cdots+(a_n+b_n)\\ &= (a_1+a_2+\cdots+a_n)+(b_1+b_2+\cdots+b_n)\\ &= \sum_{k=1}^{n} a_k+\sum_{k=1}^{n} b_k\end{aligned}$$

$$\begin{aligned}\sum_{k=1}^{n} ca_k &= ca_1+ca_2+\cdots+ca_n\\ &= c(a_1+a_2+\cdots+a_n)\\ &= c\sum_{k=1}^{n} a_k\end{aligned}$$

$$\sum_{k=1}^{n} c = c+c+\cdots+c = nc$$

$\sum$의 성질

(1) $\sum_{k=1}^{n}(a_k+b_k)=\sum_{k=1}^{n} a_k+\sum_{k=1}^{n} b_k$

(2) $\sum_{k=1}^{n}(a_k-b_k)=\sum_{k=1}^{n} a_k-\sum_{k=1}^{n} b_k$

(3) $\sum_{k=1}^{n} ca_k=c\sum_{k=1}^{n} a_k$

(4) $\sum_{k=1}^{n} c=nc$

예제 3 $\sum_{k=1}^{n} a_k = 3$, $\sum_{k=1}^{n} b_k = 4$일 때 $\sum_{k=1}^{n} (a_k + 3b_k)$를 구하여라.

풀이 $\sum_{k=1}^{n} (a_k + 3b_k) = \sum_{k=1}^{n} a_k + 3\sum_{k=1}^{n} b_k = 15$

$a_k = k,\ k^2$인 경우 $\sum_{k=1}^{n} a_k$를 계산해보자.

1) $\sum_{k=1}^{n} k = 1+2+3+\cdots+n$

$$2\sum_{k=1}^{n} k = [1+2+3+\cdots+n] + [n+(n-1)+\cdots+3+2+1]$$
$$= [1+n] + [2+(n-1)] + [3+(n-2)] + \cdots + [n+1]$$
$$= (n+1)\times n$$

그러므로

$$\sum_{k=1}^{n} k = \frac{n(n+1)}{2}.$$

2) $\sum_{k=1}^{n} k^2 = 1^2 + 2^2 + 3^2 + \cdots + n^2$

자연수 k에 대하여 $(k+1)^3 - k^3 = 3k^2 + 3k + 1$이므로

$$\sum_{k=1}^{n} ((k+1)^3 - k^3) = \sum_{k=1}^{n} (3k^2 + 3k + 1)$$

이다. 양변을 각각 계산하면

$$\sum_{k=1}^{n} \{(k+1)^3 - k^3\}$$
$$= (2^3 - 1^3) + (3^3 - 2^3) + (4^3 - 3^3) + \cdots + ((n+1)^3 - n^4)$$
$$= (n+1)^3 - 1^3$$

$$\sum_{k=1}^{n} (3k^2 + 3k + 1) = 3\sum_{k=1}^{n} k^2 + 3\sum_{k=1}^{n} k + \sum_{k=1}^{n} 1$$
$$= 3\sum_{k=1}^{n} k^2 + 3 \cdot \frac{n(n+1)}{2} + n.$$

그러므로

$$3\sum_{k=1}^{n} k^2 = (n+1)^3 - 1^3 - 3 \cdot \frac{n(n+1)}{2} - n = \frac{n(n+1)(2n+1)}{2}.$$

따라서

$$\sum_{k=1}^{n} k^2 = \frac{n(n+1)(2n+1)}{6}.$$

(1) $\sum_{k=1}^{n} k = \frac{n(n+1)}{2}$	(2) $\sum_{k=1}^{n} k^2 = \frac{n(n+1)(2n+1)}{6}$

급수

수열 $\{a_n\}$의 각 항을 차례로 기호 $+$로 연결한 식

$$a_1 + a_2 + a_3 + \cdots$$

을 **무한급수**라 하고 기호로

$$\sum_{n=1}^{\infty} a_n$$

으로 나타낸다.

보기 2 1) $1+2+3+\cdots = \sum_{n=1}^{\infty} n$

2) $\frac{1}{2} + \frac{1}{4} + \frac{1}{8} + \cdots = \sum_{n=1}^{\infty} \frac{1}{2^n}$ ■

무한급수 $\sum_{n=1}^{\infty} a_n$의 첫째항부터 제n항까지의 합

$$S_n = a_1 + a_2 + \cdots + a_n = \sum_{k=1}^{n} a_k$$

를 이 무한급수의 제n항까지의 **부분합**이라 한다.

이 부분합으로 이루어진 수열 $\{S_n\}$이 어떤 값 S로 수렴할 때, 즉

$$\lim_{n\to\infty} S_n = \lim_{n\to\infty}\sum_{k=1}^{n} a_k = S$$

일 때, 무한급수 $\sum_{n=1}^{\infty} a_n$은 S로 수렴한다고 한다. 이때, S를 무한급수의 합이라 하고

$$\sum_{n=1}^{\infty} a_n = S$$

로 나타낸다.

부분합으로 이루어진 수열 $\{S_n\}$이 발산할 때, 무한급수 $\sum_{n=1}^{\infty} a_n$은 발산한다고 한다.

예제 4 다음 무한급수의 수렴, 발산을 조사하여라.

1) $\sum_{n=1}^{\infty} \frac{1}{n(n+1)}$　　　　2) $\sum_{n=1}^{\infty} n$

풀이 1) 부분합을 S_n이라 하면

$$S_n = \sum_{k=1}^{n} \frac{1}{k(k+1)} = \sum_{k=1}^{n}\left(\frac{1}{k} - \frac{1}{k+1}\right)$$
$$= 1 - \frac{1}{n+1}.$$

그러므로

$$\lim_{n\to\infty} S_n = \lim_{n\to\infty}\left(1 - \frac{1}{n+1}\right) = 1$$

이다. 따라서 무한급수는 수렴하고, 그 합은 1이다.

2) $S_n = \sum_{k=1}^{n} k = \frac{n(n+1)}{2}$이므로 $\lim_{n\to\infty} S_n = \infty$이다. 그러므로 주어진 무한급수는 발산한다. ■

무한급수 $\sum_{n=1}^{\infty} a_n$이 수렴할 때, 부분합 S_n에 대하여 $\lim_{n\to\infty} S_n = S$이다. 또한 $\lim_{n\to\infty} S_{n-1} = S$이고 $a_n = S_n - S_{n-1}$이므로

$$\lim_{n\to\infty} a_n = \lim_{n\to\infty}(S_n - S_{n-1}) = \lim_{n\to\infty} S_n - \lim_{n\to\infty} S_{n-1} = 0$$

이다. 그러므로 다음이 성립한다.

> **무한급수의 수렴조건**
>
> (1) 무한급수 $\sum_{n=1}^{\infty} a_n$이 수렴하면 $\lim_{n\to\infty} a_n = 0$이다.
>
> (2) $\lim_{n\to\infty} a_n \neq 0$이면 무한급수 $\sum_{n=1}^{\infty} a_n$은 발산한다.

보기 3 무한급수 $\sum_{n=1}^{\infty} n$은 $\lim_{n\to\infty} a_n \neq 0$이기 때문에 발산한다. ■

예제 5 다음 무한급수의 수렴, 발산을 조사하여라.

1) $\sum_{n=1}^{\infty} \frac{n+1}{2n+1}$　　　　2) $\sum_{n=1}^{\infty} (\sqrt{n+1} - \sqrt{n})$

풀이 1) $\lim_{n\to\infty} \frac{n+1}{2n+1} = \frac{1}{2} \neq 0$이므로 주어진 무한급수는 발산한다.

2) $$a_n = \sqrt{n+1} - \sqrt{n} = \frac{(\sqrt{n+1} - \sqrt{n})(\sqrt{n+1} + \sqrt{n})}{\sqrt{n+1} + \sqrt{n}} = \frac{1}{\sqrt{n+1} + \sqrt{n}}$$

이므로 $\lim_{n\to\infty} a_n = 0$이다. 그러나 부분합 S_n은

$$S_n = (\sqrt{2} - \sqrt{1}) + (\sqrt{3} - \sqrt{2}) + \cdots + (\sqrt{n+1} - \sqrt{n}) = \sqrt{n+1} - 1$$

이므로 $\lim_{n\to\infty} S_n = \infty$. 따라서 주어진 무한급수는 발산한다. ■

무한등비급수

첫째항이 $a(a \neq 0)$이고 공비가 r인 등비수열 $\{ar^{n-1}\}$에서 얻은 무한급수

$$\sum_{n=1}^{\infty} ar^{n-1} = a + ar + ar^2 + \cdots$$

을 첫째항이 a, 공비가 r인 **무한등비급수**라 한다.

$|r| \geq 1$이면 $\lim_{n\to\infty} ar^{n-1} \neq 0$이므로 무한등비급수는 발산한다.

$|r| < 1$이라 하자. 부분합 S_n은

$$S_n = a + ar + ar^2 + \cdots + ar^{n-1} = \frac{a(1-r^n)}{1-r}$$

이다. $\lim_{n \to \infty} r^n = 0$이므로 $\lim_{n \to \infty} S_n = \frac{a}{1-r}$이다. 따라서 $\sum_{n=1}^{\infty} ar^{n-1}$은 수렴하고 합은

$$\frac{a}{1-r}$$

이다.

예제 6 다음 무한급수의 수렴, 발산을 조사하고, 수렴하면 합을 구하여라.

1) $\sum_{n=1}^{\infty} \left(\frac{1}{2}\right)^{n-1}$ 2) $1 - \sqrt{2} + 2 - 2\sqrt{2} + \cdots$

풀이 1) 주어진 급수는 첫째항이 1이고 공비가 $r = \frac{1}{2}$인 주어진 무한등비급수이다. $|r| < 1$이므로 급수는 수렴하고 합은

$$S = \frac{1}{1 - \frac{1}{2}} = 2.$$

2) 주어진 급수는 공비가 $r = -\sqrt{2}$인 무한등비급수이다. $|r| > 1$이므로 급수는 발산한다. ■

연 습 문 제 Exercises

1. 수열 $\{a_n\}$에서 $\sum_{n=1}^{10} a_k$를 구하여라.

(1) $\{a_n\}$은 첫째항이 2이고 공차가 3인 등차수열

(2) $\{a_n\}$은 첫째항이 1이고 공비가 2인 등비수열

2. 다음 합을 구하여라.

(1) $\sum_{k=1}^{20}(2k+5)$　　(2) $\sum_{k=1}^{10} 3k(k+1)$

3. 다음을 계산하여라.

(1) $1\times 3+3\times 5+5\times 7+\cdots+19\times 21$

(2) $\frac{1}{1\cdot 3}+\frac{1}{3\cdot 5}+\frac{1}{5\cdot 7}+\cdots+\frac{1}{19\cdot 21}$

4. 다음 무한급수의 수렴, 발산을 조사하여라.

(1) $\sum_{n=1}^{\infty}\frac{1}{\sqrt{n+2}+\sqrt{n}}$　　(2) $\sum_{n=1}^{\infty}\frac{1}{2^n}$

(3) $\sum_{n=1}^{\infty}\frac{n-5}{3n+100}$　　(4) $\sum_{n=1}^{\infty}(\sqrt{2n+1}-\sqrt{2n-1})$

(5) $\sum_{n=2}^{\infty}\frac{1}{n^2-1}$　　(6) $\sum_{n=1}^{\infty}\{1+(-1)^n\}$

5. 다음 급수의 수렴, 발산을 조사하고, 수렴하면 합을 구하여라.

(1) $\sum_{n=1}^{\infty}\left(-\frac{2}{3}\right)^n$　　(2) $\sum_{n=1}^{\infty}\left(\frac{1}{2}\right)^n \sin\frac{n\pi}{2}$

6. 다음 무한급수가 수렴함을 보이고 합을 구하여라.

(1) $\sum_{n=1}^{\infty}\frac{\sqrt{n+1}-\sqrt{n}}{\sqrt{n}\sqrt{n+1}}$　　(2) $\sum_{n=2}^{\infty}\log\left(1-\frac{1}{n^2}\right)$

7.3 함수의 극한

극한

함수 $f(x)=x+2$에서 $x=2$일 때 함숫값은 $f(2)=4$이다.

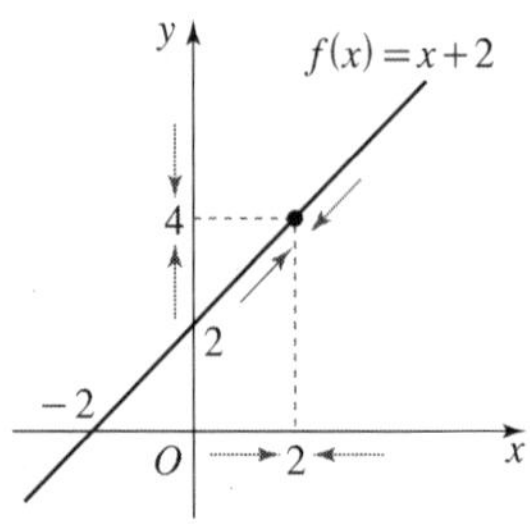

한편, x의 값이 2와 같지 않으면서 2에 한없이 가까워질 때, 함숫값 $f(x)$는 오른쪽 그림과 같이 4에 한없이 가까워짐을 알 수 있다.

또, 함수 $g(x)=\dfrac{x^2-4}{x-2}$에서 $x=2$이면 분모가 0이 되어 $x=2$에서는 함수가 정의되지 않는다. 그러나 $x\neq 2$일 때,

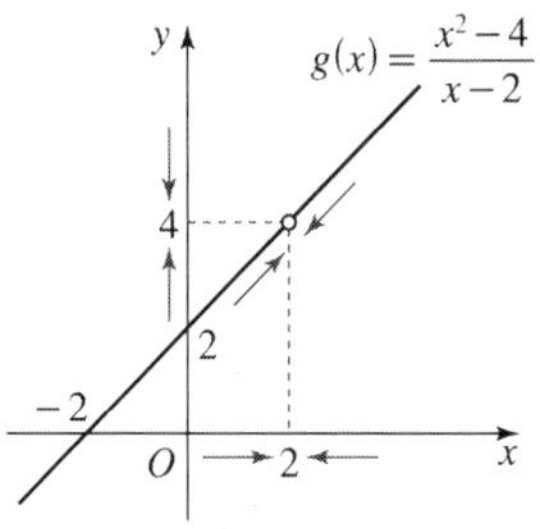

$$g(x)=\frac{x^2-4}{x-2}=\frac{(x+2)(x-2)}{x-2}=x+2.$$

따라서 x의 값이 2와 같지 않으면서 2에 한없이 가까워지면 함수 $g(x)$의 값은 4에 한없이 가까워짐을 알 수 있다.

일반적으로 함수 $f(x)$에서 x의 값이 a와 같지 않으면서 a에 한없이 가까워질 때, 함수 $f(x)$의 값이 일정한 값 L에 한없이 가까워지면 함수 $f(x)$는 L에 **수렴한다**고 한다.

이때, L을 $x\to a$ 일 때의 함수 $f(x)$의 **극한** 또는 **극한값**이라고 하고, 기호로

$$\lim_{x\to a} f(x)=L$$

$$\text{또는 } x\to a\text{일 때 } f(x)\to L$$

과 같이 나타낸다.

특히, 함수 $f(x)=c$(c는 상수)는 x의 모든 실수값에 대하여 함수 $f(x)$의 값이 c이므로

$$\lim_{x\to a} f(x)=\lim_{x\to a} c=c$$

이다.

보기 1 1) $\lim_{x \to 2}(x+3) = 5$ 또는 $x \to 2$일 때 $x+3 \to 5$.

2) $\lim_{x \to 1}\frac{x^2-1}{x-1} = 2$ 또는 $x \to 1$일 때 $\frac{x^2-4}{x-2} \to 2$. ■

예제 1 다음 극한값을 구하여라.

1) $\lim_{x \to 3}(-2)$ 2) $\lim_{x \to 1}(2x-1)$

3) $\lim_{x \to 1}(x^2+2x+1)$ 4) $\lim_{x \to -1}\frac{x^2-1}{x+1}$

풀이 1) -2 2) 1 3) 4 4) -2 ■

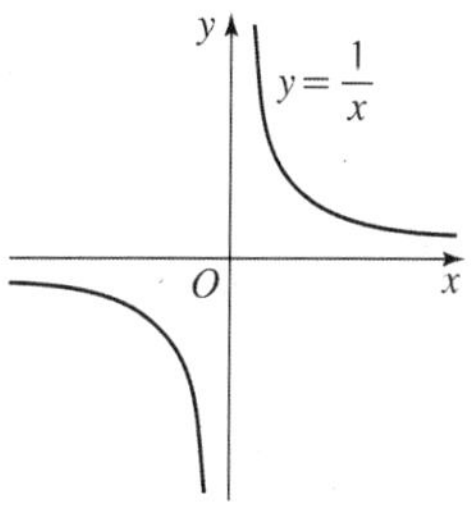

함수 $f(x) = \frac{1}{x}$의 그래프에서 x의 값이 한없이 커지면 $f(x)$의 값은 0에 한없이 가까워진다.

이와 같이 x의 값이 한없이 커질 때 $f(x)$의 값이 일정한 값 L에 한없이 가까워지면, 기호로

$$\lim_{x \to \infty} f(x) = L$$

또는 $x \to \infty$일 때 $f(x) \to L$

과 같이 나타낸다.

또, 함수 $f(x) = \frac{1}{x}$의 그래프에서 x의 값이 음수이면서 그 절댓값이 한없이 커질 때 $f(x)$의 값은 0에 한없이 가까워진다.

이와 같이 x의 값이 음수이면서 그 절댓값이 한없이 커질 때 $f(x)$의 값이 일정한 값 L에 한없이 가까워지면, 기호로

$$\lim_{x \to -\infty} f(x) = L \quad \text{또는} \quad x \to -\infty \text{일 때 } f(x) \to L$$

과 같이 나타낸다.

보기 2 $\lim_{x \to \infty}\frac{1}{x+1} = 0$, $\lim_{x \to -\infty}\frac{1}{2x-1} = 0$ ■

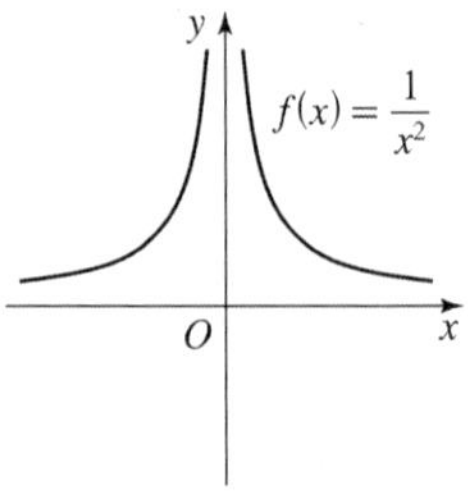

한편, 함수 $f(x)=\frac{1}{x^2}$에서 x의 값이 0에 한없이 가까워질 때 $f(x)$의 값은 한없이 커짐을 알 수 있다.

이와 같이 함수 $f(x)$에서 x의 값이 a에 한없이 가까워질 때, $f(x)$의 값이 한없이 커지면 $f(x)$는 **양의 무한대로 발산한다**고 하고, 기호로

$$\lim_{x\to a} f(x)=\infty \quad \text{또는} \quad x\to a \text{ 일 때 } \quad f(x)\to\infty$$

와 같이 나타낸다.

또, x의 값이 a에 한없이 가까워질 때, $f(x)$의 값이 음수이면서 그 절댓값이 한없이 커지면 $f(x)$는 **음의 무한대로 발산한다**고 하고, 기호로

$$\lim_{x\to a} f(x)=-\infty \quad \text{또는} \quad x\to a \text{ 일 때 } \quad f(x)\to -\infty$$

와 같이 나타낸다.

마찬가지로 $x\to\infty$ 또는 $x\to-\infty$일 때, $f(x)$가 양의 무한대 또는 음의 무한대로 발산하는 경우에도 다음과 같이 나타낸다.

$$\lim_{x\to\infty} f(x)=\infty, \quad \lim_{x\to\infty} f(x)=-\infty$$
$$\lim_{x\to-\infty} f(x)=\infty, \quad \lim_{x\to-\infty} f(x)=-\infty$$

예제 2 다음 극한을 조사하여라.

1) $\lim_{x\to 0}\left(-\frac{1}{x^2}\right)$ 2) $\lim_{x\to\infty} x^3$

풀이 1) 함수 $f(x)=-\frac{1}{x^2}$의 그래프에서 x의 값이 0에 한없이 가까워지면 $f(x)$의 값은 음수이면서 그 절댓값이 한없이 커진다. 그러므로 $\lim_{x\to 0}\left(-\frac{1}{x^2}\right)=-\infty$.

2) 함수 $f(x)=x^3$의 그래프에서 x의 값이 한없이 커질 때 $f(x)$의 값이 한없이 커지므로 양의 무한대로 발산한다. 그러므로 $\lim_{x\to\infty} x^3=\infty$. ■

우극한과 좌극한

함수 $f(x)=\begin{cases} 1\ (x>0) \\ -1\ (x<0) \end{cases}$에서 x의 값이 양수이면서 0에 한없이 가까워지면 $f(x)$의 값은 1에 한없이 가까워지고, x의 값이 음수이면서 0에 한없이 가까워지면 $f(x)$의 값은 -1에 한없이 가까워진다.

이와 같이 x가 a보다 큰 값을 가지면서 a에 한없이 가까워질 때 $f(x)$가 일정한 값 R에 한없이 가까워지면, R을 $x=a$에서의 $f(x)$의 **우극한**이라 하고, 기호로

$$\lim_{x\to a+0} f(x)=R$$

와 같이 나타낸다.

또, x가 a보다 작은 값을 가지면서 a에 한없이 가까워질 때 $f(x)$가 일정한 값 L에 한없이 가까워지면, L을 $x=a$에서의 $f(x)$의 **좌극한**이라 하고, 기호로

$$\lim_{x\to a-0} f(x)=L$$

과 같이 나타낸다.

특히, $a=0$일 때, $x\to 0+0$은 $x\to +0$으로 나타내고, $x\to 0-0$은 $x\to -0$으로 나타낸다.

보기 3 $\lim_{x\to +0}\frac{x}{|x|}=\lim_{x\to +0}\frac{x}{x}=1,\quad \lim_{x\to -0}\frac{x}{|x|}=\lim_{x\to -0}\frac{x}{-x}=-1$ ■

예제 3 다음의 우극한 또는 좌극한을 구하여라.

1) $\lim_{x\to 2-0}\frac{|2-x|}{x-2}$ 2) $\lim_{x\to 1+0}\frac{x^2-1}{|x-1|}$

풀이 1) $x<2$이면 $|2-x|=2-x$이므로 $\frac{|2-x|}{x-2}=-1$이다. 따라서

$$\lim_{x\to 2-0}\frac{|2-x|}{x-2}=-1.$$

2) $x>1$이면 $|x-1|=x-1$이므로

$$\frac{x^2-1}{|x-1|}=\frac{(x+1)(x-1)}{x-1}=x+1.$$

따라서 $\lim_{x\to 1+0}\frac{x^2-1}{|x-1|}=2.$ ■

$x \to a$ 일 때 $f(x)$가 L에 수렴하면 $x=a$에서의 함수 $f(x)$의 우극한과 좌극한이 모두 존재하고 그 값이 일치하며, 그 역도 성립한다. 즉

$$\lim_{x \to a} f(x) = L \iff \lim_{x \to a+0} f(x) = \lim_{x \to a-0} f(x) = L.$$

보기 4 $\lim_{x \to +0} \frac{x}{|x|} = 1$, $\lim_{x \to -0} \frac{x}{|x|} = -1$이므로 극한값 $\lim_{x \to 0} \frac{x}{|x|}$는 존재하지 않는다. ■

예제 4 다음 함수에 대하여 극한값 $\lim_{x \to 1} f(x)$가 존재하는지 알아보아라.

1) $f(x) = \frac{|x-1|}{x-1}$ 2) $f(x) = \begin{cases} x+1 & (x>1) \\ 2 & (x<1) \end{cases}$

풀이 1) $\lim_{x \to 1-0} \frac{|x-1|}{x-1} = -1$, $\lim_{x \to 1+0} \frac{|x-1|}{x-1} = 1$이므로 좌극한과 우극한이 다르다. 따라서 $\lim_{x \to 1} f(x)$는 존재하지 않는다.

2) $\lim_{x \to 1-0} f(x) = \lim_{x \to 1-0} 2 = 2$, $\lim_{x \to 1+0} f(x) = \lim_{x \to 1+0} (x+1) = 2$이므로 좌극한과 우극한의 값이 같다. 그러므로 극한값 $\lim_{x \to 1} f(x)$는 존재한다. ■

극한값의 계산

함수의 극한에서도 수열의 극한에서와 비슷한 다음의 성질이 성립한다.

$\lim_{x \to a} f(x) = L$, $\lim_{x \to a} g(x) = M$ (L, M은 실수)일 때,

1) $\lim_{x \to a} cf(x) = cL$ (단, c는 상수)

2) $\lim_{x \to a} \{f(x) + g(x)\} = L + M$

3) $\lim_{x \to a} \{f(x) - g(x)\} = L - M$

4) $\lim_{x \to a} f(x)g(x) = LM$

5) $\lim_{x \to a} \frac{f(x)}{g(x)} = \frac{L}{M}$ {단, $g(x) \neq 0$, $M \neq 0$}

예제 5 다음 극한값을 구하여라.

1) $\lim_{x \to 1}(2x+1)$　　　　2) $\lim_{x \to 2}\left(x^2 + \frac{1}{x}\right)$

풀이 1) $\lim_{x \to 1}(2x+1) = \lim_{x \to 1} 2x + \lim_{x \to 1} 1$

$= 2\lim_{x \to 1} x + \lim_{x \to 1} 1$

$= 2 \times 1 + 1 = 3$

2) $\lim_{x \to 2}\left(x^2 + \frac{1}{x}\right) = \lim_{x \to 2} x^2 + \lim_{x \to 2} \frac{1}{x}$

$= \lim_{x \to 2} x \cdot \lim_{x \to 2} x + \frac{1}{\lim_{x \to 2} x}$

$= 2 \times 2 + \frac{1}{2} = \frac{9}{2}$ ■

$x \to a$일 때 $f(x) \to 0$ 또는 $f(x) \to \infty$, $g(x) \to 0$ 또는 $g(x) \to \infty$가 되어 $f(x)g(x)$, $\frac{f(x)}{g(x)}$, $f(x) - g(x)$의 극한이

$$\frac{0}{0},\ \frac{\infty}{\infty},\ \infty \cdot 0,\ \infty - \infty$$

와 같은 꼴이 되는 경우에는 인수분해나 유리화를 이용해 주어진 식을 변형하여 $x \to a$일 때의 극한값을 구할 수 있다.

예제 6 다음 극한값을 구하여라.

1) $\lim_{x \to 1} \frac{x^2 + x - 2}{x - 1}$　　　　2) $\lim_{x \to 2} \frac{\sqrt{x+2} - 2}{x - 2}$

풀이 1) $\lim_{x \to 1} \frac{x^2 + x - 2}{x - 1} = \lim_{x \to 1} \frac{(x-1)(x+2)}{x-1}$

$= \lim_{x \to 1}(x+2)$

$= 3$

$$2)\ \lim_{x\to 2}\frac{\sqrt{x+2}-2}{x-2}=\lim_{x\to 2}\frac{(\sqrt{x+2}-2)(\sqrt{x+2}+2)}{(x-2)(\sqrt{x+2}+2)}$$
$$=\lim_{x\to 2}\frac{x-2}{(x-2)(\sqrt{x+2}+2)}$$
$$=\lim_{x\to 2}\frac{1}{\sqrt{x+2}+2}$$
$$=\frac{1}{4}$$ ■

예제 7 다음 극한값을 구하여라.

1) $\lim_{x\to\infty}\frac{2x^2+1}{x^2+3}$　　2) $\lim_{x\to\infty}(\sqrt{x^2+x}-x)$

풀이 1) $\lim_{x\to\infty}\frac{2x^2+1}{x^2+3}=\lim_{x\to\infty}\frac{2+\frac{1}{x^2}}{1+\frac{3}{x^2}}=\frac{2+0}{1+0}=2$

$$2)\ \lim_{x\to\infty}(\sqrt{x^2+x}-x)=\lim_{x\to\infty}\frac{(\sqrt{x^2+x}-x)(\sqrt{x^2+x}+x)}{\sqrt{x^2+x}+x}$$
$$=\lim_{x\to\infty}\frac{x}{\sqrt{x^2+x}+x}$$
$$=\lim_{x\to\infty}\frac{1}{\sqrt{1+\frac{1}{x}}+1}$$
$$=\frac{1}{2}$$ ■

예제 8 $\lim_{x\to 1}\frac{x^2+ax+b}{x-1}=3$이 성립하도록 상수 a, b의 값을 정하여라.

풀이 $\lim_{x\to 1}(x-1)=0$이므로 $\lim_{x\to 1}(x^2+ax+b)=1+a+b=0$.
그러므로 $b=-a-1$.

$$\lim_{x\to 1}\frac{x^2+ax+b}{x-1}=\lim_{x\to 1}\frac{x^2+ax-a-1}{x-1}$$
$$=\lim_{x\to 1}\frac{(x-1)(x+a+1)}{x-1}$$

$$= \lim_{x \to 1}(x+a+1)$$
$$= a+2$$

극한값이 3이므로 $a+2=3$.

따라서 $a=1,\ b=-2$. ■

함수의 극한에 대해서 수열의 극한과 마찬가지로 다음과 같은 대소 관계가 성립한다.

비교정리 a에 가까운 모든 x에 대하여 $f(x) \le g(x)$이고

$$\lim_{x \to a} f(x) = L,\ \lim_{x \to a} g(x) = M \text{이면,} \quad L \le M$$

조임정리 a에 가까운 모든 x에 대하여 $f(x) \le h(x) \le g(x)$이고

$$\lim_{x \to a} f(x) = \lim_{x \to a} g(x) = L \text{이면,} \quad \lim_{x \to a} h(x) = L$$

예제 9 다음 극한값 $\lim_{x \to 0} x^2 \cos\frac{1}{x}$을 구하여라.

풀이 모든 $x(\neq 0)$에 대하여

$$-1 \le \cos\frac{1}{x} \le 1$$

이므로

$$-x^2 \le x^2\cos\frac{1}{x} \le x^2$$

이 성립한다. $\lim_{x \to 0}(-x^2) = \lim_{x \to 0} x^2 = 0$이므로 조임정리에 의해

$$\lim_{x \to 0} x^2\cos\frac{1}{x} = 0.$$ ■

연 습 문 제 Exercises

1. 극한 $\lim_{x \to 1+0}(x-[x])$와 $\lim_{x \to 1-0}(x-[x])$를 조사하여 극한 $\lim_{x \to 1}(x-[x])$가 존재하는지 알아보아라. (단, $[x]$는 x보다 크지 않은 최대의 정수이다.)

2. 다음 극한값을 구하여라.

(1) $\lim_{x \to 0}(x^2+3x)$ (2) $\lim_{x \to 1}\frac{x^2-2}{x+1}$

(3) $\lim_{x \to 2}\frac{x^3-8}{x-2}$ (4) $\lim_{x \to -1}\frac{x^2+2x+1}{x^2-1}$

(5) $\lim_{x \to 2}\frac{\sqrt{x+7}-3}{x-2}$ (6) $\lim_{x \to 0}\frac{1}{x}\left(\frac{2}{x+2}-1\right)$

(7) $\lim_{x \to \infty}\frac{2x^2-x}{x^2+1}$ (8) $\lim_{x \to \infty}(\sqrt{x^2+2x}-\sqrt{x^2+1})$

(9) $\lim_{x \to \infty}\frac{\cos x}{x}$ (10) $\lim_{x \to 0}x\sin\frac{1}{x^2}$

3. 다음 등식이 성립하도록 상수 a, b의 값을 정하여라.

(1) $\lim_{x \to -1}\frac{ax^2-2x+b}{x+1}=-4$ (2) $\lim_{x \to 1}\frac{a\sqrt{x}-b}{x-1}=2$

4. 두 함수 $f(x)$와 $g(x)$가 $\lim_{x \to \infty}g(x)=\infty$와 $\lim_{x \to \infty}\{2f(x)-4g(x)\}=3$을 만족할 때, $\lim_{x \to \infty}\frac{f(x)-6g(x)}{-2f(x)+5g(x)}$의 값을 구하여라.

5. 다항함수 $f(x)$에 대하여 $\lim_{x \to a}f(x)=f(a)$임을 이용하여 다음 등식을 만족하는 가장 낮은 차수의 다항식 $f(x)$를 구하여라.

$$\lim_{x \to 0}\frac{f(x)}{x}=2, \quad \lim_{x \to 2}\frac{f(x)}{x-2}=6$$

7.4 연속함수

함수의 연속

두 함수 $f(x) = x$와 $g(x) = \begin{cases} x \ (x \neq 0) \\ 1 \ (x = 0) \end{cases}$의 그래프를 비교해보면, 함수 $f(x)$의 그래프는 $x = 0$ 인 점에서 연결되어 있으나 함수 $g(x)$ 의 그래프는 $x = 0$ 인 점에서 연결되어 있지 않음을 알 수 있다.

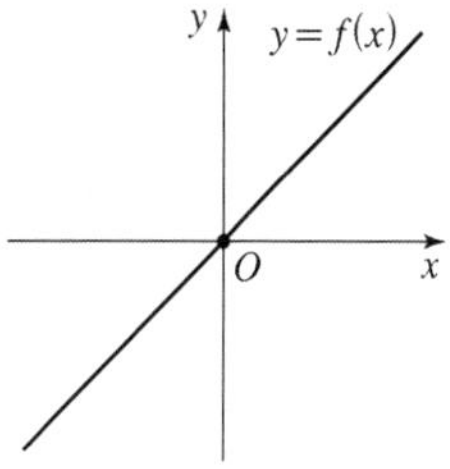

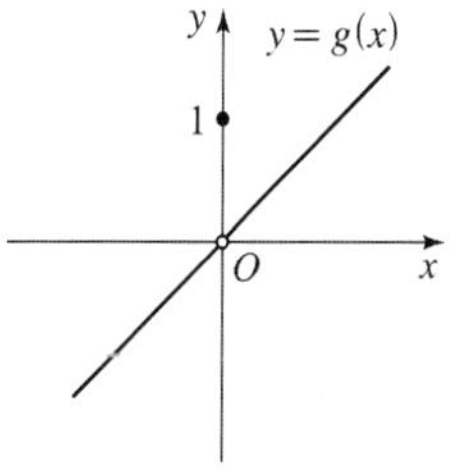

이때, $\lim_{x \to 0} f(x) = \lim_{x \to 0} x = 0$이고 $f(0) = 0$이므로

$$\lim_{x \to 0} f(x) = f(0).$$

그러나 $\lim_{x \to 0} g(x) = \lim_{x \to 0} x = 0$이고 $g(0) = 1$이므로

$$\lim_{x \to 0} g(x) \neq g(0).$$

일반적으로 함수 $f(x)$가 다음 세 조건을 모두 만족할 때, 함수 $f(x)$는 $x = a$에서 **연속**이라고 한다.

(i) 함숫값 $f(a)$가 존재한다. (ii) 극한값 $\lim_{x \to a} f(x)$가 존재한다. (iii) $\lim_{x \to a} f(x) = f(a)$

한편, 함수 $f(x)$가 $x = a$에서 연속이 아닐 때, $f(x)$는 $x = a$에서 **불연속**이라고 한다.

보기 1 1) 함수 $f(x) = \dfrac{1}{x}$은 $x = 0$에서 함숫값 $f(0)$이 정의되지 않으므로 $x = 0$에서 불연속이다.

2) 함수 $g(x) = \begin{cases} 1 \ (x \geq 0) \\ -1 \ (x < 0) \end{cases}$은 함숫값 $g(0)$은 정의되지만 $\lim_{x \to 0} g(x)$가 존재하지 않으므로 $x = 0$에서 불연속이다.

3) 함수 $h(x) = \begin{cases} \dfrac{x^2 - 1}{x - 1} & (x \neq 1) \\ 1 & (x = 1) \end{cases}$은

$h(1)=1$ 이고

$$\lim_{x\to 1}h(x)=\lim_{x\to 1}\frac{x^2-1}{x-1}=\lim_{x\to 1}(x+1)=2$$

이지만 $\lim_{x\to 1}h(x)\neq h(1)$이므로 함수 $h(x)$는 $x=1$ 에서 불연속이다.

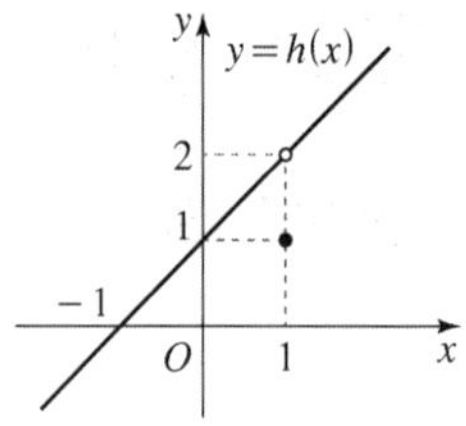

4) 함수 $k(x)=\begin{cases}x+1 & (x\geq 1)\\ x^2+1 & (x<1)\end{cases}$ 은 $k(1)=2$ 이고 $\lim_{x\to 1}k(x)=2$이다.
따라서 $\lim_{x\to 1}k(x)=k(1)$이므로 함수 $k(x)$는 $x=1$ 에서 연속한다. ■

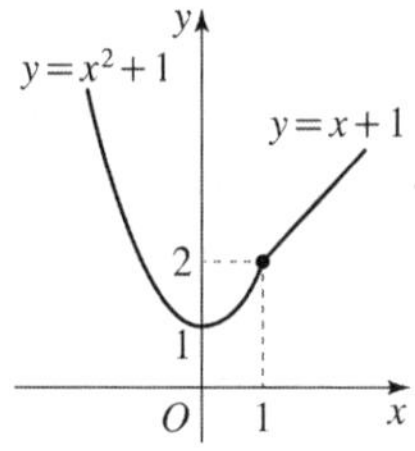

함수 $f(x)$가 어떤 구간에 속하는 모든 x 의 값에서 연속일 때, $f(x)$는 그 구간에서 연속 또는 **연속함수**라 한다.

특히, 함수 $f(x)$가 열린구간 $(a,\ b)$에서 연속이고

$$\lim_{x\to a+0}f(x)=f(a),\quad \lim_{x\to b-0}f(x)=f(b)$$

일 때, $f(x)$는 닫힌구간 $[a,\ b]$에서 연속이라고 한다.

보기 2 함수 $f(x)=\sqrt{x}$ 는 구간 $(0,\ \infty)$ 에서 연속이고

$$\lim_{x\to +0}f(x)=0=f(0)$$

이므로 구간 $[0,\ \infty)$ 에서 연속이다. ■

예제 1 함수 $f(x)=\lim_{n\to\infty}\dfrac{x^{2n}}{x^{2n}+1}$ 의 연속성을 조사하여라.

풀이 $|x|<1$일 때, $\lim_{n\to\infty}x^{2n}=0$이므로 $f(x)=0$

$|x|=1$일 때, $\lim_{n\to\infty}x^{2n}=1$이므로 $f(x)=\dfrac{1}{2}$.

$|x|>1$일 때, $\lim_{n\to\infty}\dfrac{1}{x^{2n}}=0$이므로 $f(x)=\lim_{n\to\infty}\dfrac{1}{1+\dfrac{1}{x^{2n}}}=1$.

그러므로

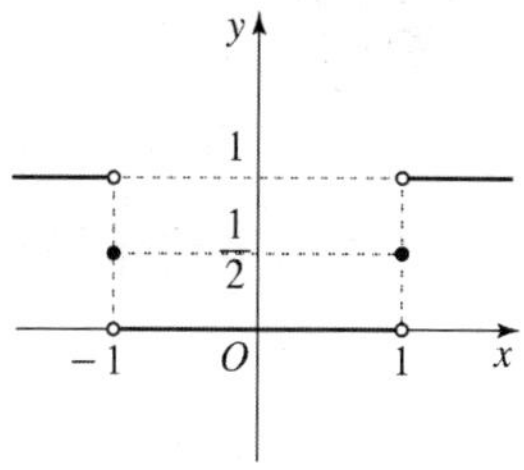

$$f(x)=\begin{cases} 0 & (|x|<1) \\ \dfrac{1}{2} & (|x|=1) \\ 1 & (|x|>1) \end{cases}$$

이다. 따라서 함수 $f(x)$는 $x=\pm 1$에서 불연속이고, 그 밖의 모든 x의 값에서 연속이다. ■

연속함수의 성질

함수 $y=f(x)$와 $y=g(x)$가 $x=a$에서 연속이면

$$\lim_{x\to a} f(x)=f(a), \quad \lim_{x\to a} g(x)=g(a)$$

이므로, 함수의 극한에 대한 성질에 의하여 다음이 성립한다.

$$\lim_{x\to a}\{f(x)+g(x)\}=\lim_{x\to a}f(x)+\lim_{x\to a}g(x)=f(a)+g(a)$$

$$\lim_{x\to a}f(x)g(x)=\lim_{x\to a}f(x)\cdot\lim_{x\to a}g(x)=f(a)g(a)$$

따라서 함수 $f(x)+g(x)$, $f(x)g(x)$도 $x=a$에서 연속이다.

일반적으로 연속함수에 대하여 다음과 같은 성질이 있다.

연속함수의 성질

두 함수 $f(x)$, $g(x)$가 $x=a$에서 연속이면 다음 함수도 $x=a$에서 연속이다.

1) $cf(x)$ (단, c는 상수)

2) $f(x)+g(x)$

3) $f(x)-g(x)$

4) $f(x)g(x)$

5) $\dfrac{f(x)}{g(x)}$ (단, $g(a)\neq 0$)

보기 3 두 함수 $f(x)=x^2-1$, $g(x)=x+1$이 $x=1$에서 연속이므로, 함수 $f(x)+g(x)=x^2+x$, $f(x)g(x)=(x^2-1)(x+1)$도 $x=1$에서 연속이다. 또한 $g(1)\neq 0$이므로 $\dfrac{f(x)}{g(x)}=\dfrac{x^2-1}{x+1}$도 $x=1$에서 연속이다. ■

함수 $y=x$가 모든 실수에서 연속이므로 함수

$$y=x^2,\ y=x^3,\ y=x^4,\ \cdots$$

도 모든 실수에서 연속이다.

따라서 연속함수의 성질에 의하여 다항함수

$$f(x)=a_nx^n+a_{n-1}x^{n-1}+\cdots+a_1x+a_0\ \ (a_n,\ a_{n-1},\ \ldots,\ a_0\text{은 상수})$$

는 모든 실수에서 연속임을 알 수 있다.

또, 유리함수 $\dfrac{f(x)}{g(x)}$ ($f(x)$, $g(x)$는 다항함수)도 $g(x)\neq 0$인 모든 실수에서 연속임을 알 수 있다.

예제 2 두 함수 $f(x)=x$, $g(x)=x^2-1$에 대하여 함수 $\dfrac{f(x)}{g(x)}$의 연속성을 조사하여라.

풀이 $x=\pm 1$에서 함수 $g(x)$는 0이고 $f(x)$는 0이 아니므로 함수 $\dfrac{f(x)}{g(x)}$는 $x=\pm 1$에서 불연속이고 그 밖의 모든 x의 값에서 연속이다. ■

최대 · 최소의 정리와 중간값의 정리

연속함수 $f(x)=x^2$은 닫힌구간 $[-2,\ 1]$에서는 $x=0$에서 최솟값 0, $x=-2$에서 최댓값 4를 갖는다. 그러나 열린구간 $(-1,\ 2)$에서는 $x=0$에서 최솟값 0을 갖지만 최댓값은 갖지 않는다.

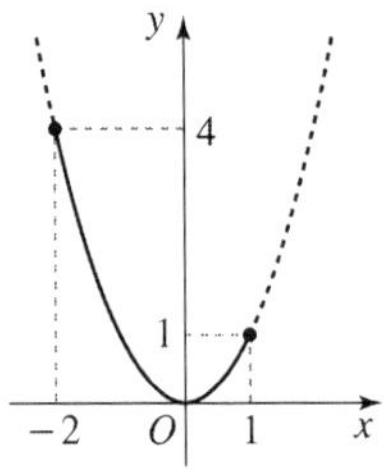

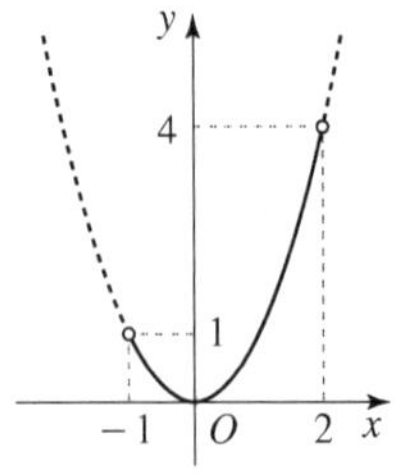

일반적으로 연속함수에 대하여 다음 정리가 성립한다. 이것을 **최대·최소의 정리**라고 한다.

> **최대·최소의 정리**
>
> 함수 $f(x)$가 닫힌 구간 $[a, b]$에서 연속이면 $f(x)$는 이 구간에서 반드시 최댓값과 최솟값을 갖는다.

예제 3 구간 $[0, 3]$에서 함수 $f(x) = x^2 - 2x + 2$의 최댓값과 최솟값을 구하여라.

풀이 함수 $f(x) = x^2 - 2x + 2$는 닫힌 구간 $[0, 3]$에서 연속이므로 최댓값과 최솟값을 갖는다.

$$f(x) = x^2 - 2x + 2 = (x-1)^2 + 1$$

이므로 함수 $f(x)$는 $x = 1$에서 최솟값 1을 갖는다.

또, 구간의 끝점 $x = 0$, $x = 3$에서의 함숫값이 각각 $f(0) = 2$, $f(3) = 5$이므로 함수 $f(x)$는 $x = 3$에서 최댓값 5를 갖는다. ■

함수 $f(x)$가 닫힌 구간 $[a, b]$에서 연속이면 $f(x)$의 그래프는 이 구간에서 이어져 있다.

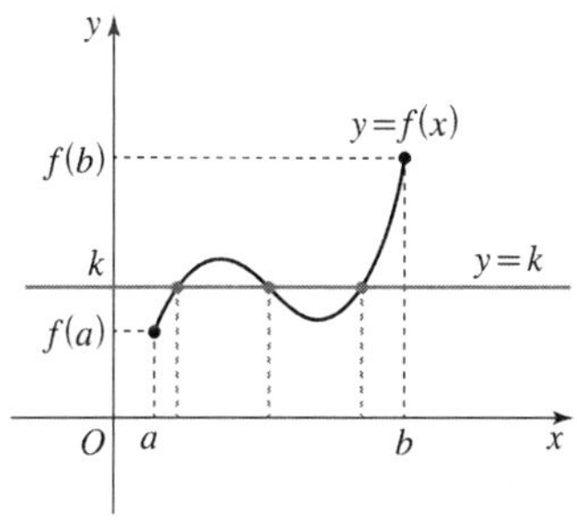

이때, $f(a) \neq f(b)$이면, $f(a)$와 $f(b)$ 사이의 임의의 값 k에 대하여 직선 $y = k$와 함수 $y = f(x)$의 그래프는 적어도 한 점에서 만난다.

그러므로 $f(c) = k$인 c가 열린 구간 (a, b)에 적어도 하나 존재한다.

이와 같은 성질을 **중간값의 정리**라고 한다.

> **중간값의 정리**
>
> 함수 $f(x)$가 닫힌구간 $[a, b]$에서 연속이고 $f(a) \neq f(b)$이면, $f(a)$와 $f(b)$ 사이의 임의의 값 k에 대하여 $f(c) = k$인 c가 a와 b 사이에 적어도 하나 존재한다.

중간값의 정리에 의하여 함수 $f(x)$가 닫힌 구간 $[a, b]$에서 연속이고 $f(a)$와 $f(b)$의 부호가 다를 때, 방정식 $f(x)=0$은 a와 b 사이에 적어도 하나의 실근을 가짐을 알 수 있다.

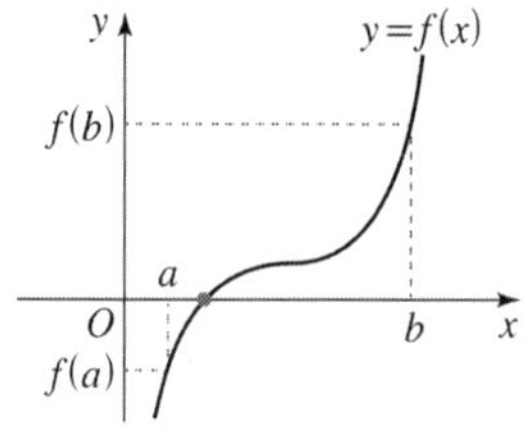

예제 4 방정식 $x^2+2x-4=0$은 구간 $(0, 2)$에서 적어도 하나의 실근을 가짐을 보여라.

풀이 $f(x)=x^2+2x-4$라 하면, $f(x)$는 닫힌구간 $[0, 2]$에서 연속이고 $f(0)=-4$, $f(2)=4$이다.

따라서 중간값의 정리에 의하여 $f(c)=0$인 c가 0과 2 사이에 적어도 하나 존재한다.

즉, 방정식 $x^2+2x-4=0$은 구간 $(0, 2)$에서 적어도 하나의 실근을 갖는다. ■

예제 5 닫힌 구간 $[-1, 2]$에서 연속인 함수 f가 $f(-1)f(1)<0$, $f(-1)f(2)>0$을 만족하고, $-1<x<2$에서 방정식 $f(x)=0$은 적어도 n개의 실근을 갖는다. 이때, 정수 n의 값을 구하여라.

풀이 $f(-1)f(1)<0$이므로 $f(-1)$과 $f(1)$은 부호가 서로 반대이다. 함수 f는 연속이므로 중간값의 정리에 의하여 방정식 $f(x)=0$은 구간 $(-1, 1)$에서 적어도 하나의 실근을 갖는다.

또한 $f(-1)f(2)>0$이므로 $f(1)f(2)<0$이다. 따라서 방정식 $f(x)=0$은 구간 $(1, 2)$에서 적어도 하나의 실근을 갖는다.

$f(1)\neq 0$이므로 방정식 $f(x)=0$은 $-1<x<2$에서 적어도 2개의 실근을 갖는다. 따라서 $n=2$. ■

연 습 문 제 Exercises

1. 다음 함수가 $x=0$에서 연속인지 불연속인지 말하여라. (단, $[x]$는 x보다 크지 않은 최대 정수이다.)

(1) $f(x)=x^2+3x+4$

(2) $f(x)=\begin{cases} \dfrac{|x|}{x} & (x \neq 0) \\ 0 & (x=0) \end{cases}$

(3) $f(x)=[\,x\,]$

(4) $f(x)=\begin{cases} x^2 & (x \neq 0) \\ 1 & (x=0) \end{cases}$

2. 다음 함수가 연속인 구간을 구하여라.

(1) $f(x)=\sqrt{9-x^2}$

(2) $f(x)=\begin{cases} x & (|x| \leq 2) \\ 2 & (|x| > 2) \end{cases}$

3. 함수 $f(x)=\lim\limits_{n\to\infty}\dfrac{x^{2n+1}+a}{x^{2n}+1}$가 $x=1$에서 연속이 되도록 상수 a의 값을 정하여라.

4. 함수 $f(x)=\begin{cases} \dfrac{x^2+ax-4}{x-2} & (x \neq 2) \\ b & (x=2) \end{cases}$가 $x=2$에서 연속이 되도록 상수 a, b의 값을 정하여라.

5. 두 함수 $f(x)=x-2$, $g(x)=x^2-3x+2$에 대하여 다음 함수의 연속성을 조사하여라.

(1) $f(x)g(x)$

(2) $\dfrac{f(x)}{g(x)}$

6. 구간 $[-1,\ 2]$에서 다음 함수의 최댓값과 최솟값을 구하여라.

(1) $f(x)=-x^2+2x$

(2) $g(x)=\dfrac{1}{x+2}$

7. 방정식 $x^2+3x-6=0$이 구간 $(0,\ 2)$에서 적어도 하나의 실근을 가짐을 보여라.

연습문제 해답

연습문제 1.1

1. (1) $4^6=4096$ (2) $-\dfrac{3^3}{2^3}=-\dfrac{27}{8}$

(3) $\dfrac{1}{3^3}=\dfrac{1}{27}$ (4) $(-2)^{12}=4096$

2. (1) 5^9 (2) x^8 (3) $\dfrac{1}{a^2}$ (4) $\dfrac{y}{x^3}$

(5) $3a^7b^6$ (6) $\dfrac{2^3a^3}{b^2}$ (7) $\dfrac{2^2}{3^2y^4}$ (8) $\dfrac{1}{2y^2}$

3. (1) 8 (2) -2 (3) 10 (4) $\dfrac{5}{3}$

(5) 5 (6) 3 (7) 3 (8) 6

4. (1) 96 (2) 30 (3) 1 (4) a^2b^2

5. $(\sqrt[3]{5})^6\times(\sqrt[4]{64})^2\div\left(\dfrac{\sqrt{5}}{\sqrt[3]{8}}\right)^2$

$=5^2\times2^3\times\dfrac{2^2}{5}=2^5\times5$

$\therefore\ a+b=6$

6. $n=2$일 때, $\sqrt{2^2}=2$

$n=4$일 때, $\sqrt[4]{4^2}=\sqrt[4]{2^4}=2$

$\therefore$ 2 또는 4

연습문제 1.2

1. (1) $x\le-3$ (2) $x<3$ (3) $x\ge5$

(4) $x\ge-3$ (5) $x<\dfrac{4}{5}$ (6) $x<1$

(7) $x>-6$ (8) $x\le-2$

2. (1) $2<x\le4$ (2) $-3<x\le-1$

(3) $-\dfrac{2}{3}\le x\le\dfrac{2}{3}$ (4) $-\dfrac{9}{4}<x<\dfrac{9}{4}$

3. $\dfrac{x+3}{x-2}<0$에서 $x+3$과 $x-2$는 서로 부호가 다르고 $x+3>x-2$이므로

$x+3>0$이고, $x-2<0$이다.

그러므로, $-3<x<2$이다.

따라서, 자연수 x의 값은 1이다.

4. (1) $x=8$ 또는 2 (2) $x=3$ 또는 -1

(3) $x<-1$일 때,

$-x+5-x-1=7\quad\therefore\ x=-\dfrac{3}{2}$

$-1\le x<5$일 때,

$-x+5+x+1=7\quad\therefore$ 해가 없다.

$x\ge5$일 때,

$x-5+x+1=7\quad\therefore\ x=\dfrac{11}{2}$

$\therefore\ x=-\dfrac{3}{2}$ 또는 $\dfrac{11}{2}$

(4) $x<-2$ 일 때,

$-2x-4+x-3=2\quad\therefore\ x=-9$

$-2\le x<3$일 때,

$2x+4+x-3=2\quad\therefore\ x=\dfrac{1}{3}$

$x\ge3$일 때,

$2x+4-x+3=2$

$\therefore\ x=-5$(해가 될 수 없다.)

$\therefore\ x=-9$ 또는 $\frac{1}{3}$

5. (1) $x<-5$ 또는 $x>-1$

(2) $-1\le x\le 4$ (3) $-2<x<1$

(4) $x\le -2$ 또는 $x\ge 8$

(5) $x<-11$ 또는 $x>7$

(6) $-\frac{3}{2}<x<\frac{5}{2}$

6. (1) $x<-3$일 때,

$-x-x-3\le 5$ $x\ge -4$

$\therefore\ -4\le x<-3$

$-3\le x<0$일 때,

$-x+x+3\le 5$ $3\le 5$

$\therefore\ -3\le x<0$

$x\ge 0$일 때,

$x+x+3\le 5$ $x\le 1$

$\therefore\ 0\le x<1$

$\therefore -4\le x\le 1$

(2) $x<-3$일 때

$-x-3+x-1>2$ $-4>2$

∴해가 없다.

$-3\le x<1$일 때

$x+3+x-1>2$ $x>0$

$\therefore\ 0<x<1$

$x\ge 1$일 때,

$x+3-x+1>2$ $4>2$

$\therefore\ x\ge 1$

$\therefore\ x>0$

(3) $x<-1$일 때,

$-x+2+x+1<3$ $3<3$

∴ 해가 없다.

$-1\le x<2$일 때,

$-x+2-x-1<3$ $x>-1$

$\therefore\ -1<x<2$

$x\ge 2$일 때,

$x-2-x-1<3$ $-3<3$

$\therefore\ x\ge 2$

$\therefore\ x>-1$

(4) $x<-1$일 때,

$3-x-x-1\ge 5$ $\therefore\ x\le -\frac{3}{2}$

$-1\le x<3$일 때,

$3-x+x+1\ge 5$ $4\ge 5$

∴ 해가 없다.

$x\ge 3$일 때,

$-3+x+x+1\ge 5$ $\therefore\ x\ge \frac{7}{2}$

$\therefore\ x\le -\frac{3}{2}$ 또는 $x\ge \frac{7}{2}$

7. $x<-2$ 일 때,

$-x-x-2\le 6$ $x\ge -4$

$\therefore -4\le x<-2$

$-2\le x<0$일 때,

$-x+x+3\le 6$ $3\le 6$

$\therefore -2\le x<0$

$x\ge 0$일 때,

$x+x+2\le 6$ $x\le 2$

$\therefore 0\le x\le 2$

$\therefore\ -4\le x\le 2$

x가 자연수이므로, $x=1$ 또는 2

x의 개수는 2개이다.

연습문제 1.3

1. (1)

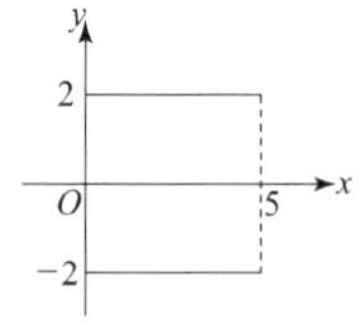

(2)

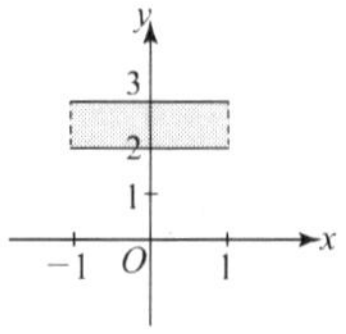

(3) $x > 0,\ y < 0$ 또는 $x < 0, y > 0$

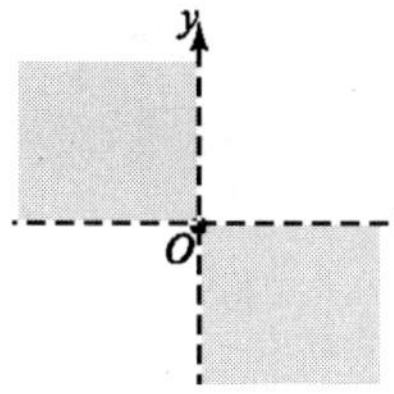

(4) $xy = 6$

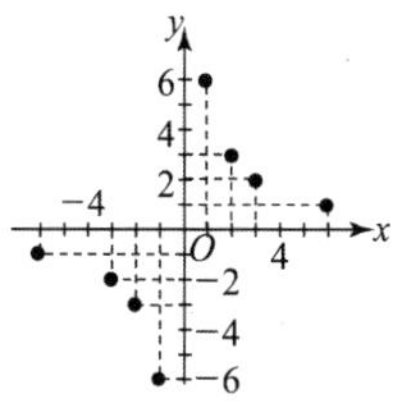

(5)

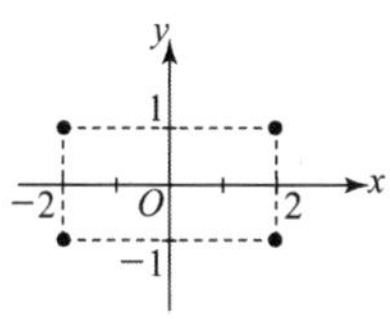

(6)

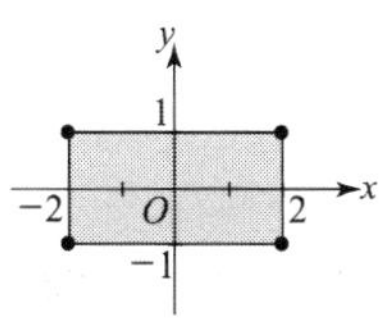

2. $\begin{cases} 1 < x < 3 \\ -2 < y < 4 \end{cases}$ ⇨ $x > 2$

$\{(2,1),\ (2,2)\ (2,3)\}$

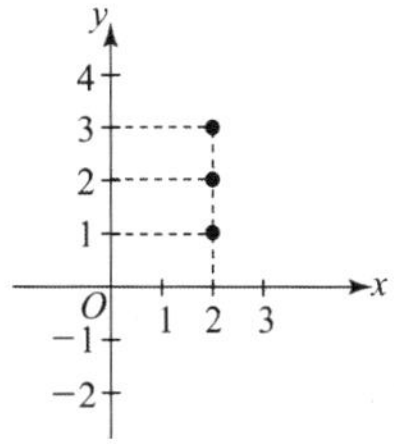

3. (1) $\sqrt{17}$ (2) $\sqrt{26}$ (3) 5

(4) $3\sqrt{5}$

4. (1)

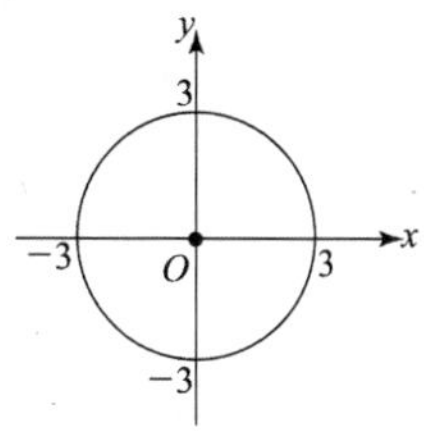

(2)

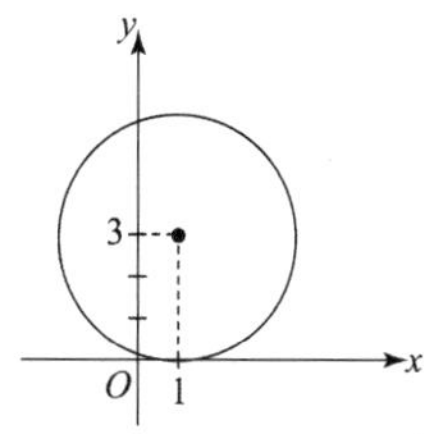

(3)

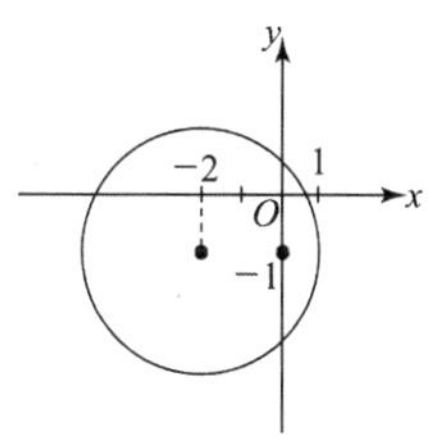

(4)

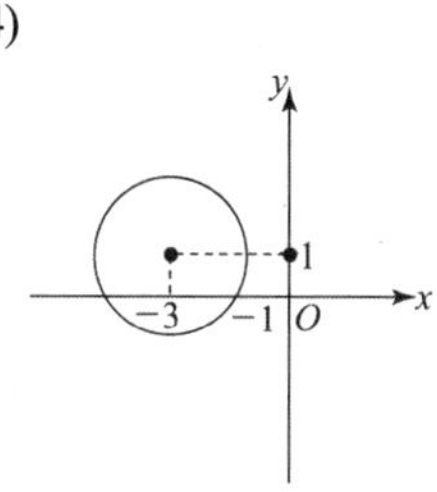

5. (1) $y = -x + 2$ (2) $y = -x - 1$

(3) $y = -2x + 8$ (4) $y = -2x$

6. x절편 : 2 y절편 : 6

7. (1) $y = -2x + 4$ (2) $y = -2x - 4$

(3) $y = 2x - 6$ (4) $y = 3x + 4$

8. 두 직선의 교점 $(2,2)$

삼각형의 넓이 $S=\frac{1}{2}\times 5\times 2=5$

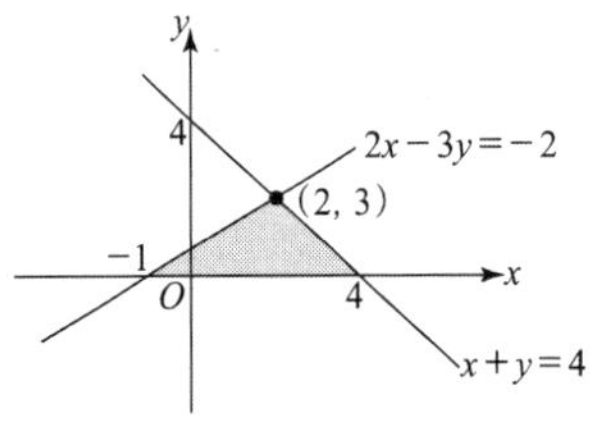

연습문제 2.1

1. (1) $(x+a)(x+b)=x(x+b)+a(x+b)$

$$=x^2+bx+ax+ab$$
$$=x^2+(bx+ax)+ab$$
$$=x^2+(a+b)x+ab$$

(2) $(ax+b)(cx+d)$

$$=ax(cx+d)+b(cx+d)$$
$$=acx^2+adx+bcx+bd$$
$$=acx^2+(adx+bcx)+bd$$
$$=acx^2+(ad+bc)x+bd$$

2. (1) $(a-b)^3=(a-b)(a-b)^2$

$$=(a-b)(a^2-2ab+b^2)$$
$$=a(a^2-2ab+b^2)-b(a^2-2ab+b^2)$$
$$=a^3-2a^2b+ab^2-(a^2b-2ab^2+b^3)$$
$$=a^3-3a^2b+3ab^2-b^3$$

(2) $(a+b)(a^2-ab+b^2)$

$$=a(a^2-ab+b^2)+b(a^2-ab+b^2)$$
$$=a^3-a^2b+ab^2+a^2b-ab^2+b^3$$
$$=a^3+b^3$$

(3) $(a-b)(a^2+ab+b^2)$

$$=a(a^2+ab+b^2)-b(a^2+ab+b^2)$$
$$=a^3+a^2b+ab^2-(a^2b+ab^2+b^3)$$
$$=a^3-b^3$$

3. (1) $6x^2-2$ (2) $3x+5$

(3) $4x^4+3x^3+x-2$

(4) $-2x^3-2x^2+2x+4$

4. (1) $3x^2+2x-1$

(2) $2x^3+x^2-x+3$

(3) $a^2+4b^2+c^2-4ab-4bc+2ac$

(4) $8x^3+36x^2+54x+27$

(5) x^3+8

(6) $2x^4-x^3+x^2-x-1$

5. $7x^2+10y^2$

6. $x+y=2,\ xy=-1$이므로

$$x^3+x^2y+xy^2+y^3$$
$$=x^2(x+y)+y^2(x+y)$$
$$=(x+y)\{(x+y)^2-2xy\}=12$$

7. x^3의 계수는 $2x^2\times x+1\times 3x^3=5x^3$이므로 $a_3=5$이다. x^5의 계수는

$$4x^4\times x+1\times 5x^5+2x^2\times 3x^3$$
$$=(4+5+6)x^5$$

이므로 $a_5=15$이다. 따라서

$a_3+a_5=5+15=20.$

8. (1) $Q=3x^2+6x+13,\ R=23,$

$A=(x-2)(3x^2+6x+13)+26$

(2) $Q=x-4,\ R=4x+2,$

$A=(x^2+1)(x-4)+4x+2$

9. $A(x)=(3x-2)(x^2+x)+2$

$$=3x^3+x^2-2x+2$$

10. (1) $2x-2,\ 3x-3,\ 4x-4$

(2) $nx-n$

11. $[a,b,c]+[b,c,a]+[c,a,b]$

$$=\frac{1+a^2}{bc}+\frac{1+b^2}{ca}+\frac{1+c^2}{ab}$$

$$= \frac{a^3+b^3+c^3+a+b+c}{abc}$$

$$= \frac{3abc}{abc} = 3.$$

12. $\frac{3}{2}$

연습문제 2.2

1. $a(x-1)(x+1)+b(x-1)+c$

$=a(x^2-1)+bx-b+c$

$=ax^2+bx-a-b+c$

주어진 등식이 항등식이 되려면

$$a=1,\ b=-2,\ -a-b+c=-3$$

이다. 따라서 $c=-4$.

2. (1) 6 (2) 22 (3) 6

3. $P(x)$를 x^2-1로 나누었을 때의 몫을 $Q(x)$, 나머지를 $ax+b$라 하면

$$P(x)=(x^2-1)Q(x)+ax+b.$$

$P(x)$를 $x-1$로 나누었을 때의 나머지가 2이므로 나머지 정리에 의해

$$P(2)=a+b=2$$

$P(x)$를 $x+1$로 나누었을 때의 나머지가 5이므로 나머지 정리에 의해

$$P(-1)=-a+b=5$$

두 식을 연립하여 풀면 $a=-\frac{3}{2}$, $b=\frac{7}{2}$

따라서 나머지는 $-\frac{3}{2}x+\frac{7}{2}$.

4. 인수정리에 의해 다항식에 1을 대입하면 0이 되어야 한다.

그러므로 $a+4+a+2=0$이고 $a=-3$.

5. $P(x)=\left(x-\frac{b}{a}\right)Q(x)+R$로 나타내었을 때 나머지정리에 의해 $R=P\left(\frac{b}{a}\right)$이다.

그러므로

$$P(x)=(ax-b)\frac{Q(x)}{a}+R$$

이 되고, $P(x)$를 일차식 $ax-b$로 나누었을 때의 나머지는 $P(x)$를 $x-\frac{b}{a}$로 나누었을 때의 나머지인 $P\left(\frac{b}{a}\right)$와 같다.

6. (1) $-\frac{31}{8}$ (2) $\frac{73}{27}$

7. 방정식 $x^3-4x^2+5x+a=0$이 $x=2$를 해로 가지므로

$$8-16+10+a=0$$

그러므로 $a=-2$. a의 값을 대입하고 다항식을 인수분해하면

$$x^3-4x^2+5x-2$$
$$=(x-2)(x^2-2x+1)$$
$$=(x-2)(x-1)^2$$

그러므로 방정식의 해는 $x=2$, $x=1$.

8. $f(x)=x^3-4x^2+ax-5$라 하면 $f(3)=f(1)$이다. 그러므로 $27-36+3a-5=1-4+a-5$이고 $a=3$.

$$f(x)=x^3-4x^2+3x-5$$
$$=(x-b)Q(x)-7$$

이므로 $b=2$이고 따라서 $a-b=1$.

9. (1) $2x(x^6-1)=2x((x^2)^3-1)$

$=2x(x^2-1)(x^4+x^2+1)$

$=2x(x-1)(x+1)(x^4+x^2+1)$

(2) $x+1=t$라 하면

$(x+1)^2-3(x+1)-4=t^2-3t-4$

$=(t-4)(t+1)=(x-3)(x+2)$

(3) $x^2-x=t$로 놓으면

$(x^2-x-1)(x^2-x+3)-5$

$=(t-1)(t+3)-5$

$=t^2+2t-3-5$

$=t^2+2t-8$

$$=(t-2)(t+4)$$
$$=(x^2-x-2)(x^2-x+4)$$
$$=(x-2)(x+1)(x^2-x+4)$$

(4) $x^4-3x^2+1=x^4-2x^2+1-x^2$
$$=(x^2-1)^2-x^2$$
$$=(x^2-1-x)(x^2-1+x)$$
$$=(x^2-x-1)(x^2+x-1)$$

10. $x^2+2x=A$로 놓으면

$A^2-2A-3=(A+1)(A-3)$ 이므로
$$(x^2+2x+1)(x^2+2x-3)$$
$$=(x+1)^2(x-1)(x+3).$$

11. $a=b$ 인 이등변삼각형

12. $P(x)=2x^3+ax^2+x-b$라 하면, $P(x)$는 x^2-x-2로 나누어떨어진다. 그리고 $x^2-x-2=(x+1)(x-2)$이므로 $P(x)$는 $x+1$, $x-2$로 각각 나누어떨어진다.

$P(-1)=0$이므로 $a-b=3$

$P(2)=0$이므로 $4a-b=-18$

따라서 $a=-7, b=-10.$

연습문제 2.3

1. (1) $\dfrac{x^2-5x-6}{x^2-1}=\dfrac{(x-6)(x+1)}{(x-1)(x+1)}$
$$=\frac{x-6}{x-1}$$

(2) $\dfrac{x^3+1}{x^4-2x^3+x^2-1}$
$$=\frac{(x+1)(x^2-x+1)}{x^2(x^2-2x+1)-1}$$
$$=\frac{(x+1)(x^2-x+1)}{x^2(x-1)^2-1}$$
$$=\frac{(x+1)(x^2-x+1)}{(x^2-x)^2-1}$$
$$=\frac{(x+1)(x^2-x+1)}{(x^2-x-1)(x^2-x+1)}$$
$$=\frac{x+1}{x^2-x-1}$$

2. (1) $x^2-4=(x-2)(x+2)$

이므로 통분하면
$$\frac{x+4}{x-2}=\frac{(x+4)(x+2)}{x^2-4},\quad \frac{x+1}{x^2-4}$$

(2) 두 유리식의 분모를 각각 인수분해하면
$$x^2-x-2=(x-2)(x+1)$$
$$x^3-4x=x(x^2-4)$$
$$=x(x-2)(x+2)$$

그러므로 공통의 분모를
$$x(x-2)(x+2)(x+1)$$

로 하여 통분하면
$$\frac{x(x+2)}{x(x-2)(x+2)(x+1)},$$
$$\frac{(x+1)^2}{x(x-2)(x+2)(x+1)}$$

3. (1) $\dfrac{x-2}{x+3}+\dfrac{1}{x+2}=\dfrac{(x^2-4)+(x+3)}{(x+2)(x+3)}$
$$=\frac{x^2+x-1}{(x+2)(x+3)}$$

(2) $\dfrac{x+2}{x(x-1)}-\dfrac{x}{(x+1)(x-1)}$
$$=\frac{(x+2)(x+1)-x^2}{x(x-1)(x+1)}$$
$$=\frac{3x+2}{x(x-1)(x+1)}$$

(3) $\dfrac{x}{x+2}+\dfrac{x^2}{x^2-4}=\dfrac{(x^2-2x)+x^2}{(x+2)(x-2)}$
$$=\frac{2x^2-2x}{(x+2)(x-2)}$$

(4) $\dfrac{1}{x^2+x}-\dfrac{2}{x^2-x}$
$$=\frac{(x-1)-2(x+1)}{x(x-1)(x+1)}$$
$$=\frac{-x-3}{x(x-1)(x+1)}$$

4. (1) $\dfrac{x-3}{5x^2+10x}\times\dfrac{3x+6}{x-3}$

$$=\frac{x-3}{5x(x+2)}\times\frac{3(x+2)}{x-3}=\frac{3}{5x}$$

(2) $\dfrac{x^2-9}{x^2+2x}\times\dfrac{x^2-4}{x^2-6x+9}$

$$=\frac{(x-3)(x+3)}{x(x+2)}\times\frac{(x-2)(x+2)}{(x-3)^2}$$

$$=\frac{(x+3)(x-2)}{x(x-3)}$$

(3) $(x^2-4x+3)\div(x^2-5x+6)$

$$=\frac{x^2-4x+3}{x^2-5x+6}=\frac{(x-1)(x-3)}{(x-2)(x-3)}$$

$$=\frac{x-1}{x-2}$$

(4) $\dfrac{x-3}{x^2-x}\div\dfrac{3x-9}{x^2+x-2}$

$$=\frac{x-3}{x^2-x}\times\frac{x^2+x-2}{3x-9}$$

$$=\frac{x-3}{x(x-1)}\times\frac{(x+2)(x-1)}{3(x-3)}$$

$$=\frac{x+2}{3x}$$

5. $1-\dfrac{1}{x+1}=\dfrac{x}{x+1},\ 1+\dfrac{1}{x+1}=\dfrac{x+2}{x+1}$

이므로

$$\frac{1-\dfrac{1}{x+1}}{1+\dfrac{1}{x+1}}=\frac{\dfrac{x}{x+1}}{\dfrac{x+2}{x+1}}$$

$$=\frac{x}{x+1}\div\frac{x+2}{x+1}$$

$$=\frac{x}{x+1}\times\frac{x+1}{x+2}=\frac{x}{x+2}$$

6. (1) $\dfrac{2x}{(x+1)(x-1)}=\dfrac{1}{x+1}+\dfrac{1}{x-1}$

(2) $\dfrac{4x^2+5x-1}{x(x-1)(x+1)}$

$$=\frac{1}{x}+\frac{4}{x-1}-\frac{1}{x+1}$$

(3) $\dfrac{x-1}{x^2(2x-1)}=\dfrac{1}{x}+\dfrac{1}{x^2}-\dfrac{2}{2x-1}$

(4) $\dfrac{4x}{(x^2+1)(x^2+2x+3)}$

$$=\frac{x+1}{x^2+1}-\frac{x+3}{x^2+2x+3}$$

7. (1) $(2\sqrt{x+2}-\sqrt{x})+(\sqrt{x+2}+3\sqrt{x})$

$$=3\sqrt{x+2}+2\sqrt{x}$$

(2) $(\sqrt{2x-3}-\sqrt{x+1})(\sqrt{2x-3}+\sqrt{x+1})$

$$=(\sqrt{2x-3})^2-(\sqrt{x+1})^2=x-4$$

(3) $\dfrac{1}{\sqrt{x^2+2}+x}$

$$=\frac{\sqrt{x^2+2}-x}{(\sqrt{x^2+2}+x)(\sqrt{x^2+2}-x)}$$

$$=\frac{\sqrt{x^2+2}-x}{2}$$

(4) $\dfrac{\sqrt{x+1}}{\sqrt{x+1}+\sqrt{x-1}}+\dfrac{\sqrt{x-1}}{\sqrt{x+1}-\sqrt{x-1}}$

$$=\frac{x+1-\sqrt{x+1}\sqrt{x-1}+\sqrt{x+1}\sqrt{x-1}+x-1}{(\sqrt{x+1}+\sqrt{x-1})(\sqrt{x+1}-\sqrt{x-1})}$$

$=x$

8. $\left(x+\dfrac{a}{x-1}\right)\left(2+\dfrac{b}{x-2}\right)$

$$=2x+\frac{2a}{x-1}+\frac{bx}{x-2}+\frac{ab}{(x-1)(x-2)}$$

$$=2x+\frac{2a(x-2)+bx(x-1)+ab}{(x-1)(x-2)}$$

이 식이 다항식이므로

$$\frac{2a(x-2)+bx(x-1)+ab}{(x-1)(x-2)}$$

이 다항식이다. 그러므로 분자는 분모로 나누어떨어져야 한다. 인수정리에 의해 분자에 $x=1$, $x=2$를 대입했을 때 0이므로

$$-2a+ab=0,\ 2b+ab=0$$

따라서 $a=-2$, $b=2$.

9. $\dfrac{1}{1\cdot 2}+\dfrac{1}{2\cdot 3}+\dfrac{1}{3\cdot 4}+\cdots+\dfrac{1}{99\cdot 100}$

$$=\left(\frac{1}{1}-\frac{1}{2}\right)+\left(\frac{1}{2}-\frac{1}{3}\right)+\left(\frac{1}{3}-\frac{1}{4}\right)+\cdots+\left(\frac{1}{99}-\frac{1}{100}\right)$$

$=1-\frac{1}{100}=\frac{99}{100}$

10. $\frac{\sqrt{2}-1}{\sqrt{2}+1}+\frac{\sqrt{2}+1}{\sqrt{2}-1}$

$=\frac{(\sqrt{2}-1)^2+(\sqrt{2}+1)^2}{(\sqrt{2}+1)(\sqrt{2}-1)}$

$=(3-2\sqrt{2})+(3+2\sqrt{2})=6$

11. $\frac{1}{1+\sqrt{x+1}}+\frac{1}{1-\sqrt{x+1}}$

$=\frac{1-\sqrt{x+1}+1+\sqrt{x+1}}{1-(\sqrt{x+1})^2}$

$=\frac{2}{-x}=\frac{2}{-(1+\sqrt{2})}$

$=\frac{2(1-\sqrt{2})}{-(1+\sqrt{2})(1-\sqrt{2})}$

$=2(1-\sqrt{2})$

12. 52

13. 13

연습문제 3.1

1. (1) $-3, 5$ (2) $0, -2$
(3) $\pm\sqrt{7}i$ (4) $-2\pm 2i$

2. (1) 서로 다른 두 허근
(2) 서로 다른 두 실근
(3) 서로 다른 두 허근
(4) 중근

3. 인수정리에 의해 이차식에 $x=-1$을 대입하면 $m^2-2m-3=0$
그러므로 $m=-1$ 또는 $m=3$.

4. 이차방정식이 중근을 가지므로

$(2a)^2-4(2+a)=0$

그러므로 $4a^2-4a-8=0$이고
$a=-1$ 또는 2.

5. 판별식>0이므로

$(2m)^2-4(m^2+m-3)>0$

그러므로 $m<3$.

6. 6개

7. 주어진 이차방정식의 판별식을 D라 하면

$\frac{D}{4}=\{-(k+a)\}^2-(k^2+a^2+b-1)$

$=2ak-b+1$

이때 실수 k의 값과 관계없이
$2ak-b+1=0$이 되어야 하므로
$a=0, b=1$.

8. 산책로의 폭을 xm라 하면

$(x+6)^2\pi-6^2\pi=28\pi$

$x^2+12x-28=0$

그러므로 $x=-14$ 또는 $x=2$
$x>0$이므로 $x=2$.
산책로의 폭은 2m.

9. (1) $x^3+x-2=(x-1)(x^2+x+2)=0$

그러므로 해는 1, $\frac{-1\pm\sqrt{7}i}{2}$

(2) $8x^3-12x^2+6x-1=(2x-1)^3=0$

그러므로 해는 $\frac{1}{2}$

(3) $x^4-x^3-4x^2-5x-3$

$=(x+1)(x-3)(x^2+x+1)=0$

그러므로 해는 -1, 3, $\frac{-1\pm\sqrt{3}i}{2}$

(4) $x^6-9x^3+8=(x^3-1)(x^3-8)$

$=(x-1)(x^2+x+1)(x-2)(x^2+2x+4)$

그러므로 해는

1, $\frac{-1\pm\sqrt{3}i}{2}$, 2, $-1\pm\sqrt{3}i$

연습문제 3.2

1. (1) $x=-1,\ y=2$ (2) $x=9,\ y=5$

2. $\begin{cases} ax+2y=2 & \cdots ① \\ 50x+by=25 & \cdots ② \end{cases}$

연립방정식의 해가 무수히 많으려면 방정식 ①과 ②가 서로 같아야 한다.

①×25 : $25ax+50y=50$ ⋯ ③

②×2 : $100x+2by=50$ ⋯ ④

③과 ④의 계수가 서로 같아야 하므로 $a=4,\ b=25$.

3. $\begin{cases} 2x+4y=5 & \cdots ① \\ x-ay=3 & \cdots ② \end{cases}$

연립방정식이 해를 갖지 않으려면 방정식 ①과 ②의 계수들을 같게 만들었을 때 상수항이 달라야 한다.

②×2하면 $2x-2ay=6$이므로 $a=-2$일 때 연립방정식은 해를 가지지 않는다.

4. 이익을 낸 책과 손해를 본 책의 원가를 각각 x, y라 두자.

이익을 낸 책은 30%의 이익을 냈기 때문에 이익은 $0.3x$, 판매가격은 $1.3x$이다.

손해를 본 책은 10%의 손해를 봤기 때문에 손해는 $0.1y$, 판매가격은 $0.9y$이다.

한 세트의 가격이 28000원이고 한 세트를 팔 때 4000원의 이익이 있으므로

$\begin{cases} 1.3x+0.9y=28000 \\ 0.3x-0.1y=4000 \end{cases}$

이 연립방정식을 풀면, $x=16000$, $y=8000$이다.

5. 삼각형 PAB는 $\angle APB=90^\circ$인 직각삼각형이고 넓이가 24이므로

$\frac{1}{2}xy=24$, 즉 $xy=48$이다. 그러므로

연립방정식 $\begin{cases} x+y=14 \\ xy=48 \end{cases}$ 에서

$y=14-x$를 $xy=48$에 대입하면

$x^2-14x+48=0$이다.

$(x-6)(x-8)=0$이므로 $x=6$ 또는 $x=8$. 따라서 연립방정식의 해는

$\begin{cases} x=6 \\ y=8 \end{cases}$ 또는 $\begin{cases} x=8 \\ y=6 \end{cases}$

어느 경우이든 AB의 길이는

$\sqrt{6^2+8^2}=10$.

6. (1) $x=1,\ y=0,\ z=3$

(2) $x=3,\ y=2,\ z=4$

(3) $x=3,\ y=1,\ z=4$

(4) $x=\frac{4}{3},\ y=\frac{1}{3},\ z=\frac{1}{3}$

7. $\begin{cases} x-y+z=3 & \cdots ① \\ 2x+y=1 & \cdots ② \\ x+2y-z=a & \cdots ③ \end{cases}$

①+③ : $2x+y=a+3$

(1) 연립방정식이 무수히 많은 해를 가지려면 $a+3=1$이 되어야 한다.
그러므로 $a=-2$

(2) $a\neq 2$이면 연립방정식은 해를 가지지 않는다.

8. 1점, 2점, 3점 슛이 성공한 개수를 각각 x,y,z라 하면

$\begin{cases} x+y+z=13 & \cdots ① \\ x+2y+3z=25 & \cdots ② \\ x+z=y-3 & \cdots ③ \end{cases}$

①−② : $y+2z=12$ ⋯ ④

②−③ : $3y+2z=28$ ⋯ ⑤

⑤−④ : $2y=16$

그러므로 $y=8,\ z=2$

따라서 2점슛은 8개가 성공했다.

9. 펌프 A, B, C에서 한 시간 동안 나오는 물의 양을 각각 a, b, c라 하면 물통의 물의 양을 1로 두면

$\begin{cases} a+b+c=1 & \cdots ① \\ \frac{3}{2}a+\frac{3}{2}c=1 & \cdots ② \\ 2b+2c=1 & \cdots ③ \end{cases}$

①$\times\frac{3}{2}-$② : $b=\frac{1}{3}$

그러므로 ③으로부터 $c=\frac{1}{6}$이고 ②로부터 $a=\frac{1}{2}$.

구하는 시간을 t라 하면 $t(a+b)=1$이다.

따라서 $t=\frac{6}{5}$ 즉 1시간 12분이다.

10. (1) $\begin{cases} x-y=2 & \cdots ① \\ x^2+4xy+y^2=22 & \cdots ② \end{cases}$

①에서 $y=x-2$

이것을 ②에 대입하면

$x^2-2x-3=0$

그러므로 $x=3$ 또는 -1. 따라서

$x=3,\ y=1$ 또는 $x=-1,\ y=-3$

(2) $\begin{cases} x+y=3 & \cdots ① \\ x^2+y^2=45 & \cdots ② \end{cases}$

①에서 $y=3-x$

이것을 ②에 대입하면

$x^2-3x-18=0$

그러므로 $x=-3$ 또는 6. 따라서

$x=-3,\ y=6$ 또는 $x=6,\ y=-3$

11. $y=-2x$를 $x^2+xy+y^2=12$에 대입하면

$x^2-2x^2+4x^2=12$이므로

$x^2=4,\ x=\pm 2.$

그러므로 $\begin{cases} x=2 \\ y=-4 \end{cases}$, $\begin{cases} x=-2 \\ y=4 \end{cases}$

따라서 $\alpha^2+\beta^2=4+16=20$

12. $\begin{cases} x+y=a & \cdots ① \\ x^2+y^2=4 & \cdots ② \end{cases}$

①에서 $y=a-x$

이것을 ②에 대입하면

$2x^2-2ax+a^2-4=0$

연립방정식이 오직 한 쌍의 해를 가지므로 이차방정식은 중근을 가진다. 따라서 판별식의 값은 0이다.

즉, $4a^2-8(a^2-4)=0$

그러므로 양수 a는 $2\sqrt{2}$이다.

연습문제 3.3

1. $A+B=\begin{pmatrix} 1 & 2 \\ 1 & 2 \end{pmatrix}$, $A-B=\begin{pmatrix} 1 & -2 \\ -1 & 2 \end{pmatrix}$로부터 $2A=\begin{pmatrix} 2 & 0 \\ 0 & 4 \end{pmatrix}$, $2B=\begin{pmatrix} 0 & 4 \\ 2 & 0 \end{pmatrix}$.

그러므로

$A-2B=\begin{pmatrix} 1 & 0 \\ 0 & 2 \end{pmatrix}-\begin{pmatrix} 0 & 4 \\ 2 & 0 \end{pmatrix}=\begin{pmatrix} 1 & -4 \\ -2 & 2 \end{pmatrix}$

2. $X=\begin{pmatrix} 5 & 5 \\ 4 & 1 \end{pmatrix}$

3. (1) (10)

(2) $\begin{pmatrix} 2 \\ 6 \end{pmatrix}$

(3) $\begin{pmatrix} -1 & 5 \\ -2 & 8 \end{pmatrix}$

(4) $\begin{pmatrix} 15 & -6 \\ 0 & 0 \\ -15 & 6 \end{pmatrix}$

4. $A^{10}=\begin{pmatrix} 89 & -55 \\ -55 & 34 \end{pmatrix}$

5. $x^2-3x+1=0$의 두 근이 $\alpha,\ \beta$이므로 이차방정식의 근과 계수의 관계에 의하여

$\alpha+\beta=3, \alpha\beta=1.$

$(\alpha-\beta)^2=(\alpha+\beta)^2-4\alpha\beta$

$=3^2-4\cdot 1=5$

이고, $\alpha>\beta$이므로 $\alpha-\beta=\sqrt{5}$.

$\begin{pmatrix} \alpha & \beta \\ -\beta & \alpha \end{pmatrix}\begin{pmatrix} \beta & \alpha \\ \alpha & -\beta \end{pmatrix}=\begin{pmatrix} 2\alpha\beta & \alpha^2-\beta^2 \\ \alpha^2-\beta^2 & -2\alpha\beta \end{pmatrix}$

이므로 구하는 모든 성분의 합은

$2(\alpha^2-\beta^2)=2(\alpha+\beta)(\alpha-\beta)=6\sqrt{5}$

6. $A\begin{pmatrix} 1 \\ 0 \end{pmatrix}=\begin{pmatrix} -1 \\ 2 \end{pmatrix}, A\begin{pmatrix} 2 \\ 1 \end{pmatrix}=\begin{pmatrix} 0 \\ -1 \end{pmatrix}$이므로

$A\begin{pmatrix} 1 & 2 \\ 0 & 1 \end{pmatrix}=\begin{pmatrix} -1 & 0 \\ 2 & -1 \end{pmatrix}$. 그러므로

$$A=\begin{pmatrix}-1 & 0\\ 2 & -1\end{pmatrix}\begin{pmatrix}1 & 2\\ 0 & 1\end{pmatrix}^{-1}$$
$$=\begin{pmatrix}-1 & 0\\ 2 & -1\end{pmatrix}\begin{pmatrix}1 & -2\\ 0 & 1\end{pmatrix}=\begin{pmatrix}-1 & 2\\ 2 & -5\end{pmatrix}.$$

따라서 $A\begin{pmatrix}4\\1\end{pmatrix}=\begin{pmatrix}-1 & 2\\ 2 & -5\end{pmatrix}\begin{pmatrix}4\\1\end{pmatrix}=\begin{pmatrix}-2\\3\end{pmatrix}$

연습문제 3.4

1. $a^2-4\neq 0$이어야 하므로 $a\neq-2,\ a\neq 2$

2. $A^{-1}=\begin{pmatrix}-1 & 4\\ 2 & -7\end{pmatrix}$

$(2A)^{-1}=\dfrac{1}{2}\begin{pmatrix}-1 & 4\\ 2 & -7\end{pmatrix}$

3. (1) $\begin{pmatrix}4 & -3\\ 3 & -2\end{pmatrix}$

(2) $\begin{pmatrix}1 & 0\\ -3 & 1\end{pmatrix}$

(3) $\begin{pmatrix}1 & 0\\ -3 & 1\end{pmatrix}$

(4) $\begin{pmatrix}-2 & 3\\ -3 & 4\end{pmatrix}$

4. $x=3,\ y=1$

5. $a=-4$

6. $A-kE=\begin{pmatrix}2 & -1\\ -2 & 3\end{pmatrix}-\begin{pmatrix}k & 0\\ 0 & k\end{pmatrix}$

$=\begin{pmatrix}2-k & -1\\ -2 & 3-k\end{pmatrix}$

행렬 $A-kE$의 역행렬이 존재하지 않으므로 $(2-k)(3-k)-2=0$. 그러므로 $k^2-5k+4=(k-1)(k-4)=0$. 따라서 $k=1$ 또는 $k=4$

연습문제 3.5

1. 생략

2. (1) $x\leq-1$ 또는 $x\geq\dfrac{3}{2}$

(2) $-1<x<4$

(3) $1<x<3$

(4) $x\geq 2$ 또는 $x\leq-\dfrac{1}{2}$

3. $\begin{cases}xy=k & \cdots ①\\ x^2+y^2=9 & \cdots ②\end{cases}$

①에서 $y=\dfrac{k}{x}$이고 이것을 ②에 대입하면

$$x^2+\frac{k^2}{x^2}=9.$$

그러므로

$$x^4-9x^2+k^2=0$$

$X=x^2$이라 두면

$$X^2-9X+k^2=0$$

이 되고 이것을 풀면

$$X=\frac{9\pm\sqrt{81-4k^2}}{2}$$

근호 안의 값이 0 이상이어야 하므로

$$4k^2-81\leq 0$$

따라서

② $-\dfrac{9}{2}\leq k\leq\dfrac{9}{2}$

4. 늘이고자 하는 길이를 xm$(x>0)$라 두면

$$(10+x)(8+x)\geq 360$$

즉, $x^2+18x-280\geq 0$

그러므로

$$(x+28)((x-10)\geq 0$$

이고 부등식을 만족하는 x의 범위는

$$x\leq-28 \text{ 또는 } x\geq 10$$

이다. $x>0$이므로 $x\geq 10$

즉 10m 이상 늘여야 한다.

5. $x^2-(2a-4)x+a^2-4a$을 인수분해하면

$$x^2-(2a-4)x+a^2-4a$$
$$=x^2-(2a-4)x+a(a-4)$$
$$=(x-a)(x-(a-4))$$

가 된다. $a-4<a$이므로 부등식

$x^2-(2a-4)x+a^2-4a<0$의 해는

$$a-4<x<a$$

한편, $x^2-3x-4=(x+1)(x-4)$이므로 부등식 $x^2-3x-4<0$의 해는

$$-1<x<4$$

이다. 그러므로 문제의 조건을 만족시키기 위해서는

$$-1\le a-4,\ a\le 4$$

를 동시에 만족해야 한다.

따라서 $3\le a\le 4$.

6. $a\ge 0,\ b\ge 0$일 때 $\sqrt{a}+\sqrt{b}\ge 0$, $\sqrt{a+b}\ge 0$이므로

$$(\sqrt{a}+\sqrt{b})^2\ge(\sqrt{a+b})^2$$

을 보이면 된다.

$$(\sqrt{a}+\sqrt{b})^2-(\sqrt{a+b})^2$$
$$=a+2\sqrt{a}\sqrt{b}+b-(a+b)$$
$$=2\sqrt{a}\sqrt{b}\ge 0$$

그러므로 $(\sqrt{a}+\sqrt{b})^2\ge(\sqrt{a+b})^2$.

등호는 $\sqrt{a}\sqrt{b}=0$인 경우, 즉 $a=0$ 또는 $b=0$일 때 성립한다.

7. (1) $x-2>5x+6$을 풀면 $-4x>8$, $x<-2$이고, $2x+5\ge 2+x$를 풀면 $x\ge-3$이다. 그러므로 구하는 해는 $-3\le x<-2$.

(2) $x\le 3x+4$를 풀면 $-2x\le 4$, $x\ge-2$이고, $3x-2>2x-1$을 풀면 $x>1$이다. 그러므로 구하는 해는 $x>1$.

8. $x<-1$, $-1\le x<1$, $x\ge 1$ 인 경우로 나누어 생각한다.

i) $x<-1$일 때,

$-(x-1)-(x+1)<4$에서 $-2x<4$이므로 $x>-2$

따라서 $-2<x<-1$

ii) $-1\le x<1$일 때,

$-(x-1)+(x+1)<4$에서 $0x<2$이므로 x는 모든 실수

따라서 $-1\le x<1$

iii) $x\ge 2$일 때,

$(x-1)+(x+1)<4$에서 $2x<4$이므로 $x<2$

따라서 만족하는 x는 없다.

i), ii), iii)에 의해 구하는 해는

$-2<x<1$

9. (1) 부등식 $2x-3<0$을 풀면

$$x<\frac{3}{2}$$

부등식 $2x^2-x+2>0$를 풀면 $2x^2-x+2=0$의 판별식이 $(-1)^2-4\cdot 2\ 2=-15<0$이므로 x는 모든 실수.

그러므로 두 해의 공통부분은 $x<\frac{3}{2}$.

(2) 부등식 $x^2+4x-5\le 0$을 풀면

$$(x+5)(x-1)\le 0$$
$$-5\le x\le 1$$

부등식 $x^2-2x-3>0$를 풀면

$$(x+1)(x-3)>0$$
$$x<-1 \text{ 또는 } x>3$$

그러므로 두 해의 공통부분은

$$-5\le x<1.$$

10. $x<-1$이면 주어진 부등식은 $-(x+1)-(x-2)<10$이 되므로 $x>-\frac{9}{2}$.

그러므로 정수해는 $-4,\ -3,\ -2$.

$-1\le x<2$이면 주어진 부등식은 $(x+1)-(x-2)<10$이 되므로 항상 성립한다. 그러므로 정수해는 $-1,\ 0,\ 1$.

$x\ge 2$이면 주어진 부등식은 $(x+1)+(x-2)<10$이 되므로 $x<\frac{11}{2}$.

그러므로 정수해는 $2,\ 3,\ 4,\ 5$.

따라서 부등식을 만족하는 정수해는 -4,

$-3,\ -2,\ -1,\ 0,\ 1,\ 2,\ 3,\ 4,\ 5$이다.

11. 모든 실수 x에 대하여 주어진 부등식이 성립하기 위해서는 $m-2>0$이고 $D<0$이어야 한다.

$$D=(m-2)^2-4(m-2)$$
$$=(m-2)(m-6)$$

이므로 $m-2>0,\ m-6<0$이다. 따라서 $2<m<6$.

12. $3\pi+2$

연습문제 4.1

1. (1) 정의역의 원소 $-1,\ 2$에 대응되는 원소가 없으므로 함수의 그래프가 될 수 없다.

(2) 1에 대응되는 원소가 2개 있으므로 함수의 그래프가 될 수 없다.

(3) 정의역의 각 원소에 대응되는 원소가 1개씩이므로 함수의 그래프가 될 수 있다.

2. (1) 치역: $\{0,1,2\}$, 그래프: $\{(-2,2),(-1,1),(0,0)(1,1),(2,2)\}$

(2) 치역: 실수 전체의 집합,
그래프: $\{(x,x+1)\mid x$는 실수$\}$

3. (1) (b), (c)
(2) (a), (e), (f), (h), (i)
(3) (a), (i)
(4) (a), (e), (h)

4. (2), (4)

5. $a>0$일 때, $f(0)=b=0$,
$f(1)=a+b=2$가 되어야 일대일 대응이 된다. 그러므로 $a=2,\ b=0$
$a<0$일 때, $f(0)=b=2$,
$f(1)=a+b=0$이 되어야 일대일 대응이 된다. 그러므로 $a=-2,\ b=2$.

6. $x\le 2$이면 $|x-2|=-x+2$이므로
$f(x)=(a-2)x-2$
$x>2$이면 $|x-2|=x-2$이므로
$f(x)=ax-6$
f가 일대일 대응이므로 $a(a-2)>0$이다.
따라서 $a<0, a>2$이다.

7. 함수 $f,\ g$가 서로 같으므로 정의역의 모든 원소 x에 대하여 $f(x)=g(x)$이어야 한다. $f(-2)=g(-2)$이므로 $2a+b=3$이다. 또 $f(0)=g(0)$이므로 $b=-1$이다. 따라서 $a=2,\ b=-1$.

8. $X=\{x\mid 0\le x\le 11\}$,
$Y=\left\{y\mid 0\le y\le \dfrac{15}{2}\right\}$
라 할 때, X에서 Y로의 함수 $y=f(x)$는 다음과 같이 주어진다.

$0\le x\le 3$이면 $f(x)=\dfrac{5}{2}x$

$3\le x\le 8$이면 $f(x)=\dfrac{15}{2}$

$8\le x\le 11$이면

$$f(x)=\frac{1}{2}(3-(x-8))\times 5$$
$$=\frac{5}{2}(11-x)$$

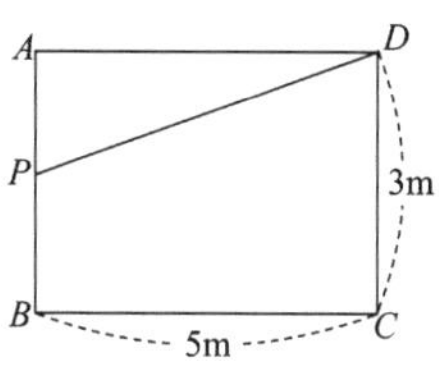

연습문제 4.2

1. (1) 1 (2) -7 (3) -2 (4) $-\dfrac{5}{2}$

2. $(g\circ f)(x)=6x^2-2$,
$(f\circ g)(x)=12x^2-1$

3. $(f \circ f)(x) = \dfrac{1}{1-\dfrac{1}{1-x}} = \dfrac{x-1}{x}$

$(g \circ g)(x) = \dfrac{\dfrac{x-1}{x}-1}{\dfrac{x-1}{x}} = \dfrac{1}{1-x}$

$(f \circ g)(x) = \dfrac{1}{1-\dfrac{x-1}{x}} = x$

$(g \circ f)(x) = \dfrac{\dfrac{1}{1-x}-1}{\dfrac{1}{1-x}} = x$

4. $(f \circ g)(x) = (4x+2)^2$,

$(g \circ h)(x) = 4(x-1)+2 = 4x-2$

$((f \circ g) \circ h)(x) = (f \circ g)(h(x))$

$= [4(x-1)+2]^2 = (4x-2)^2$

$(f \circ (g \circ h))(x) = f((g \circ h)(x))$

$= (4x-2)^2$

5. $(h \circ f)(x) = h(f(x))$

$= h(2x+1) = x-1$

$2x+1 = t$로 두면 $x = \dfrac{t-1}{2}$이므로

$h(t) = \dfrac{t-1}{2} - 1 = \dfrac{1}{2}t - \dfrac{3}{2}$.

즉, $h(x) = \dfrac{1}{2}x - \dfrac{3}{2}$.

6. $a = (f \circ g)(1) = f(g(1)) = f(1) = 1$

$b = (g \circ f)(-1) = g(f(-1)) = g(1) = 1$

그러므로 $ab = 1$

7. (1) $f^n(x) = x+n$

(2) $f(2) = \dfrac{7}{2}$, $f^2(2) = f(\dfrac{7}{2}) = 5$,

$f^3(2) = 2$이므로 $\dfrac{7}{2}$, 5, 2가 순환한다. 그러므로 $f^{20}(2) = f^2(2) = 5$

8. (1) $y = -\dfrac{1}{3}x + \dfrac{2}{3}$ (2) $y = \dfrac{1-x}{2x}$

9. $y = x$에 대칭인 그래프를 그리면 된다.

(1) $(0, -4)$, $(1, 0)$을 지나는 직선의 그래프

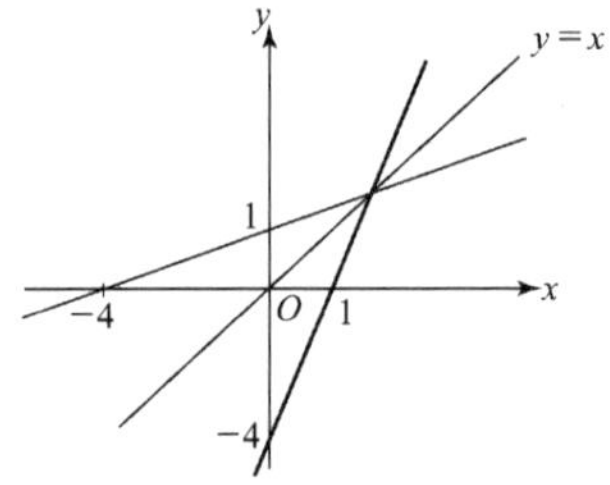

(2) $x \ge 0$인 범위에서 $y = x^2$의 그래프

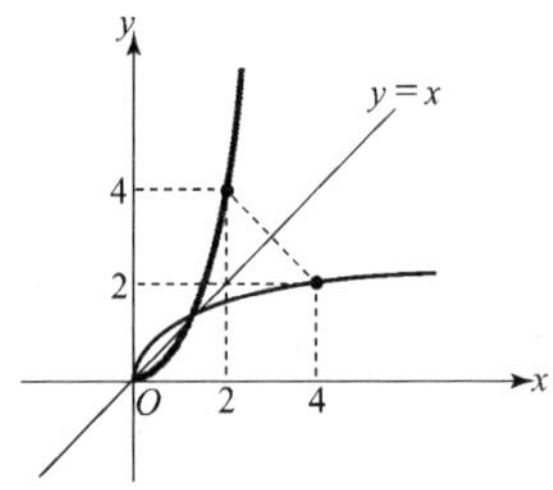

10.

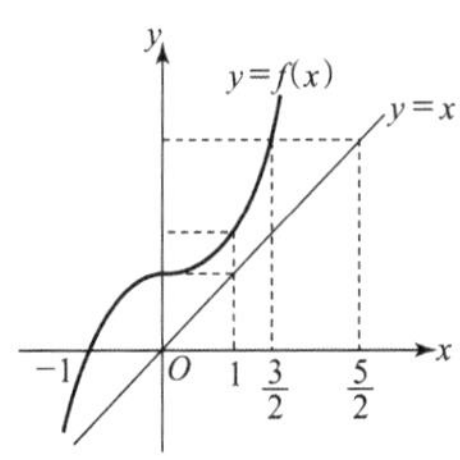

(1) $(0, 1)$과 $(1, 0)$은 직선 $y = x$에 대하여 대칭이므로 $(1,0)$은 $y = f^{-1}(x)$의 그래프 위에 있다.

그러므로 $f(1) = 0$

(2) $f(1) = \dfrac{3}{2}$, $f\left(\dfrac{3}{2}\right) = \dfrac{5}{2}$이므로

$(f \circ f)(1) = f\left(\dfrac{3}{2}\right) = \dfrac{5}{2}$

따라서 $(f \circ f)^{-1}\left(\dfrac{5}{2}\right) = 1$

11. $f^{-1}(5)=3$이므로 $f(3)=5$이다.
따라서 $a=1$이고 $f(x)=2x-1$
$(f\circ g^{-1})(b)=1$로부터
$$f(g^{-1}(b))=2g^{-1}(b)-1=1$$
그러므로
$$g^{-1}(b)=1,\ b=g(1)=3.$$

12. (m,n)이 f의 그래프 위의 점이므로
$$f(m)=am+b=n$$
(m,n)이 f^{-1}의 그래프 위의 점이므로
$f^{-1}(m)=n$이고 따라서
$$f(n)=an+b=m$$
두 식을 연립하여 풀면
$$a(m-n)=n-m.$$
$m\neq n$이므로 양변을 $m-n$으로 나누면
$a=-1$.

13. $\sqrt{2}$

연습문제 4.3

1. (1) $y=2x^2-1$

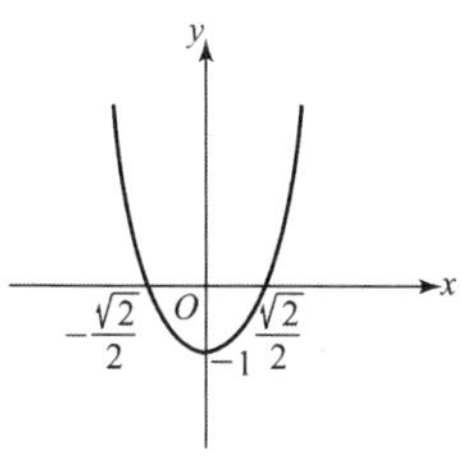

(2) $y=-(x+3)^2-2$

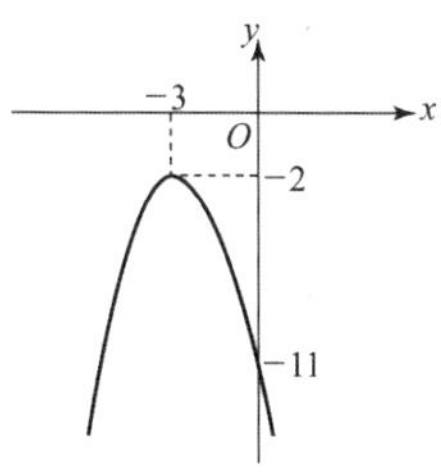

(3) $y=x^2-2x-3=(x-1)^2-4$

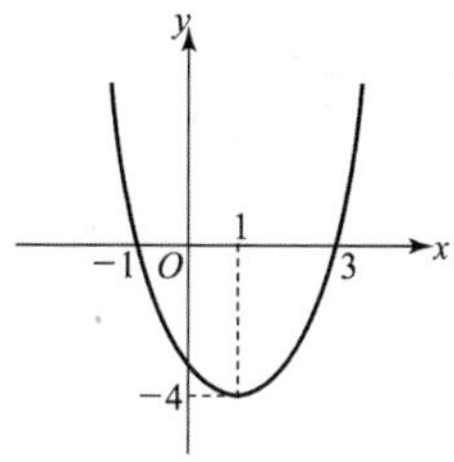

(4) $y=-2x^2+6x-7$
$$=-2\left(x-\frac{3}{2}\right)^2-\frac{5}{2}$$

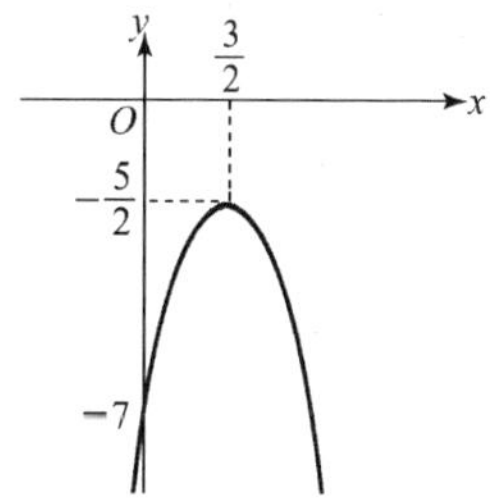

2. (1) $y=3(x-1)^2-2=3x^2-6x+1$
(2) $y=-(x+1)^2+2=-x^2-2x+1$

3. (1) 제 1, 2사분면
(2) 제 1, 2, 3, 4사분면

4. 세 점의 좌표를 함수식에 대입하면
$$a\cdot 0+b\cdot 0+c=5$$
$$4a+2b+c=3$$
$$16a+4b+c=5$$
따라서 $a=\frac{1}{2},\ b=-2,\ c=5$

5. 그래프가 $(0,5)$를 지나므로 $b=5$
그래프가 $(5,0)$을 지나므로
$-25+5a+b=0$ 따라서 $a=4$

6. (1) $y=4x^2+2x-6=0$ 이므로 인수분해하면 $(2x+3)(2x-2)=0$
그러므로 $x=1$ 또는 $-\frac{3}{2}$
(2) $y=-3x^2+5x+2=0$이므로 근의 공식을 사용하면

$$x=\frac{-5\pm\sqrt{25+24}}{-6}=\frac{-5\pm7}{-6}$$

그러므로 $x=-\frac{1}{3}$ 또는 2

7. (1) $n>3$ (2) $n=3$ (3) $n<3$

8. $x^2+2ax+a^2-2a=mx+n$,

즉 $x^2+(2a-m)x+a^2-2a-n=0$이 a의 값에 관계없이 중근을 가진다.

그러므로

$$(2a-m)^2-4(a^2-2a-n)$$
$$=(-4m+8)a+m^2+4n=0$$

이 a에 대한 항등식이다.

따라서 $-4m+8=0$, $m^2+4n=0$

$m=2$, $n=-1$

연습문제 4.4

1. (1) $\{x \mid x\neq3\}$ (2) $\{x \mid x\neq3\}$

(3) 실수 전체의 집합 (4) $\{x \mid x\neq2\}$

2. (1) 점근선 $y=0$(x축), $x=-1$

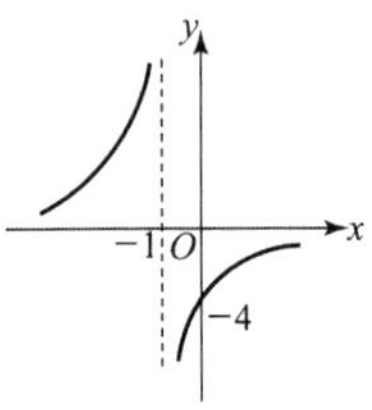

(2) 점근선 $x=1$, $y=-3$

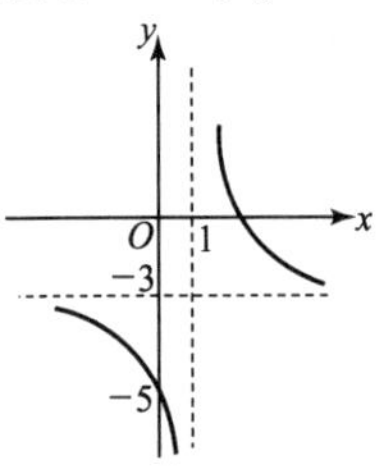

(3) $y=\frac{2x-3}{x+2}=2-\frac{7}{x+2}$이므로

점근선은 $x=-2$, $y=2$

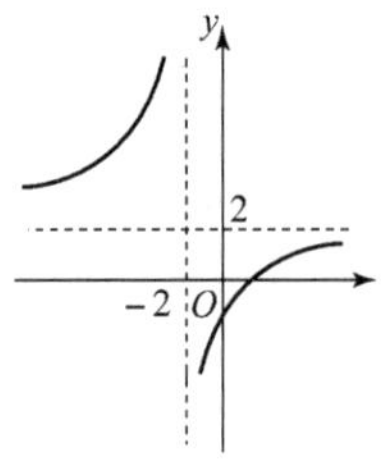

(4) $y=\frac{-x+1}{2x-1}=-\frac{1}{2}+\frac{\frac{1}{4}}{x-\frac{1}{2}}$이므로

점근선은 $x=\frac{1}{2}$, $y=-\frac{1}{2}$

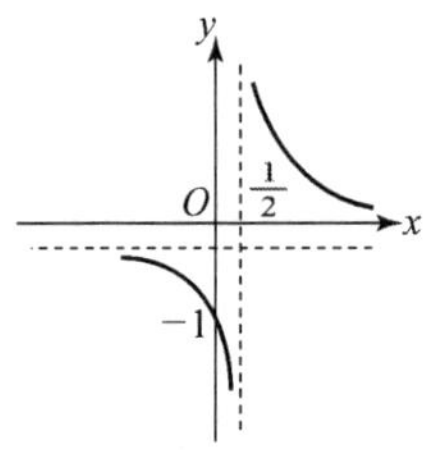

3. (1) $(f\circ f)(x)=-\frac{x+3}{x-1}$

(2) $(f\circ f\circ f)(x)=x$

(3) $f^{-1}(x)=(f\circ f)(x)=-\frac{x+3}{x-1}$

4. $f(x)=\frac{ax+b}{x+c}=\frac{a(x+c)+b-ac}{x+c}$

$$=a+\frac{b-ac}{x+c}$$

점근선의 방정식으로부터

$$-c=2,\ a=1$$

$$f(1)=\frac{a+b}{1+c}=\frac{1+b}{1-2}=4$$

그러므로 $b=-5$.

5. $y=\frac{ax+b}{cx-a}$라 두고 양변에 $cx-a$를 곱하면

$$y(cx-a)=ax+b$$

x를 구하면 $x=\frac{ay+b}{cy-a}$

x와 y를 바꾸면 $y=\dfrac{ax+b}{cx-a}$.

그러므로 $f^{-1}=f$.

6. $a=\dfrac{F}{m}$이므로 $v=\dfrac{F}{m}t$이다.

(1) 1초 후의 속도는 $v=\dfrac{F}{m}$이므로 빈 트럭인 경우 $v=\dfrac{F}{1260}$, 100 kg의 짐을 실었을 경우 $v=\dfrac{F}{1360}$

(2) x kg의 짐을 싣고 출발한 후 1초 후의 속도 y는 $y=\dfrac{F}{x+1260}$. 단, x는 질량을 나타내고 있으므로 $x \geq 0$.

(3)

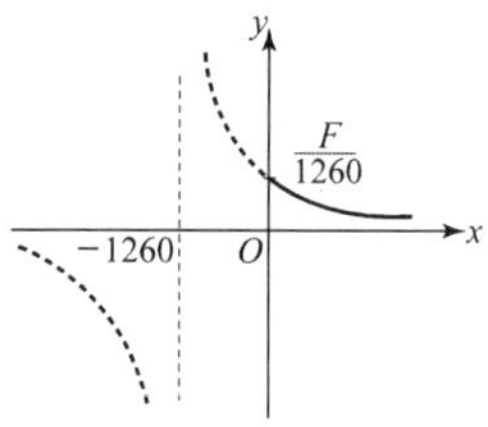

연습문제 4.5

1. (1) $\left\{x \mid x \leq \dfrac{2}{3}\right\}$

(2) 부등식 $-2x^2-x+6 \geq 0$을 풀면

$2x^2+x-6=(2x-3)(x+2) \leq 0$

그러므로 $-2 \leq x \leq \dfrac{3}{2}$

2. (1) 정의역 $[x \mid x \leq 1\}$,

치역 $\{y \mid y \geq 0\}$

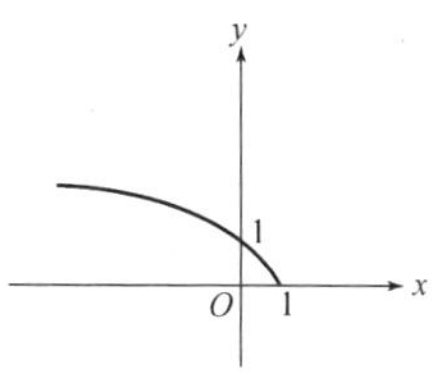

(2) 정의역 $\{x \mid x \geq 2\}$

치역 $\{y \mid y \geq 1\}$

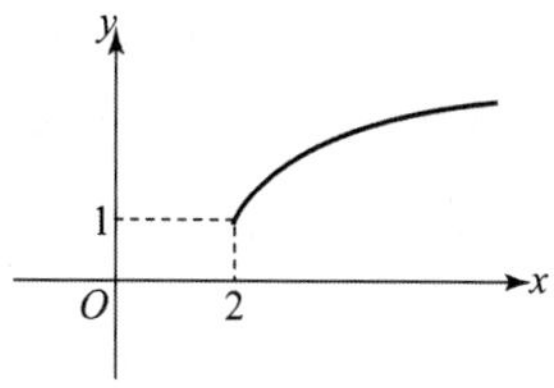

(3) 정의역 $\left\{x \mid x \geq \dfrac{3}{2}\right\}$,

치역 $\{y \mid y \leq 4\}$

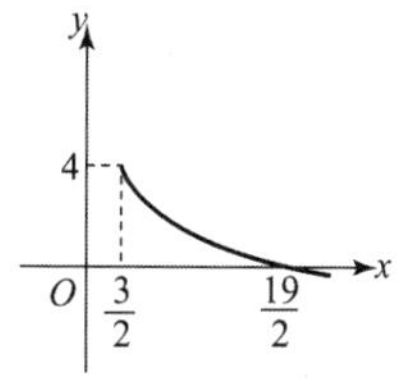

3. 그래프에서 $f(b)=\sqrt{b}=\dfrac{1}{2}$.

그러므로 $b=\dfrac{1}{4}$

$f(a)=\sqrt{a}=b=\dfrac{1}{4}$

따라서 $a=\dfrac{1}{16}$

4. $\sqrt{4x-12}+7=2\sqrt{x-3}+7$이므로 $y=\sqrt{4x-12}+7$의 그래프는 $y=2\sqrt{x}$의 그래프를 x축의 방향으로 3만큼, y축의 방향으로 7만큼 평행이동한 것이다. 그러므로 $a+p+q=12$이다.

5. (1) 그래프에 의해

$f(x)=\sqrt{a(x-4)}+2$이고, $f(0)=4$이므로 $a=-1$

따라서 $f(x)=\sqrt{-x+4}+2$이고

$b=4,\ c=2$

(2) 그래프에 의해

$f(x)=\sqrt{a(x-2)}+3$

이고 $f(4)=5$이므로 $a=2$

따라서 $f(x)=\sqrt{2x-4}+3$이고

$b=-4,\ c=3$

6. $f(m)=-1$이면 $\sqrt{m-1}-2=-1$이므로

$m=2$. $(f\circ f)(a)=f(f(a))=-1$이므로 $f(a)=2$. 따라서 $\sqrt{a-1}-2=2$이므로 $a=17$

7. 그래프에서 $\sqrt{a}=b$, $\sqrt{c}=d$이고 점 P, Q를 지나는 직선의 기울기는 $\dfrac{d-b}{c-a}$이다.

$$\frac{d-b}{c-a}=\frac{\sqrt{c}-\sqrt{a}}{c-a}$$
$$=\frac{1}{\sqrt{c}+\sqrt{a}}=\frac{1}{b+d}=\frac{1}{4}$$

8. $3\leq x\leq 6$에서 함수 $y=\sqrt{x-2}+1$의 그래프는 $x=3$일 때 최솟값 2를 갖고 $x=6$일 때 최댓값 3을 갖는다. 따라서 최댓값과 최솟값의 합은 5

9. $f(x)=-\sqrt{k-2x}$ 라 하면 $f^{-1}(-2)=5$이므로 $f(5)=-2$. 따라서 $-\sqrt{k-10}=-2$이므로 $k=14$

연습문제 5.1

1. (1) 제 2 사분면, $360^\circ\times n+175^\circ$
(2) 제 1 사분면, $360^\circ\times n+30^\circ$
(3) 제 3 사분면, $360^\circ\times n+225^\circ$
(4) 제 2 사분면, $360^\circ\times n+170^\circ$

2. θ가 제 2 사분면의 각이므로
$360^\circ\times n+90^\circ<\theta<360^\circ\times n+180^\circ$
따라서
$180^\circ\times n+45^\circ<\dfrac{\theta}{2}<180^\circ\times n+90^\circ$

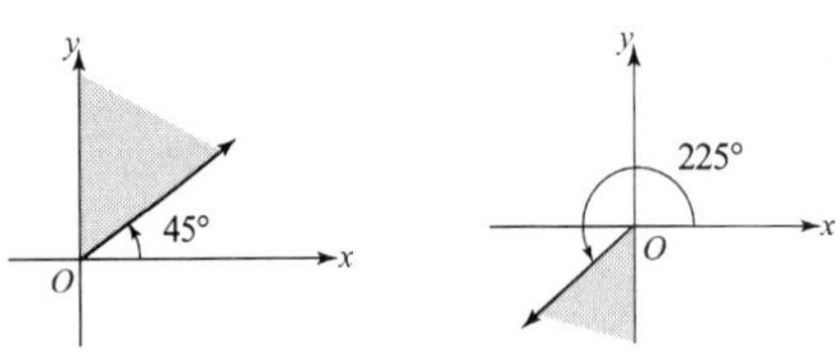

n이 짝수이면 $\dfrac{\theta}{2}$는 제 1 사분면의 각이고, n이 홀수이면 $\dfrac{\theta}{2}$는 제 3 사분면의 각이다.

3. (1) 20° (2) 540°
(3) -135° (4) -420°

4. (1) $\dfrac{2}{5}\pi$ (2) $\dfrac{3}{5}\pi$
(3) $-\dfrac{2}{3}\pi$ (4) $-\dfrac{5}{4}\pi$

5. θ와 6θ의 동경이 같으므로
$6\theta=\theta+2n\pi$ (단, n은 정수)
그러므로 $\theta=\dfrac{2n\pi}{5}$.
$\dfrac{\pi}{2}<\theta<\pi$이므로 $n=2$, 즉 $\theta=\dfrac{4}{5}\pi$

6.

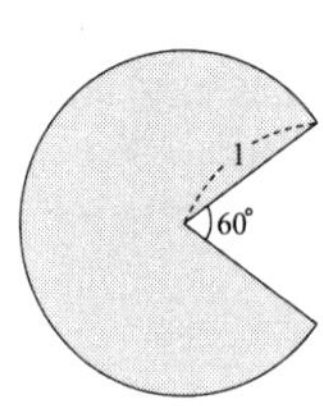

원의 둘레의 길이에서 잘라낸 부채꼴의 호의 길이를 빼고 반지름의 길이의 2배를 더해주면 된다. 그러므로

$$\left(2\pi-1\cdot\frac{\pi}{3}\right)+2=\frac{5}{3}\pi+2.$$

7. (1) $2r+l$
(2) (1)에 의해 $2r+l=4$이므로
$$S=\frac{1}{2}rl=\frac{1}{2}r(4-2r)=2r-r^2$$
(3) $S=-r^2+2r=-(r^2-2r+1)+1$
$=-(r-1)^2+1$
그러므로 S는 $r=1$일 때, 최댓값 1을 가진다.
$S=\dfrac{1}{2}r^2\theta$이므로 $r=1$, $S=1$을 대입하면 중심각의 크기는 2라디안이다.

연습문제 5.2

1. $\sin\theta = -\dfrac{\sqrt{3}}{2}$, $\cos\theta = \dfrac{1}{2}$,
$\tan\theta = -\sqrt{3}$

2. (1) $\sin 210^\circ = -\dfrac{1}{2}$, $\cos 210^\circ = -\dfrac{\sqrt{3}}{2}$,
$\tan 210^\circ = \dfrac{\sqrt{3}}{3}$
(2) $\sin\pi = 0$, $\cos\pi = -1$, $\tan\pi = 0$
(3) $\sin\left(-\dfrac{\pi}{3}\right) = -\dfrac{\sqrt{3}}{2}$, $\cos\left(-\dfrac{\pi}{3}\right) = \dfrac{1}{2}$,
$\tan\left(-\dfrac{\pi}{3}\right) = -\sqrt{3}$

3. 제 2 사분면 또는 제 4 사분면

4. (1) $2n\pi + \dfrac{4}{3}\pi$(단, n은 정수)
(2) $\left(-\dfrac{1}{2}, -\dfrac{\sqrt{3}}{2}\right)$
(3) $\sin\theta = -\dfrac{\sqrt{3}}{2}$, $\cos\theta = -\dfrac{1}{2}$,
$\tan\theta = \sqrt{3}$

5. $\cos\theta < 0$인 각은 제 2 사분면의 각과 제 3 사분면의 각이다. θ가 제 2 사분면의 각이면 $\sin\theta > 0$, $\tan\theta < 0$. θ가 제 3 사분면의 각이면 $\sin\theta < 0$, $\tan\theta > 0$
(1) $\sin^2\theta = 1 - \cos^2\theta$
$$= 1 - \left(-\frac{3}{5}\right)^2 = \frac{16}{25}$$
이므로 $\sin\theta = \pm\dfrac{4}{5}$.
θ가 제 2 사분면의 각이면 $\sin\theta = \dfrac{4}{5}$.
θ가 제 3 사분면의 각이면 $\sin\theta = -\dfrac{4}{5}$.
(2) θ가 제 2 사분면의 각이면 $\tan\theta = -\dfrac{4}{3}$.
θ가 제 3 사분면의 각이면 $\sin\theta = \dfrac{4}{3}$.

6. $\sin^2\theta + \cos^2\theta = 1$이므로 $x^2 + y^2 = 1$이다. 그러므로 중심이 원점이고 반지름의 길이가 1인 원을 나타내고 있다.

7. (1) $\dfrac{1}{2}$ (2) $\dfrac{1}{2}$ (3) $\dfrac{\sqrt{2}}{2}$ (4) -1

8.
$$\begin{aligned}\cos 612^\circ &= \cos(360^\circ \times 2 - 108^\circ)\\ &= \cos(-108^\circ)\\ &= \cos 108^\circ\\ &= -\sin 18^\circ\\ &= -0.3\end{aligned}$$

9. 0

10. $4x - 3y + 12 = 0$에서 $y = \dfrac{4}{3}x + 4$이므로
$\tan\alpha = \dfrac{4}{3}$. 따라서 $\sin\alpha$, $\cos\alpha$는 각각
$\dfrac{4}{5}$, $\dfrac{3}{5}$이므로 $\sin\alpha + \cos\alpha = \dfrac{7}{5}$.

11.
$$\begin{aligned}&\frac{\sin\theta}{1-\cos\theta} + \frac{1-\cos\theta}{\sin\theta}\\ &= \frac{\sin^2\theta + (1-\cos\theta)^2}{\sin\theta(1-\cos\theta)}\\ &= \frac{\sin^2\theta + 1 - 2\cos\theta + \cos^2\theta}{\sin\theta(1-\cos\theta)}\\ &= \frac{2(1-\cos\theta)}{\sin\theta(1-\cos\theta)} = \frac{2}{\sin\theta}\end{aligned}$$

12. 두 근의 합이 근과 계수와의 관계에 의하여
$$\sin\theta + \cos\theta = -\frac{3}{5},\ \sin\theta\cos\theta = \frac{k}{5}.$$
그러므로
$$\sin^2\theta + \cos^2\theta + 2\sin\theta\cos\theta$$
$$= \frac{9}{25}$$
이고 $\sin\theta\cos\theta = -\dfrac{8}{25}$.
따라서 $\dfrac{k}{5} = -\dfrac{8}{25}$ 이므로 $k = -\dfrac{8}{5}$.

13. 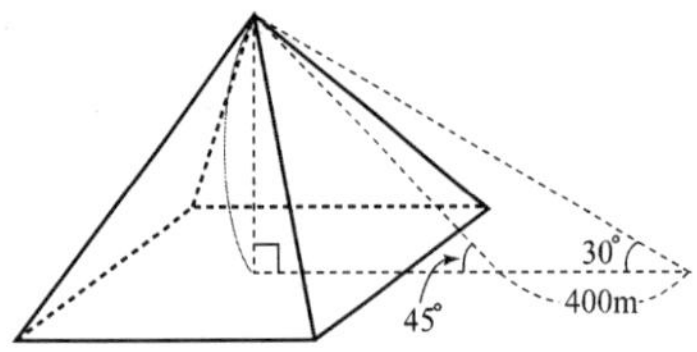

피라미드의 높이를 h라 하자.

$\tan 45° = 1$이므로 태양의 고도가 45°일 때 그림자가 비치는 지점에서 피라미드 바닥면의 중심까지의 거리도 h이다.

그러므로 $\dfrac{h}{h+400} = \tan 30° = \dfrac{\sqrt{3}}{3}$

$$h = \frac{400\sqrt{3}}{3-\sqrt{3}} = \frac{400\sqrt{3}(3+\sqrt{3})}{9-3} = 200(\sqrt{3}+1)$$

연습문제 5.3

1. (1) 2π　　(2) 4π

2. (1) 치역 $\{y \mid 0 \le y \le 2\}$, 주기 4π

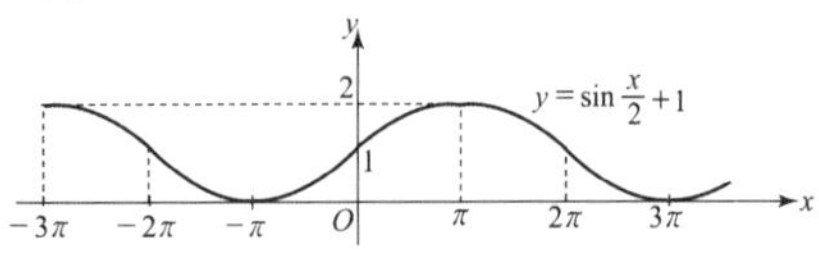

(2) 치역 $\{y \mid -2 \le y \le 2\}$, 주기 2π

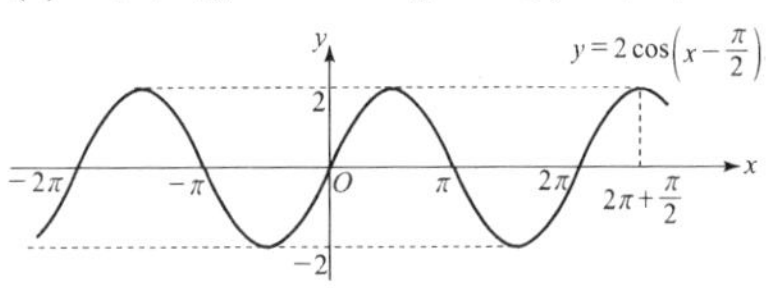

3. $y = -\tan\left(2x+\dfrac{\pi}{2}\right) = -\tan 2\left(x+\dfrac{\pi}{4}\right)$

이므로 주기는 $\dfrac{\pi}{2}$

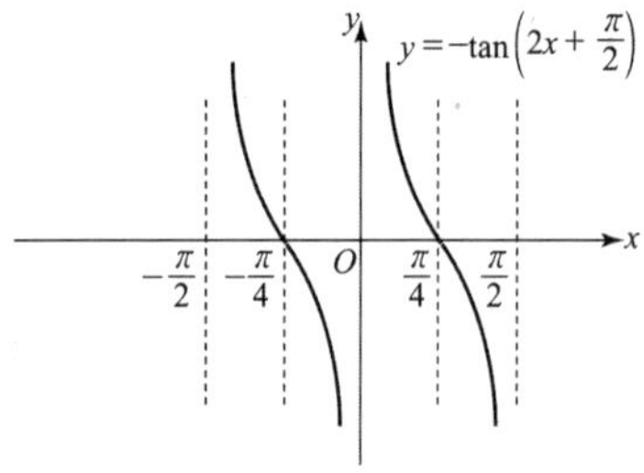

4. $f(x) = a\sin bx = a\sin(bx+2\pi)$

$= a\sin b\left(x+\dfrac{2\pi}{b}\right)$

이므로 주기는 $\dfrac{2\pi}{b}$이다.

그러므로 $\dfrac{2\pi}{b} = 2$이고 $b = \pi$.

따라서 $f(x) = a\sin \pi x$

$f\left(\dfrac{1}{3}\right) = \sqrt{3}$이므로 $a\dfrac{\sqrt{3}}{2} = \sqrt{3}$

이고 $a = 2$.

5. 주어진 그래프에서 최댓값이 3, 최솟값이 -3이므로 $a = \pm 3$.

또한 주기가 $\dfrac{5}{4}\pi - \dfrac{\pi}{4} = \pi$이므로

$\dfrac{2\pi}{|b|} = \pi$. 그러므로

$|b| = 2$이고 $a^2 + b^2 = 9 + 4 = 13$.

6. (1) $y = \sin x$의 그래프와 직선

$y = -\dfrac{\sqrt{2}}{2}$는 $0 \le x \le 2\pi$의 범위에서

$x = \dfrac{5}{4}\pi$ 또는 $x = \dfrac{7}{4}\pi$일 때 만난다.

$x = \dfrac{5}{4}\pi + 2n\pi$ 또는 $\dfrac{7}{4}\pi + 2n\pi$

(n은 정수)

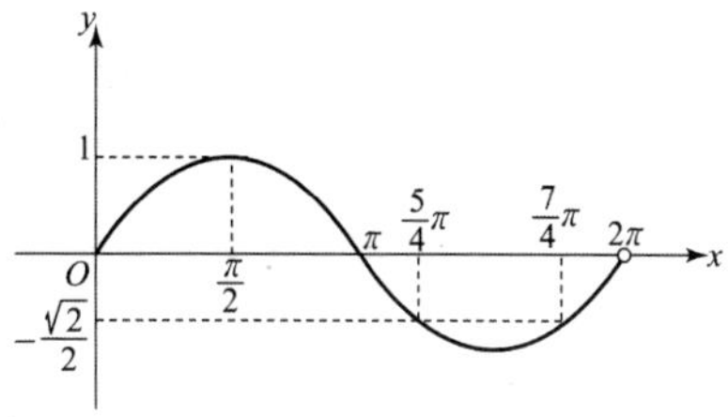

(2) $y=\cos x$의 그래프와 직선 $y=\frac{\sqrt{3}}{2}$는 $0 \le x \le 2\pi$의 범위에서 $x=\frac{\pi}{6}$ 또는 $x=\frac{11}{6}\pi$일 때 만난다.

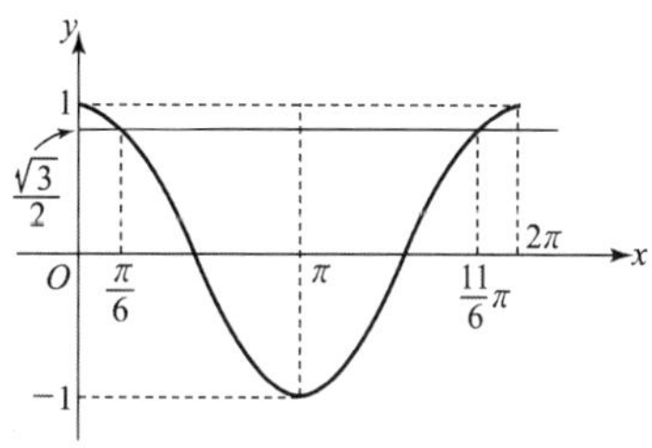

$x=\frac{\pi}{6}+2n\pi$ 또는 $\frac{11}{6}\pi+2n\pi$

(n은 정수)

(3) $y=\tan x$의 그래프와 직선 $y=-1$은 $0 \le x \le \pi$의 범위에서 $x=\frac{3}{4}\pi$일 때 만난다. $y=\tan x$의 주기는 π이므로 $x=\frac{3}{4}\pi+n\pi$ (n은 정수)

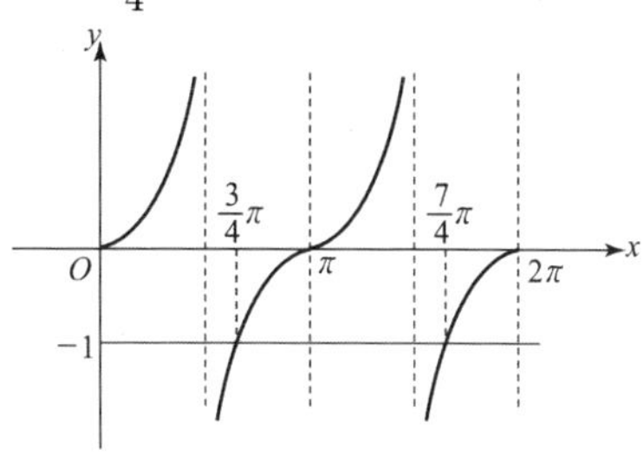

7. $0 \le x < 2\pi$이므로 $-1 \le \sin x \le 1$이고 $-\pi \le \pi\sin x \le \pi$. $\cos(\pi\sin x)=0$이므로 $\pi\sin x=-\frac{\pi}{2}$, $\frac{\pi}{2}$이다. $\sin x=-\frac{1}{2}$, $\frac{1}{2}$이므로 $x=\frac{\pi}{6}$, $\frac{5}{6}\pi$, $\frac{7}{6}\pi$, $\frac{11}{6}\pi$이다.

따라서 모든 근의 합은 4π.

8. (1) 함수 $y=\sin x$의 그래프가 직선 $y=\frac{\sqrt{3}}{2}$보다 위쪽에 있는 x의 값의 범위는 $\frac{\pi}{3} \le x \le \frac{2}{3}\pi$

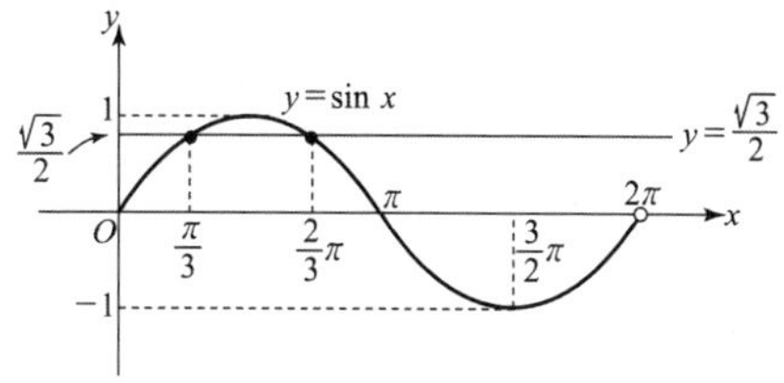

(2) 함수 $y=\cos x$의 그래프가 직선 $y=-\frac{\sqrt{2}}{2}$보다 아래에 있는 x의 값의 범위는 $\frac{3}{4}\pi \le x \le \frac{5}{4}\pi$

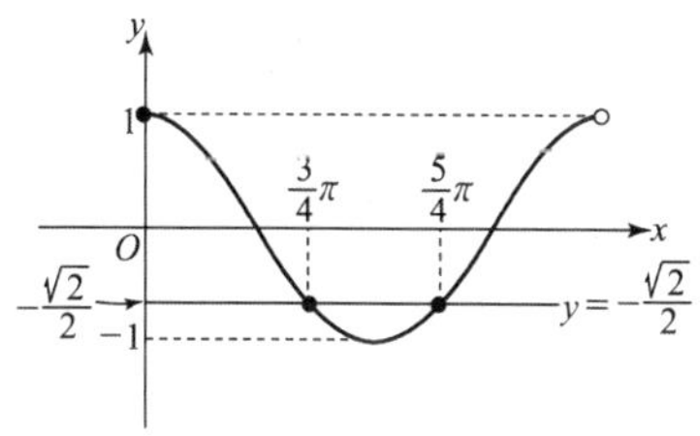

연습문제 5.4

1. 사인법칙에 의해 $\frac{a}{\sin 60^\circ}=\frac{\sqrt{6}}{\sin 45^\circ}=2R$ 이므로 $a=3$, $R=\sqrt{3}$.

2. 두 관측소와 비행기를 연결하는 삼각형 ABC를 생각하면 $\angle C=45^\circ$이므로 사인법칙에 의해 $\frac{10}{\sin 45^\circ}=\frac{\overline{AC}}{\sin 60^\circ}$이므로 $\overline{AC}=5\sqrt{6}$(km).

3. (1) $c=4\sqrt{3}\cdot\cos 45^\circ+4\cdot\cos 60^\circ$
$=2\sqrt{6}+2$

(2) $b=\sqrt{2}\cos 45^\circ+2\cos 30^\circ$

$$=1+\sqrt{3}$$

4. (1) $13^2=7^2+b^2-2\cdot7\cdot b\cdot\cos120^\circ$

$$=49+b^2+7b$$

그러므로 $b^2+7b-120=0$

따라서 $b=8$

(2) $\cos A=\dfrac{b^2+c^2-a^2}{2bc}$

$$=\frac{(\sqrt{2})^2+(1+\sqrt{3})^2-2^2}{2\sqrt{2}(1+\sqrt{3})}$$

$$=\frac{1}{\sqrt{2}}$$

그러므로 $A=45^\circ$

5. $\overline{AB}^2$

$=400^2+500^2-2\cdot400\cdot500\cdot\cos60^\circ$

$=210000$

그러므로 $\overline{AB}=100\sqrt{21}$.

6. $\cos A=\dfrac{3^2+7^2-5^2}{2\cdot3\cdot7}=\dfrac{11}{14}$

그러므로

$\sin A=\sqrt{1-\cos^2 A}$

$$=\sqrt{1-\left(\frac{11}{14}\right)^2}=\frac{5\sqrt{3}}{14}$$

7. (1) $\sin105^\circ=\sin(45^\circ+60^\circ)$

$$=\sin45^\circ\cos60^\circ+\cos45^\circ\sin60^\circ$$

$$=\frac{\sqrt{2}}{2}\cdot\frac{1}{2}+\frac{\sqrt{2}}{2}\cdot\frac{\sqrt{3}}{2}$$

$$=\frac{\sqrt{2}+\sqrt{6}}{4}$$

(2) $\cos75^\circ=\cos(30^\circ+45^\circ)$

$$=\frac{\sqrt{3}}{2}\cdot\frac{\sqrt{2}}{2}-\frac{1}{2}\cdot\frac{\sqrt{2}}{2}$$

$$=\frac{\sqrt{6}-\sqrt{2}}{4}$$

(3) $\tan15^\circ=\tan(45^\circ-30^\circ)$

$$=\frac{\tan45^\circ-\tan30^\circ}{1+\tan45^\circ\tan30^\circ}$$

$$=\frac{1-\frac{\sqrt{3}}{3}}{1+1\cdot\frac{\sqrt{3}}{3}}$$

$$=\frac{3-\sqrt{3}}{3+\sqrt{3}}=2-\sqrt{3}$$

8. (1) α가 제 4 사분면의 각이므로 $\cos\alpha>0$이다.

$$\cos\alpha=\sqrt{1-\sin^2\alpha}=\frac{2\sqrt{2}}{3}$$

따라서

$$\sin2\alpha=-\frac{4\sqrt{2}}{9},\quad \cos2\alpha=\frac{7}{9}$$

(2) α가 제 2 사분면의 각이므로 $\cos\alpha<0$이다.

$$\cos\alpha=-\sqrt{1-\left(\frac{3}{5}\right)^2}=-\frac{4}{5}$$

따라서 $\sin2\alpha=-\dfrac{24}{15}$, $\cos2\alpha=\dfrac{7}{25}$.

9. (1) $\pi<\alpha<\dfrac{3}{2}\pi$이면 $\dfrac{\pi}{2}<\dfrac{\alpha}{2}<\dfrac{3}{4}\pi$이므로 $\dfrac{\alpha}{2}$는 제 2 사분면의 각이다.

그러므로 $\sin\dfrac{\alpha}{2}$의 값은 양수이고 $\cos\dfrac{\alpha}{2}$, $\tan\dfrac{\alpha}{2}$의 값은 음수이다.

$$\sin\frac{\alpha}{2}=\sqrt{\frac{1-\cos\alpha}{2}}$$

$$=\sqrt{\frac{2}{3}}=\frac{\sqrt{6}}{3}$$

$$\cos\frac{\alpha}{2}=-\sqrt{\frac{1+\cos\alpha}{2}}$$

$$=-\sqrt{\frac{1}{3}}=-\frac{\sqrt{3}}{3}$$

$$\tan\frac{\alpha}{2}=-\sqrt{\frac{1-\cos\alpha}{1+\cos\alpha}}=-\sqrt{2}.$$

(2) $\dfrac{\pi}{2}<\alpha<\pi$이면 $\cos\alpha<0$이다.

그러므로

$$\cos\alpha = -\sqrt{1-\sin^2\alpha} = -\frac{4}{5}$$

한편, $\frac{\pi}{4} < \frac{\alpha}{2} < \frac{\pi}{2}$이므로 $\frac{\alpha}{2}$는 제1 사분면의 각이다. 따라서

$$\sin\frac{\alpha}{2},\ \cos\frac{\alpha}{2},\ \tan\frac{\alpha}{2}$$

의 값은 모두 양수이다.

$$\sin\frac{\alpha}{2} = \sqrt{\frac{1-\cos\alpha}{2}} = \sqrt{\frac{1}{10}} = \frac{\sqrt{10}}{10}$$

$$\cos\frac{\alpha}{2} = \sqrt{\frac{1+\cos\alpha}{2}} = \sqrt{\frac{9}{10}} = \frac{3\sqrt{10}}{10}$$

$$\tan\frac{\alpha}{2} = \sqrt{\frac{1-\cos\alpha}{1+\cos\alpha}} = \sqrt{\frac{1}{9}} = \frac{1}{3}.$$

10. 생략.

연습문제 6.1

1. 생략.

2. (1) $\sqrt{\sqrt[6]{a}\times\sqrt{a^5}} = \left(a^{\frac{1}{6}}\times a^{\frac{5}{2}}\right)^{\frac{1}{2}} = \left(a^{\frac{8}{3}}\right)^{\frac{1}{2}} = a^{\frac{4}{3}}$

(2) $(\sqrt{a})^{\frac{2}{3}} \div \sqrt[3]{a^4} = \left(a^{\frac{1}{2}}\right)^{\frac{2}{3}} \div a^{\frac{4}{3}} = a^{\frac{1}{3}} \div a^{\frac{4}{3}} = a^{\frac{1}{3}-\frac{4}{3}} = a^{-1}$

(3) $\sqrt[3]{a^2}\times\sqrt{\sqrt{a^3}}\div\sqrt{\sqrt[3]{a}}$

$= a^{\frac{2}{3}}\times a^{\frac{3}{4}}\div a^{\frac{1}{6}}$

$= a^{\frac{2}{3}+\frac{3}{4}-\frac{1}{6}} = a^{\frac{5}{4}} = \sqrt[4]{a^5}$

3. (1) $3^{\sqrt{3}}3^{2\sqrt{3}} = 3^{\sqrt{3}+2\sqrt{3}} = 3^{3\sqrt{3}}$

(2) $(3^{\sqrt{3}})^{2\sqrt{3}} = 3^{\sqrt{3}\times 2\sqrt{3}} = 3^6 = 729$

(3) $25^{\sqrt{3}}4^{\sqrt{3}} = (25\times 4)^{\sqrt{3}} = 100^{\sqrt{3}}$

(4) $\frac{9^{2\sqrt{2}}}{3^{\sqrt{2}}} = \frac{(3^2)^{2\sqrt{2}}}{3^{\sqrt{2}}} = \frac{3^{4\sqrt{2}}}{3^{\sqrt{2}}}$

$= 3^{4\sqrt{2}-\sqrt{2}} = 3^{3\sqrt{2}}$

4.

$\sqrt{(-2)^2}+\sqrt[3]{(-3)^3}+\sqrt[4]{(-4)^4}+\sqrt[5]{(-5)^5}$

$= |-2|+(-3)+|-4|+(-5)$

$= 2+(-3)+4+(-5) = -2$

5. $2^{\frac{8}{5}}$

6. 분모와 분자에 a^x을 각각 곱하면

$$\frac{a^{3x}+a^{-3x}}{a^x+a^{-x}} = \frac{a^{4x}+a^{-2x}}{a^{2x}+1} = \frac{3^2+\frac{1}{3}}{3+1} = \frac{28}{12} = \frac{7}{3}$$

7. $\frac{2^x+2^{-x}}{2^x-2^{-x}} = 4$에서 $3\cdot 2^x = 5\cdot 2^{-x}$이므로 $3\cdot 2^{2x} = 5$. 그러므로 $2^{2x} = \frac{5}{3}$. 따라서

$$4^x - 4^{-x} = 2^{2x} - \frac{1}{2^{2x}} = \frac{5}{3} - \frac{3}{5} = \frac{16}{15}.$$

연습문제 6.2

1.

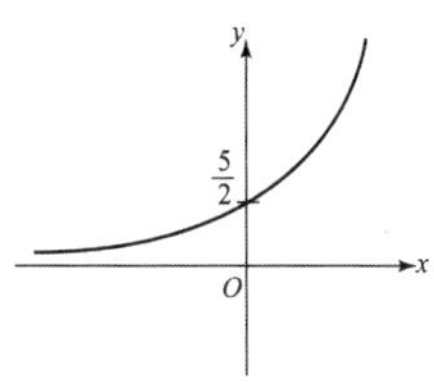

2. $y = 4^{2x}$의 그래프를 x축의 방향으로 m만큼, y축의 방향으로 n만큼 평행이동한 그래프의 식은 $y = 4^{-2m}\cdot 4^{2x}+n$. 이 식이 $y = 16\cdot 4^{2x}+16$과 일치하므로 $4^{-2m} = 16 = 4^2$, $n = 16$. 그러므로

$m=-1,\ n=16$

3. $f(a)=3^{-a}=p,\ f(b)=3^{-b}=q$이므로

$$f\left(\frac{a+b}{3}\right)=3^{-\frac{a+b}{3}}=\sqrt[3]{3^{-a}\times 3^{-b}}=\sqrt[3]{pq}$$

4. (1) $\sqrt{3}<\sqrt[3]{9}<\sqrt[4]{27}$

(2) $\sqrt[4]{\frac{1}{64}}<\sqrt[3]{\frac{1}{16}}<\sqrt{\frac{1}{4}}$

5. (1) 최솟값 $\frac{1}{4}$, 최댓값 4

(2) 최솟값 $\frac{4}{9}$, 최댓값 1

6. (1) $x=1$ (2) $x=0$ 또는 $x=2$

(3) $x=-2$ (4) $x=2$

연습문제 6.3

1. (1) 64 (2) $\frac{7}{2}$

(3) 4 (4) -2

2. (1) $\{x \mid x>-1\}$ (2) $\{x \mid x<1\}$

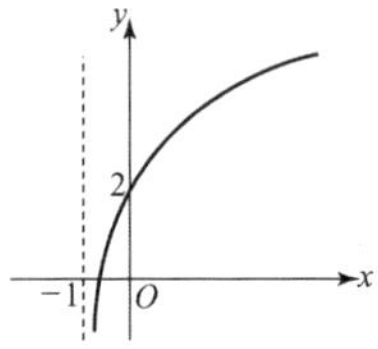

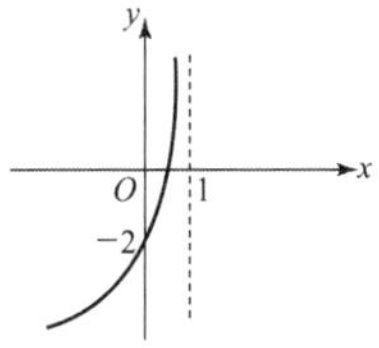

(3) $\{x \mid x<0\}$ (4) $\{x \mid x<0\}$

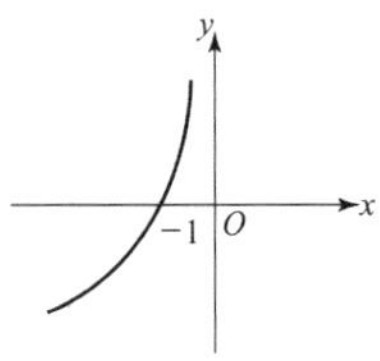

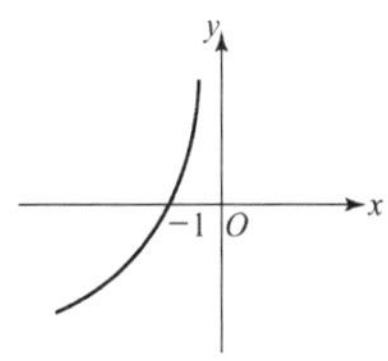

3. (1) $\log_2 27^x-\log_2 3^x=\log_2 3^{3x}-\log_2 3^x$

$$=\log_2 3^{2x}$$

(2) $\ln 8-3\ln\left(\frac{1}{2}\right)=\ln 8-\ln\left(\frac{1}{8}\right)=\ln 64$

4. $2^1\times 2^2\times 2^3\times\cdots\times 2^{10}=2^{1+2+3+\cdots+10}$

$$=2^{55}$$

그러므로

$$\log_2(2^1\times 2^2\times 2^3\times\cdots\times 2^{10})^2$$
$$=\log_2(2^{55})^2$$
$$=\log_2 2^{110}=110$$

5. $\log_2 a=1$이므로 $a=2$

$\log_2 b=a=2$이므로 $b=4$

$\log_2 c=b=4$이므로 $c=16$

6. (1) $x-1=\left(\frac{1}{10}\right)^2=\frac{1}{100}$이므로

$$x=\frac{101}{100}$$

(2) $x^2=4$이고 로그의 밑은 양수이므로

$x=2$

(3) $\log_2 x^2=2\log_2 x$이므로

$\log_2 x+\log_2 x^2=3\log_2 x$

그러므로 $3\log_2 x=3$.

$\log_2 x=1$이므로 $x=2$

(4) 로그의 성질에 의해

$\log x(x-3)=1$이다. 상용로그는 밑이 10인 로그이므로

$$x(x-3)=10$$
$$(x+2)(x-5)=0$$
$$x=-2 \text{ 또는 } x=5.$$

$x>0$이기 때문에 해는 $x=5$.

7. 밑이 $\frac{1}{2}$인 로그함수는 감소하는 함수이므로 $x=8$일 때 최솟값을 가진다.

$\log_{\frac{1}{2}}(8-a)=-2$이므로

$8-a=4$ 이다. 따라서 $a=4$

8. 최초의 방사선의 양을 a라 하면 n겹의 보호막을 통과한 후의 방사선의 양은

$$\left(\frac{2}{5}\right)^n a$$

이다. 따라서

$$\left(\frac{2}{5}\right)^n a \le \frac{1}{10}a$$

양변에 상용로그를 취하면

$$n(\log 2 - \log 5) \le -1$$

$$n \ge \frac{1}{\log 5 - \log 2} \ge 2.51$$

그러므로 3겹 이상의 보호막을 통과해야 한다.

9. (1) $d_1 = d_0$인 경우이므로 $A=0$이다.

(2) $A = 10\log\dfrac{d_1}{d_0} = 40$이면 $\dfrac{d_1}{d_0} = 10^4$이므로 소리의 세기는 $10^4 \times d_0$.

$A=60$이면 $\dfrac{d_1}{d_0} = 10^6$이므로 소리의 세기는 $10^6 \times d_0$. 그러므로 $A=60$일 때의 소리의 세기는 $A=40$일 때의 소리의 세기의 100배이다.

연습문제 7.1

1. (1) $a_n = 4n$ (2) $a_n = \dfrac{(-1)^{n+1}}{2^{n-1}}$

2. (1) 2로 수렴한다. (2) 진동한다.
(3) 음의 무한대로 발산한다.

3. (1) $\lim\limits_{n\to\infty}(3a_n - b_n) = 3\lim\limits_{n\to\infty}a_n - \lim\limits_{n\to\infty}b_n = 3$

(2) $\lim\limits_{n\to\infty}\dfrac{2a_n}{5b_n - a_n} = \dfrac{2\lim\limits_{n\to\infty}a_n}{5\lim\limits_{n\to\infty}b_n - 3\lim\limits_{n\to\infty}a_n} = \dfrac{4}{9}$

4. (1) $-\dfrac{1}{2}$ (2) $\dfrac{1}{3}$ (3) 1
(4) $-\infty$ (5) $\dfrac{3}{2}$ (6) 2

5. $\lim\limits_{n\to\infty}\dfrac{a_n}{3n-1} = \dfrac{1}{6}$에서 $\lim\limits_{n\to\infty}\dfrac{\frac{a_n}{n}}{3-\frac{1}{n}} = \dfrac{1}{6}$이므로 $\lim\limits_{n\to\infty}\dfrac{a_n}{n} = \dfrac{1}{2}$. 그러므로

$$\lim_{n\to\infty}\frac{a_n}{4n+1} = \lim_{n\to\infty}\frac{\frac{a_n}{n}}{4+\frac{1}{n}} = \frac{1}{8}$$

6. 수열 $\{a_n\}$, $\{b_n\}$이 수렴하므로

$$\lim_{n\to\infty}(a_n{}^2 + b_n{}^2)$$
$$= \lim_{n\to\infty}\{(a_n+b_n)^2 - 2a_nb_n\}$$
$$= \lim_{n\to\infty}(a_n+b_n)^2 - 2\lim_{n\to\infty}a_nb_n$$
$$= \left\{\lim_{n\to\infty}(a_n+b_n)\right\}^2 - 2\lim_{n\to\infty}a_nb_n$$
$$= 3^2 - 2\cdot 2 = 5$$

7. 부등식 $n < (n+1)a_n < n+2$의 각 변을 $n+1$로 나누면 $\dfrac{n}{n+1} < a_n < \dfrac{n+2}{n+1}$이다. $\lim\limits_{n\to\infty}\dfrac{n}{n+1} = \lim\limits_{n\to\infty}\dfrac{n+2}{n+1} = 1$이므로 극한의 조임 정리에 의해 $\lim\limits_{n\to\infty}a_n = 1$.

연습문제 7.2

1. (1) 155 (2) 1023

2. (1) 520 (2) 1320

3. (1) 1530 (2) $\dfrac{10}{21}$

4. (1) 발산 (2) 수렴
(3) 발산 (4) 발산
(5) 수렴 (6) 발산

5. (1) 주어진 무한급수는 공비가 $-\dfrac{2}{3}$인 무한

등비급수이므로 수렴, 합은 $-\dfrac{2}{5}$

(2) $\sin\dfrac{n\pi}{2}$는 n의 값에 따라 1, 0, −1, 0을 반복해서 가지기 때문에

$$\sum_{n=1}^{\infty}\left(\frac{1}{2}\right)^n\sin\frac{n\pi}{2}$$
$$=\frac{1}{2}-\left(\frac{1}{2}\right)^3+\left(\frac{1}{2}\right)^5-\cdots$$

이다. 따라서 주어진 무한급수는 공비가 $-\dfrac{1}{4}$인 무한등비급수이므로 수렴.

합은 $\dfrac{2}{5}$

6. (1) $\dfrac{\sqrt{n+1}-\sqrt{n}}{\sqrt{n}\sqrt{n+1}}=\dfrac{1}{\sqrt{n}}-\dfrac{1}{\sqrt{n+1}}$

이므로 부분합 S_n은

$$\left(\frac{1}{\sqrt{1}}-\frac{1}{\sqrt{2}}\right)+\left(\frac{1}{\sqrt{2}}-\frac{1}{\sqrt{3}}\right)+\cdots+\frac{1}{\sqrt{n}}-\frac{1}{\sqrt{n+1}}$$
$$=1-\frac{1}{\sqrt{n+1}}$$

$\lim\limits_{n\to\infty}S_n=1$이므로 무한급수는 수렴하고 합은 1이다.

(2) $1-\dfrac{1}{n^2}=\dfrac{(n-1)(n+1)}{n^2}$

$$=\frac{n-1}{n}\cdot\frac{n+1}{n}$$

이므로

$$\left(1-\frac{1}{2^2}\right)\left(1-\frac{1}{3^2}\right)\cdots\left(1-\frac{1}{n^2}\right)$$
$$=\left(\frac{1}{2}\cdot\frac{3}{2}\right)\times\left(\frac{2}{3}\cdot\frac{4}{3}\right)\times\left(\frac{3}{4}\cdot\frac{5}{4}\right)\times\cdots\times\left(\frac{n-1}{n}\cdot\frac{n+1}{n}\right)$$
$$=\frac{1}{2}\cdot\frac{n+1}{n}$$

부분합 S_n은

$$\log\left(1-\frac{1}{1^2}\right)+\log\left(1-\frac{1}{2^2}\right)+\cdots+\log\left(1-\frac{1}{n^2}\right)$$
$$=\log\left(1-\frac{1}{1^2}\right)\left(1-\frac{1}{2^2}\right)\cdots\left(1-\frac{1}{n^2}\right)$$
$$=\log\frac{n+1}{2n}$$

$\lim\limits_{n\to\infty}\log\dfrac{n+1}{2n}=\log\dfrac{1}{2}=-\log 2$이므로 무한급수는 수렴하고 합은 $-\log 2$이다.

연습문제 7.3

1. $\lim\limits_{x\to1+0}(x-[x])=0,\quad \lim\limits_{x\to1-0}(x-[x])=1$

이므로 $\lim\limits_{x\to1}(x-[x])$는 존재하지 않는다.

2. (1) 0 (2) $-\dfrac{1}{2}$ (3) 12 (4) 0 (5) $\dfrac{1}{6}$

(6) $-\dfrac{1}{2}$ (7) 2 (8) 1 (9) 0 (10) 0

3. (1) $a=1,\ b=-3$ (2) $a=4,\ b=4$

4. -4

5. 주어진 두 등식을 만족하는 가장 낮은 차수의 다항식은 $f(x)=x(x-2)(2x-1)$

연습문제 7.4

1. (1) 연속 (2) 불연속
(3) 불연속 (4) 불연속

2. (1) $[-3,\ 3]$
(2) $(-\infty,\ -2)\cup(-2,\ \infty)$

3. $a=1$

4. $a=0,\ b=4$

5. (1) $(-\infty,\ \infty)$에서 연속

(2) $(-\infty, 1) \cup (1, 2) \cup (2, \infty)$ 에서 연속

6. (1) 최댓값 1, 최솟값 -3

(2) 최댓값 1, 최솟값 $\frac{1}{4}$

7. $f(x) = x^2 + 3x - 6$ 이라 하면, $f(x)$는 닫힌구간 $[0, 2]$에서 연속이고 $f(0) = -6$, $f(2) = 4$ 이다. 따라서 중간값의 정리에 의하여 $f(c) = 0$ 인 c가 0과 2 사이에 적어도 하나 존재한다.

즉, 방정식 $x^2 + 3x - 6 = 0$ 은 구간 $(0, 2)$에서 적어도 하나의 실근을 갖는다.

찾아보기

알기 쉬운
기초수학

지은이 유병훈 · 류선미
펴낸이 조경희
펴낸곳 경문사
펴낸날 2020년 12월 30일 1판 1쇄
2022년 6월 1일 1판 3쇄
등 록 1979년 11월 9일 제1979-000023호
주 소 04057, 서울특별시 마포구 와우산로 174
전 화 (02)332-2004 팩스 (02)336-5193
이메일 kyungmoon@kyungmoon.com

값 17,000원

ISBN 979-11-6073-427-0